# 解析几何理论与应用研究

董志华　晋　珺　著

中国原子能出版社

图书在版编目(CIP)数据

解析几何理论与应用研究 / 董志华，晋珺著. --北京：中国原子能出版社，2022.10

ISBN 978-7-5221-2219-9

Ⅰ.①解… Ⅱ.①董… ②晋… Ⅲ.①解析几何—研究 Ⅳ.①O182

中国版本图书馆 CIP 数据核字(2022)第 191486 号

## 内容简介

作为变量数学发展的第一个决定性步骤，解析几何的建立对于微积分的诞生有着不可估量的作用。解析几何是数学中一个很重要的知识，它的优点在于使数形结合，把几何问题化作数、式的演算(当然反过来，数、式也可以用几何方法去处理)，因而有一定的章程可以遵循，不需要挖空心思去寻找解法。本书主要运用向量代数来研究曲线及曲面等几何问题，并且对其应用进行介绍。本书内容精炼、重点突出，可作为理工科和其他非数学类专业高等院校的教学用书，也可供考研生、自学者和广大科技工作者参考。

解析几何理论与应用研究

出版发行 中国原子能出版社(北京市海淀区阜成路 43 号 100048)
责任编辑 张 琳
责任校对 冯莲凤
印 刷 北京九州迅驰传媒文化有限公司
经 销 全国新华书店
开 本 710 mm×1000 mm 1/16
印 张 15
字 数 238 千字
版 次 2023 年 6 月第 1 版 2023 年 6 月第 1 次印刷
书 号 ISBN 978-7-5221-2219-9 定 价 86.00 元

网址：http://www.aep.com.cn E-mail:atomep123@126.com
发行电话:010－68452845

# 前　言

16 世纪以后，由于生产和科学技术的发展，天文、力学、航海等方面都对几何学提出了新的需要.比如，德国天文学家开普勒发现行星是沿着椭圆轨道绕太阳运行的，太阳处在这个椭圆的一个焦点上；意大利科学家伽利略发现投掷物体是沿着抛物线运动的.这些发现都涉及圆锥曲线，要研究这些比较复杂的曲线，原先的一套方法显然已经不适应了，这就导致了解析几何的出现.从数学内部来看，解析几何的产生也是出于对数学方法的追求.

解析几何是几何学的一个分支，是近代几何的基础，是大学数学系的基础学科，也是物理、计算机、信息工程、教育科学等专业的基础.它的许多概念和方法在代数、分析、微分几何、力学、物理等领域有着广泛的应用，它是用代数的方法研究空间几何图形的一门学科.解析几何的建立第一次真正实现了几何方法与代数方法的结合，使形与数统一起来，这是数学发展史上的一次重大突破.作为变量数学发展的第一个决定性步骤，解析几何的建立对于微积分的诞生有着不可估量的作用.

本书共计 8 章.第 1 章为几何向量与坐标，介绍了向量及其线性运算、向量的共线共面及向量分解、向量的内积与外积、向量的混合积、标架与坐标；第 2 章为平面与直线，介绍了平面和直线的方程、直线平面相互间的位置关系、度量问题；第 3 章为特殊曲面，介绍了曲面与空间曲线方程、柱面、锥面、旋转曲面；第 4 章为典型二次曲面，介绍了椭球面、双曲面、抛物面、直纹曲面、空间区域的简图；第 5 章为直角坐标变换与二次曲面一般理论，介绍了空间直角坐标变换、欧拉角，以及二次曲面的方程、基本不变量、中心与渐近方向、径面、切平面等；第 6 章为球面几何，介绍了球面上的向量运算、球面三角形、地理坐标与天球坐标；第 7 章为变换群与几何学，介绍了变换与变换群、欧氏几何与正交变换、仿射几何与仿射变换；第 8 章为平面射影几何初步，介绍了射影平面、射影坐标、对偶原理、交比、射影变换群与射影几何、极点与配极.

在本书写作过程中,主要遵循了以下几点:内容上力求简洁明了;强调各种代数式的几何意义;重视几何直观性;突出解析几何的基本思想和基本方法;注重应用.

全书由董志华、晋珺撰写,具体分工如下:

第5章至第8章,共11.18万字:董志华(朔州师范高等专科学校);

第1章至第4章,共11.28万字:晋珺(晋中学院).

在写作过程中,参考了相关的书籍和文献,特向原作者表示衷心的感谢.学校和领导同事给予了支持和帮助,在此,表示诚挚的谢意!鉴于作者的水平有限,书中有些内容的处理方法不一定妥当,错误也在所难免,诚恳地希望大家批评指正.

作　者

2022年4月

# 目　录

# 第 1 章　几何向量与坐标

向量不同于数量,它具有自身的一套运算体系,它在数学与物理学中有着广泛的应用.要学好这部分内容,首先要理解向量的概念及运算法则,掌握向量的一些基本知识,这对于初步理解向量是一种有用的数学工具具有重要意义.

## 1.1　向量及其线性运算

### 1.1.1　向量的基本概念

**定义 1.1.1**　既有大小又有方向的量称为向量,或称矢量,简称矢.

我们用有向线段来表示向量,有向线段的始点和终点分别称为向量的始点和终点,有向线段的方向表示向量的方向,有向线段的长度表示向量的大小.始点是 $A$,终点是 $B$ 的向量记为 $\overrightarrow{AB}$,有时用 $\vec{a}$,$\vec{b}$,$\vec{c}$ 来表示向量,或者用黑体字母 $\boldsymbol{a}$,$\boldsymbol{b}$,$\boldsymbol{c}$ 来表示,如图 1-1 所示.

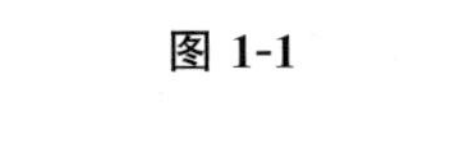

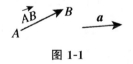

图 1-1

**定义 1.1.2**　向量的大小称为向量的模或称为向量的长度.向量 $\overrightarrow{AB}$ 和 $\boldsymbol{a}$ 的模分别记为 $|\overrightarrow{AB}|$ 和 $|\boldsymbol{a}|$.

**定义 1.1.3**　如果向量 $\boldsymbol{a}$ 的模等于 0,则称向量 $\boldsymbol{a}$ 为零向量,记为 $\boldsymbol{a}=\boldsymbol{0}$.

它是始点与终点重合的向量，零向量的方向不确定，可以看作是任意的，零向量可以认为与任何向量都平行或垂直.

不是零向量的向量称为非零向量.

**定义 1.1.4** 如果向量 $\boldsymbol{e}$ 的模等于 1，则称向量 $\boldsymbol{e}$ 为单位向量.

和向量 $\boldsymbol{a}$ 方向相同的单位向量叫作向量 $\boldsymbol{a}$ 的单位向量，记为 $\boldsymbol{a}^0$.

**定义 1.1.5** 如果向量 $\boldsymbol{a}$ 和 $\boldsymbol{b}$ 的模相等且方向相同，则称 $\boldsymbol{a}$ 和 $\boldsymbol{b}$ 是相等向量，或称 $\boldsymbol{a}$ 和 $\boldsymbol{b}$ 相等，记为 $\boldsymbol{a}=\boldsymbol{b}$.

这里需要指出的是，两个向量是否相等与它们的始点无关，只由它们的模和方向决定.所有的零向量都相等.

**定义 1.1.6** 如果向量 $\boldsymbol{a}$ 和 $\boldsymbol{b}$ 的模相等但方向相反，则称 $\boldsymbol{a}$ 和 $\boldsymbol{b}$ 是相反向量，或称 $\boldsymbol{a}$ 和 $\boldsymbol{b}$ 互为反向量，记为 $\boldsymbol{a}=-\boldsymbol{b}$ 或 $\boldsymbol{b}=-\boldsymbol{a}$.

把始点可以任意选取，而只由模和方向决定的向量称为自由向量.那么自由向量可以任意平行移动，移动后的向量仍然是原来的向量.例如，如果 $\overrightarrow{AB}$ 表示向量 $\boldsymbol{a}$，那么 $\overrightarrow{AB}$ 经过平行移动得到的有向线段 $\overrightarrow{CD}$ 仍然表示向量 $\boldsymbol{a}$，则 $\overrightarrow{AB}=\overrightarrow{CD}=\boldsymbol{a}$，如图 1-2 所示.

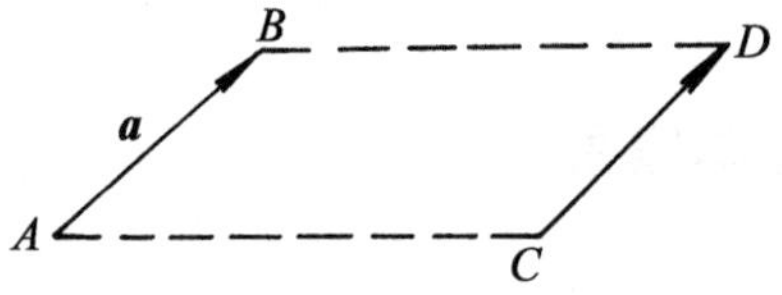


图 1-2

如果向量 $\boldsymbol{a}$ 和 $\boldsymbol{b}$ 所在的直线平行或重合时，称 $\boldsymbol{a}$ 和 $\boldsymbol{b}$ 平行，记为 $\boldsymbol{a}\parallel\boldsymbol{b}$；如果向量 $\boldsymbol{a}$ 所在的直线和另一直线 $l$ 平行或者重合时，称向量 $\boldsymbol{a}$ 和直线 $l$ 平行，记为 $\boldsymbol{a}\parallel l$；如果向量 $\boldsymbol{a}$ 所在的直线和平面 $\alpha$ 平行或者在平面 $\alpha$ 上，称向量 $\boldsymbol{a}$ 和平面 $\alpha$ 平行，记为 $\boldsymbol{a}\parallel\alpha$.

如果 $\boldsymbol{a}$ 和 $\boldsymbol{b}$ 的夹角等于 $\frac{\pi}{2}$，则称 $\boldsymbol{a}$ 和 $\boldsymbol{b}$ 垂直或正交，记为 $\boldsymbol{a}\perp\boldsymbol{b}$.

如果将向量 $\boldsymbol{a}$、$\boldsymbol{b}$ 平移，使它们的起点重合，则表示它们的有向线段的夹角 $\theta(0\leqslant\theta\leqslant\pi)$ 称为向量 $\boldsymbol{a}$ 和 $\boldsymbol{b}$ 的夹角，记作 $(\boldsymbol{a}\,\hat{,}\,\boldsymbol{b})$.

**定义 1.1.7** 平行于同一直线的一组向量称为共线向量.

零向量与任何共线的向量组共线.很明显，如果将一组共线向量平行移动到共同的始点，则它们在同一直线上.

**定义 1.1.8**　平行于同一平面的一组向量称为共面向量.

零向量与任何共面的向量组共面.很明显,如果将一组共面向量平行移动归结到共同的始点,则它们在同一平面上.

任何两个向量必共面,一组共线向量一定是共面向量,三个向量中如果有两个向量共线,那么这三个向量一定共面.

**例 1.1.1**　在平行四边形 $ABCD$ 所表示的向量中,如图 1-3 所示,写出其中的相等向量和相反向量.

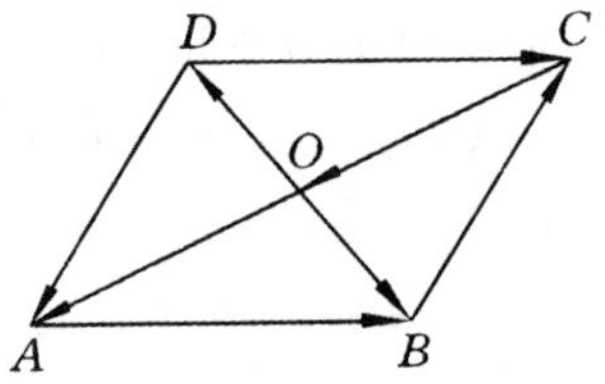


图 1-3

**解:**相等向量有

$$\overrightarrow{AB}=\overrightarrow{DC},\overrightarrow{CO}=\overrightarrow{OA},$$

相反向量是

$$\overrightarrow{BC}=-\overrightarrow{DA},\overrightarrow{OB}=-\overrightarrow{OD}.$$

**例 1.1.2**　在四面体 $ABCD$ 中,$M$、$N$ 分别是对棱 $AC$ 和 $BD$ 的中点,如图 1-4 所示,试证 $AB$、$CD$ 和 $MN$ 三个向量共面.

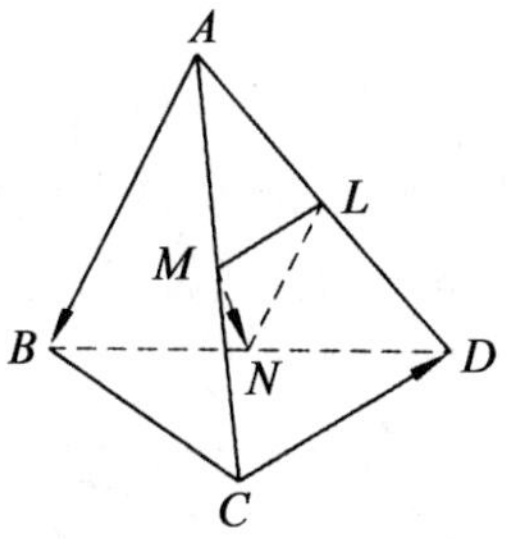


图 1-4

**证明:**取 $AD$ 的中点 $L$,则由 $AB // LN$ 可知,$AB //$ 平面 $LMN$;又由 $CD // LM$ 可知,$CD //$ 平面 $LMN$;又因为 $MN //$ 平面 $LMN$,所以 $AB$、$CD$ 和 $MN$ 三个向量共面.

## 1.1.2 向量的线性运算

### 1.1.2.1 向量的加法

在物理学中,求力的合成与分解用的是平行四边形法则,可以用这个方法进行向量的合成与分解.由此规定向量的加法运算.

**定义 1.1.9** 已知向量 $\boldsymbol{a}$ 和 $\boldsymbol{b}$,以空间任意一点 $A$ 为始点,作$\overrightarrow{AB}=\boldsymbol{a}$,$\overrightarrow{BC}=\boldsymbol{b}$,那么以 $A$ 为始点,以 $C$ 为终点的向量$\overrightarrow{AC}=\boldsymbol{c}$ 称为向量 $\boldsymbol{a}$ 和 $\boldsymbol{b}$ 的和,记为

$$\boldsymbol{c}=\boldsymbol{a}+\boldsymbol{b}.$$

由两个向量 $\boldsymbol{a}$ 和 $\boldsymbol{b}$ 求它们的和 $\boldsymbol{a}+\boldsymbol{b}$ 的运算叫作向量的加法.

如图 1-5 所示,根据定义 1.1.9 有$\overrightarrow{AC}=\overrightarrow{AB}+\overrightarrow{BC}$,这种求两个向量和的方法称为三角形法则.

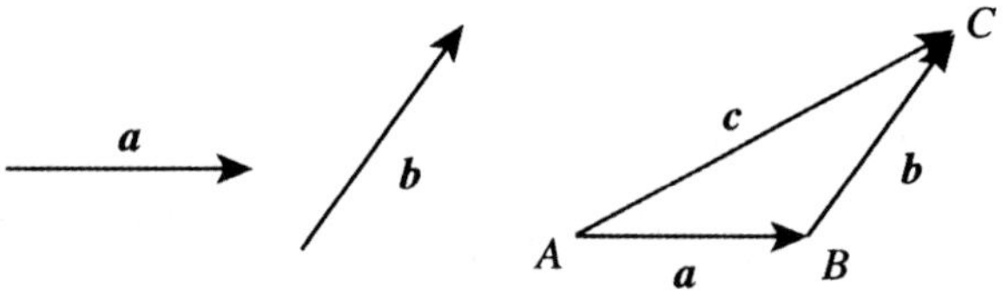


图 1-5

取一定点 $A$,作$\overrightarrow{AB}=\boldsymbol{a}$,$\overrightarrow{AD}=\boldsymbol{b}$,以两个向量$\overrightarrow{AB}$,$\overrightarrow{AD}$为邻边,作平行四边形 $ABCD$,如图 1-6 所示,根据向量相等的条件可得,对角线$\overrightarrow{AC}=\boldsymbol{a}+\boldsymbol{b}$,这种求两个向量和的方法是平行四边形法则.

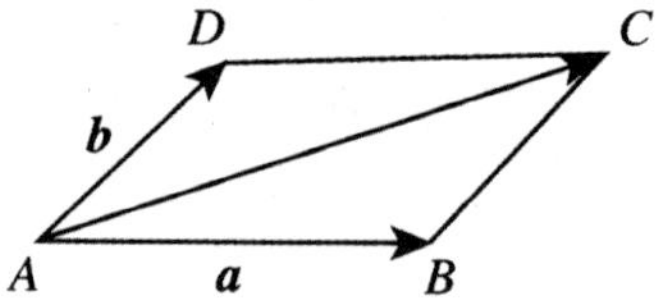


图 1-6

**定理 1.1.1** 向量的加法满足交换律和结合律,有以下的运算规律:

(1)$\boldsymbol{a}+\boldsymbol{b}=\boldsymbol{b}+\boldsymbol{a}$;

(2)$(\boldsymbol{a}+\boldsymbol{b})+\boldsymbol{c}=\boldsymbol{a}+(\boldsymbol{b}+\boldsymbol{c})$;

(3)$\boldsymbol{a}+\boldsymbol{0}=\boldsymbol{a}$;

(4)$\boldsymbol{a}+(-\boldsymbol{a})=\boldsymbol{0}$.

**证明:**(1)由图 1-6 可知,

$$\boldsymbol{a}+\boldsymbol{b}=\overrightarrow{AB}+\overrightarrow{BC}=\overrightarrow{AC},$$
$$\boldsymbol{b}+\boldsymbol{a}=\overrightarrow{AD}+\overrightarrow{DC}=\overrightarrow{AC},$$

所以

$$\boldsymbol{a}+\boldsymbol{b}=\boldsymbol{b}+\boldsymbol{a}.$$

(2)作$\overrightarrow{OA}=\boldsymbol{a}$,$\overrightarrow{AB}=\boldsymbol{b}$,$\overrightarrow{BC}=\boldsymbol{c}$,如图 1-7 所示,

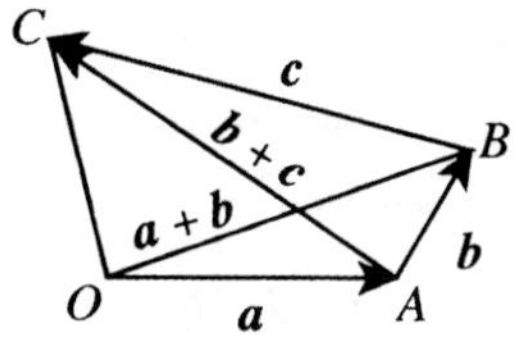


图 1-7

根据向量加法的定义有

$$(\boldsymbol{a}+\boldsymbol{b})+\boldsymbol{c}=(\overrightarrow{OA}+\overrightarrow{AB})+\overrightarrow{BC}=\overrightarrow{OB}+\overrightarrow{BC}=\overrightarrow{OC},$$
$$\boldsymbol{a}+(\boldsymbol{b}+\boldsymbol{c})=\overrightarrow{OA}+(\overrightarrow{AB}+\overrightarrow{BC})=\overrightarrow{OA}+\overrightarrow{AC}=\overrightarrow{OC},$$

所以

$$(\boldsymbol{a}+\boldsymbol{b})+\boldsymbol{c}=\boldsymbol{a}+(\boldsymbol{b}+\boldsymbol{c}).$$

(3)作$\overrightarrow{OA}=\boldsymbol{a}$,$\overrightarrow{AA}=\boldsymbol{0}$,则

$$\boldsymbol{a}+\boldsymbol{0}=\overrightarrow{OA}+\overrightarrow{AA}=\overrightarrow{OA}=\boldsymbol{a}.$$

(4)作$\overrightarrow{OA}=\boldsymbol{a}$,则

$$\boldsymbol{a}+(-\boldsymbol{a})=\overrightarrow{OA}+(-\overrightarrow{OA})=\overrightarrow{OA}+\overrightarrow{AO}=\overrightarrow{OO}=\boldsymbol{0}.$$

因为向量加法满足交换律和结合律,所以有限个向量 $\boldsymbol{a}_1,\boldsymbol{a}_2,\cdots,\boldsymbol{a}_n$ 的和记为

$$\boldsymbol{a}_1+\boldsymbol{a}_2+\cdots+\boldsymbol{a}_n.$$

用三角形法则可以推出求有限个向量 $\boldsymbol{a}_1,\boldsymbol{a}_2,\cdots,\boldsymbol{a}_n$ 和的方法.由空间任意一点 $O$ 开始,依次作出$\overrightarrow{OA_1}=\boldsymbol{a}_1$,$\overrightarrow{A_1A_2}=\boldsymbol{a}_2$,$\cdots$,$\overrightarrow{A_{n-1}A_n}=\boldsymbol{a}_n$,可得一折线 $OA_1A_2\cdots A_n$,如图 1-8 所示,于是向量$\overrightarrow{OA_n}=\boldsymbol{a}$ 就是 $n$ 个向量 $\boldsymbol{a}_1,\boldsymbol{a}_2,\cdots,\boldsymbol{a}_n$ 的和,即

$$\boldsymbol{a}=\boldsymbol{a}_1+\boldsymbol{a}_2+\cdots+\boldsymbol{a}_n.$$

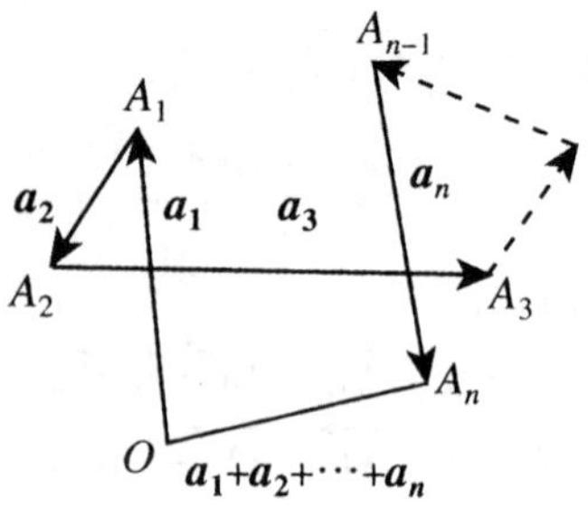


图 1-8

这种求和向量的方法是多边形法则.当 $A_n$ 和 $O$ 重合构成一个封闭折线时,它们的和是零向量.

**定义 1.1.10** 如果向量 $\boldsymbol{b}$ 和 $\boldsymbol{c}$ 的和等于向量 $\boldsymbol{a}$,即 $\boldsymbol{b}+\boldsymbol{c}=\boldsymbol{a}$,那么把向量 $\boldsymbol{c}$ 称为向量 $\boldsymbol{a}$ 和 $\boldsymbol{b}$ 的差,记为

$$\boldsymbol{c}=\boldsymbol{a}-\boldsymbol{b}.$$

由两个向量 $\boldsymbol{a}$ 和 $\boldsymbol{b}$ 求它们的差 $\boldsymbol{a}-\boldsymbol{b}$ 的运算称为向量的减法.

因为

$$\overrightarrow{OB}+\overrightarrow{BA}=\overrightarrow{OA},$$

根据向量减法的定义有

$$\overrightarrow{BA}=\overrightarrow{OA}-\overrightarrow{OB}.$$

以任意一点 $O$ 为始点,作向量 $\overrightarrow{OA}=\boldsymbol{a}$,$\overrightarrow{OB}=\boldsymbol{b}$,如图 1-9 所示,那么 $\overrightarrow{BA}=\boldsymbol{a}-\boldsymbol{b}$.

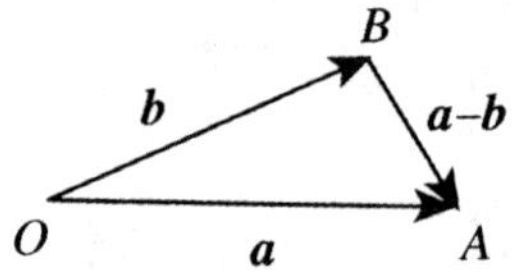


图 1-9

利用反向量,可以把向量减法转化为向量加法,如图 1-10 所示.

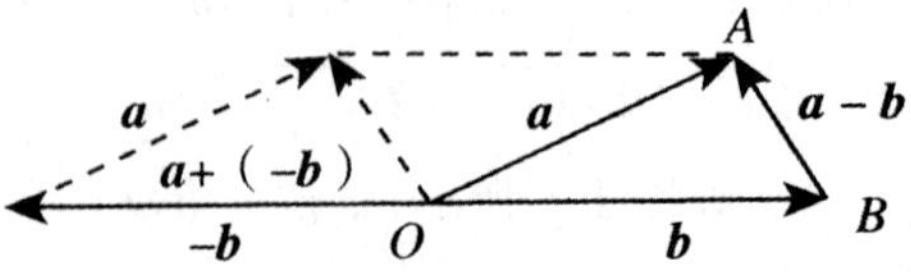


图 1-10

**例 1.1.3**　在平行四边形 $ABCD$ 中，设 $\overrightarrow{AB}=\boldsymbol{a}$，$\overrightarrow{AD}=\boldsymbol{b}$，$M$ 是平行四边形对角线的交点，如图 1-11 所示，试用向量 $\boldsymbol{a}$，$\boldsymbol{b}$ 表示 $\overrightarrow{MA}$，$\overrightarrow{MB}$，$\overrightarrow{MD}$ 和 $\overrightarrow{MC}$.

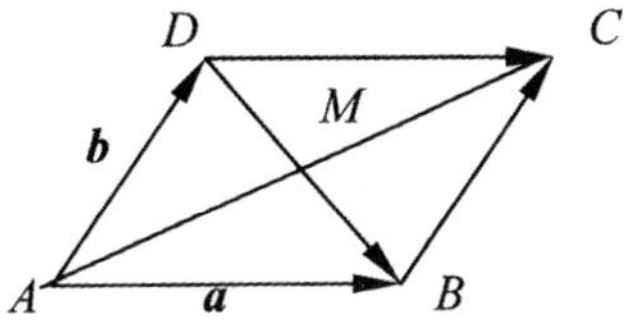


图 1-11

**解**：因为

$$\overrightarrow{AB}=\boldsymbol{a},\overrightarrow{AD}=\boldsymbol{b},$$

所以

$$\overrightarrow{AC}=\boldsymbol{a}+\boldsymbol{b},\overrightarrow{DB}=\boldsymbol{a}-\boldsymbol{b},$$

则

$$\overrightarrow{MA}=-\frac{1}{2}(\boldsymbol{a}+\boldsymbol{b}),\overrightarrow{MC}=\frac{1}{2}(\boldsymbol{a}+\boldsymbol{b}),$$

$$\overrightarrow{MB}=\frac{1}{2}(\boldsymbol{a}-\boldsymbol{b}),\overrightarrow{MD}=-\frac{1}{2}(\boldsymbol{a}-\boldsymbol{b}).$$

**例 1.1.4**　设两两不共线的三个向量 $\boldsymbol{a}$，$\boldsymbol{b}$，$\boldsymbol{c}$，试证明顺次将它们的终点与始点相连接能成一个三角形的充要条件是它们的和是零向量.

**证明**：必要性.设三个向量 $\boldsymbol{a}$，$\boldsymbol{b}$，$\boldsymbol{c}$ 可以构成 $\triangle ABC$，如图 1-12 所示，则

$$\overrightarrow{AB}=\boldsymbol{a},\overrightarrow{BC}=\boldsymbol{b},\overrightarrow{CA}=\boldsymbol{c},$$

所以

$$\overrightarrow{AB}+\overrightarrow{BC}+\overrightarrow{CA}=\overrightarrow{AA}=\boldsymbol{0},$$

即

$$\boldsymbol{a}+\boldsymbol{b}+\boldsymbol{c}=\boldsymbol{0}.$$

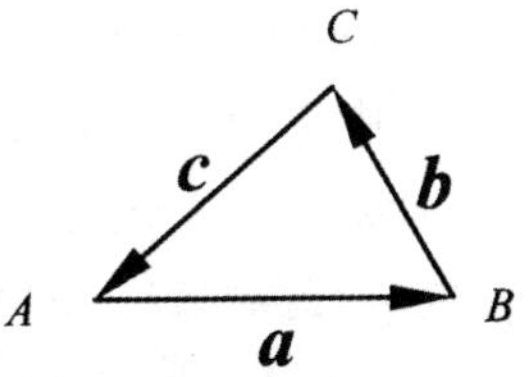


图 1-12

充分性.设 $\boldsymbol{a}+\boldsymbol{b}+\boldsymbol{c}=\boldsymbol{0}$,作$\overrightarrow{AB}=\boldsymbol{a}$,$\overrightarrow{BC}=\boldsymbol{b}$,则$\overrightarrow{AC}=\boldsymbol{a}+\boldsymbol{b}$,则

$$\overrightarrow{AC}+\boldsymbol{c}=\boldsymbol{0},$$

可得

$$\boldsymbol{c}=\overrightarrow{CA},$$

所以不共线的三个向量 $\boldsymbol{a}$,$\boldsymbol{b}$,$\boldsymbol{c}$ 可以构成$\triangle ABC$.

### 1.1.2.2 数乘向量

**定义 1.1.11** 向量 $\boldsymbol{a}$ 和实数$\lambda$ 的乘积是一个向量,记为 $\lambda\boldsymbol{a}$.这种运算称为数量和向量的乘法,简称数乘向量.它的模是$|\lambda\boldsymbol{a}|=|\lambda||\boldsymbol{a}|$.

由定义可知,当 $\boldsymbol{a}=\boldsymbol{0}$ 或 $\lambda=0$ 时,$\lambda\boldsymbol{a}=0$;当 $\lambda=1$ 时,$1\boldsymbol{a}=\boldsymbol{a}$;当 $\lambda=-1$ 时,$(-1)\boldsymbol{a}=-\boldsymbol{a}$.

当 $\boldsymbol{a}$ 和$\lambda$ 都不为 0 时,如果 $\lambda>0$,则 $\lambda\boldsymbol{a}$ 和 $\boldsymbol{a}$ 同向;如果 $\lambda<0$,则 $\lambda\boldsymbol{a}$ 和 $\boldsymbol{a}$ 反向.

**定理 1.1.2** 对于任意的向量 $\boldsymbol{a}$,$\boldsymbol{b}$ 和任意实数$\lambda$,$\mu$,数量和向量的乘法满足下面的运算规律:

(1)$\lambda(\mu\boldsymbol{a})=(\lambda\mu)\boldsymbol{a}$;

(2)$(\lambda+\mu)\boldsymbol{a}=\lambda\boldsymbol{a}+\mu\boldsymbol{a}$;

(3)$\lambda(\boldsymbol{a}+\boldsymbol{b})=\lambda\boldsymbol{a}+\lambda\boldsymbol{b}$.

**证明:**(1)当 $\boldsymbol{a}=\boldsymbol{0}$ 或$\lambda$,$\mu$ 中至少有一个为 0 时,$\lambda(\mu\boldsymbol{a})=(\lambda\mu)\boldsymbol{a}$ 显然成立.所以只需对 $\boldsymbol{a}\neq 0$ 且 $\lambda\mu\neq 0$ 的情况进行证明.

根据数乘向量的定义有

$$|\lambda(\mu\boldsymbol{a})|=|\lambda||\mu\boldsymbol{a}|=|\lambda||\mu||\boldsymbol{a}|,$$
$$|(\lambda\mu)\boldsymbol{a}|=|\lambda\mu||\boldsymbol{a}|=|\lambda||\mu||\boldsymbol{a}|,$$

即$\lambda(\mu\boldsymbol{a})$和$(\lambda\mu)\boldsymbol{a}$ 的模相等.

当$\lambda$,$\mu$ 同号时,都和 $\boldsymbol{a}$ 的方向相同;当$\lambda$,$\mu$ 异号时,都和 $\boldsymbol{a}$ 的方向相反,所以$\lambda(\mu\boldsymbol{a})$和$(\lambda\mu)\boldsymbol{a}$ 的方向相同,则有

$$\lambda(\mu\boldsymbol{a})=(\lambda\mu)\boldsymbol{a}.$$

(2)当 $\boldsymbol{a}=\boldsymbol{0}$ 或$\lambda$,$\mu$,$\lambda+\mu$ 中至少有一个为 0 时,$(\lambda+\mu)\boldsymbol{a}=\lambda\boldsymbol{a}+\mu\boldsymbol{a}$ 显然成立.所以只需对 $\boldsymbol{a}\neq 0$ 且 $\lambda\mu\neq 0$,$\lambda+\mu\neq 0$ 的情况进行证明.

①若 $\lambda\mu>0$,那么$\lambda$,$\mu$ 同号,此时,$(\lambda+\mu)\boldsymbol{a}$ 与$\lambda\boldsymbol{a}+\mu\boldsymbol{a}$ 方向相同且

$$\begin{aligned}|(\lambda+\mu)\boldsymbol{a}|&=|\lambda+\mu||\boldsymbol{a}|=(|\lambda|+|\mu|)|\boldsymbol{a}|=|\lambda||\boldsymbol{a}|+|\mu||\boldsymbol{a}|\\&=|\lambda\boldsymbol{a}|+|\mu\boldsymbol{a}|=|\lambda\boldsymbol{a}+\mu\boldsymbol{a}|,\end{aligned}$$

所以

$$(\lambda+\mu)\boldsymbol{a}=\lambda\boldsymbol{a}+\mu\boldsymbol{a};$$

②若 $\lambda\mu<0$，那么 $\lambda,\mu$ 异号，根据假设 $\lambda+\mu\neq0$，可设 $|\lambda|>|\mu|$，此时，$(\lambda+\mu)\boldsymbol{a}$ 与 $\lambda\boldsymbol{a}+\mu\boldsymbol{a}$ 都和 $\lambda\boldsymbol{a}$ 方向相同，所以 $(\lambda+\mu)\boldsymbol{a}$ 与 $\lambda\boldsymbol{a}+\mu\boldsymbol{a}$ 方向相同且

$$|(\lambda+\mu)\boldsymbol{a}|=|\lambda+\mu||\boldsymbol{a}|=(|\lambda|-|\mu|)|\boldsymbol{a}|,$$

$$|\lambda\boldsymbol{a}+\mu\boldsymbol{a}|=|\lambda\boldsymbol{a}|-|\mu\boldsymbol{a}|=|\lambda||\boldsymbol{a}|-|\mu||\boldsymbol{a}|=(|\lambda|-|\mu|)|\boldsymbol{a}|,$$

所以

$$(\lambda+\mu)\boldsymbol{a}=\lambda\boldsymbol{a}+\mu\boldsymbol{a}.$$

(3)当 $\lambda=0$ 或 $\boldsymbol{a},\boldsymbol{b}$ 中至少有一个是零向量时，$\lambda(\boldsymbol{a}+\boldsymbol{b})=\lambda\boldsymbol{a}+\lambda\boldsymbol{b}$ 显然成立.所以只需对 $\lambda\neq0$ 且 $\boldsymbol{a}\neq\boldsymbol{0},\boldsymbol{b}\neq\boldsymbol{0}$ 的情况进行证明.

①若 $\boldsymbol{a},\boldsymbol{b}$ 共线，当 $\boldsymbol{a},\boldsymbol{b}$ 同向时，令 $t=\dfrac{|\boldsymbol{b}|}{|\boldsymbol{a}|}$.当 $\boldsymbol{a},\boldsymbol{b}$ 反向时，令 $t=-\dfrac{|\boldsymbol{b}|}{|\boldsymbol{a}|}$，则有

$$\boldsymbol{b}=t\boldsymbol{a},$$

所以

$$\begin{aligned}\lambda(\boldsymbol{a}+\boldsymbol{b})&=\lambda(\boldsymbol{a}+\mu\boldsymbol{a})=\lambda[(1+\mu)\boldsymbol{a}]=(\lambda+\lambda\mu)\boldsymbol{a}=\lambda\boldsymbol{a}+(\lambda\mu)\boldsymbol{a}\\&=\lambda\boldsymbol{a}+\lambda(\mu\boldsymbol{a})=\lambda\boldsymbol{a}+\lambda\boldsymbol{b};\end{aligned}$$

②若 $\boldsymbol{a},\boldsymbol{b}$ 不共线，作 $\overrightarrow{OA}=\boldsymbol{a},\overrightarrow{AB}=\boldsymbol{b},\overrightarrow{OA_1}=\lambda\boldsymbol{a},\overrightarrow{A_1B_1}=\lambda\boldsymbol{b}$，如图 1-13 所示，可得 $\triangle OAB\sim\triangle OA_1B_1$，相似比是 $|\lambda|$，则

$$\overrightarrow{OB_1}=\lambda\overrightarrow{OB},$$

且

$$\overrightarrow{OB}=\boldsymbol{a}+\boldsymbol{b},\overrightarrow{OB_1}=\lambda\boldsymbol{a}+\lambda\boldsymbol{b},$$

所以

$$\lambda(\boldsymbol{a}+\boldsymbol{b})=\lambda\boldsymbol{a}+\lambda\boldsymbol{b}.$$

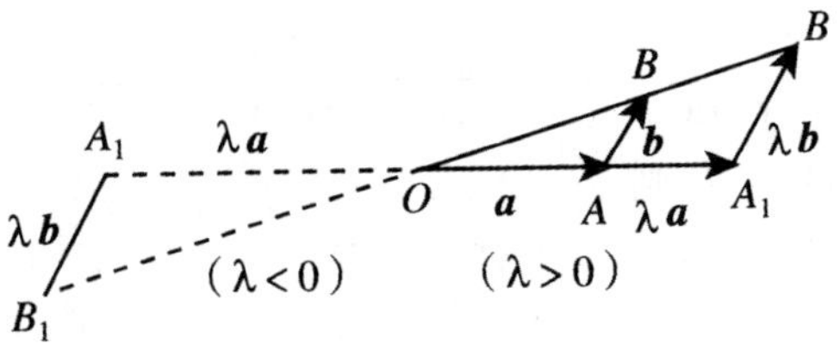


图 1-13

**定理 1.1.3** 向量 $\boldsymbol{a}$ 与向量 $\boldsymbol{b}$ 平行的充要条件是存在不全为 0 的实数 $\lambda_1,\lambda_2$,使 $\lambda_1\boldsymbol{a}+\lambda_2\boldsymbol{b}=\boldsymbol{0}$.

**定理 1.1.4** 设 $\boldsymbol{b}\neq\boldsymbol{0}$,向量 $\boldsymbol{a}$ 与向量 $\boldsymbol{b}$ 平行的充要条件是存在唯一的实数 $\lambda$,使 $\boldsymbol{a}=\lambda\boldsymbol{b}$.

设 $\boldsymbol{a}^0$ 是与非零向量 $\boldsymbol{a}$ 同向的单位向量,显然 $|\boldsymbol{a}^0|=1$,由于 $\boldsymbol{a}^0$ 与 $\boldsymbol{a}$ 同向,且 $\boldsymbol{a}^0\neq\boldsymbol{0}$,所以存在一个正实数 $\lambda$,使得 $\boldsymbol{a}=\lambda\boldsymbol{a}^0$.现在我们来确定这个 $\lambda$,在 $\boldsymbol{a}=\lambda\boldsymbol{a}^0$ 的两边同时取模,

$$|\boldsymbol{a}|=|\lambda\boldsymbol{a}^0|=\lambda\boldsymbol{a}^0=\lambda\times1=\lambda,$$

所以 $\lambda=|\boldsymbol{a}|$,即得 $|\boldsymbol{a}|\boldsymbol{a}^0=\boldsymbol{a}$.

现在规定,当 $\lambda\neq\boldsymbol{0}$ 时,$\dfrac{\boldsymbol{a}}{\lambda}=\dfrac{1}{\lambda}\boldsymbol{a}$.

由此可得 $\boldsymbol{a}^0=\dfrac{\boldsymbol{a}}{|\boldsymbol{a}|}$,即一非零向量除以自己的模便得到一个与其同向的单位向量.

**例 1.1.5** $AM$ 是 $\triangle ABC$ 的中线,如图 1-14 所示,求证 $AM=\dfrac{1}{2}(\overrightarrow{AB}+\overrightarrow{AC})$.

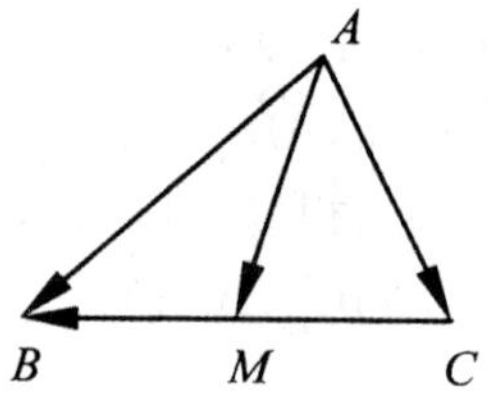


**图 1-14**

**证明:**由题意可得

$$\overrightarrow{AM}=\overrightarrow{AB}+\overrightarrow{BM}=\overrightarrow{AC}+\overrightarrow{CM},$$

所以

$$2\overrightarrow{AM}=(\overrightarrow{AB}+\overrightarrow{BM})+(\overrightarrow{AC}+\overrightarrow{CM}),$$

因为 $M$ 是 $BC$ 的中点,则

$$\overrightarrow{BM}=-\overrightarrow{CM},$$

所以

$$2\overrightarrow{AM}=\overrightarrow{AB}+\overrightarrow{AC},$$

即

$$AM=\frac{1}{2}(\overrightarrow{AB}+\overrightarrow{AC}).$$

**例 1.1.6**　证明三角形两腰中点的连线平行于底边,且等于底边的一半.

**证明:**如图 1-15 所示,设在三角形$\triangle ABC$中,$D$,$E$ 分别为 $AB$、$AC$ 的中点,那么则有

$$\overrightarrow{AD}=\frac{1}{2}\overrightarrow{AB},\overrightarrow{AE}=\frac{1}{2}\overrightarrow{AC},$$

则

$$\begin{aligned}\overrightarrow{DE}&=\overrightarrow{AE}-\overrightarrow{AD}\\&=\frac{1}{2}\overrightarrow{AC}-\frac{1}{2}\overrightarrow{AB}=\frac{1}{2}(\overrightarrow{AC}-\overrightarrow{AB})\\&=\frac{1}{2}\overrightarrow{BC},\end{aligned}$$

所以 $DE\parallel BC$,且$|DE|=\frac{1}{2}|BC|$,得证.

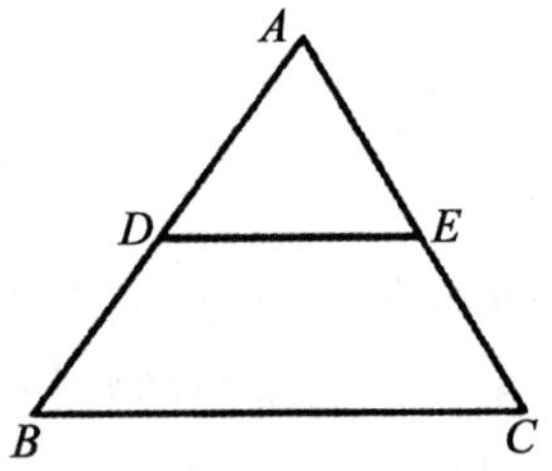


**图 1-15**

**例 1.1.7**　设 $A$,$B$,$P$ 是直线 $l$ 上三点($B$ 与 $A$,$P$ 均不重合),$O$ 是空间任一点,$\overrightarrow{AP}=\lambda\overrightarrow{PB}$.

**证明:**$\overrightarrow{OP}=\dfrac{\overrightarrow{OA}+\lambda\overrightarrow{OB}}{1+\lambda}$.

**证明:**如图 1-16 所示.

因为

$$\overrightarrow{OP}-\overrightarrow{OA}=\lambda(\overrightarrow{OB}-\overrightarrow{OP}),$$

所以

$$(1+\lambda)\overrightarrow{OP}=\overrightarrow{OA}+\lambda\overrightarrow{OB},$$

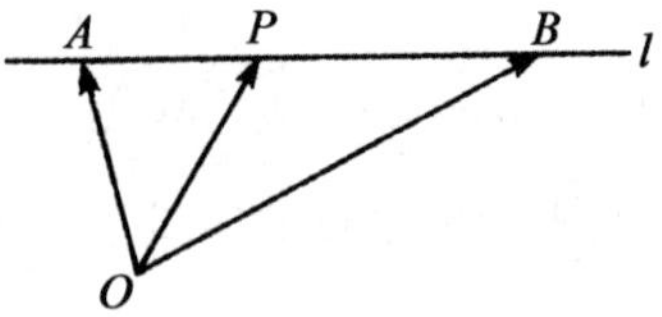


图 1-16

由于

$$\lambda \neq -1,$$

所以

$$\overrightarrow{OP}=\frac{\overrightarrow{OA}+\lambda\overrightarrow{OB}}{1+\lambda}.$$

# 1.2　向量的共线、共面及向量分解

## 1.2.1　向量组的共线与共面

**定义 1.2.1**　如果一组向量中的每一个向量都平行于同一条直线，就称它们是共线向量；如果一组向量中的每一个向量都平行于同一平面，就称它们是共面向量.其中，向量 $\boldsymbol{a}$，$\boldsymbol{b}$ 平行记作 $\boldsymbol{a}\parallel\boldsymbol{b}$.

**定义 1.2.2**　对于给定的 $n$ 个向量 $\boldsymbol{a}_1,\boldsymbol{a}_2,\cdots,\boldsymbol{a}_n$ 和 $n$ 个实数 $k_1,k_2,\cdots,k_n$，称 $k_1\boldsymbol{a}_1+k_2\boldsymbol{a}_2+\cdots+k_n\boldsymbol{a}_n$ 为 $n$ 个向量 $\boldsymbol{a}_1,\boldsymbol{a}_2,\cdots,\boldsymbol{a}_n$ 的线性组合，称实数 $k_1,k_2,\cdots,k_n$ 为这个线性组合的组合系数.

**定理 1.2.1**　若向量 $\boldsymbol{a}$，$\boldsymbol{b}$，$\boldsymbol{c}$ 不共面，则对于空间中任意向量 $\boldsymbol{d}$ 均存在唯一数组$(\lambda,\mu,\gamma)$，使得 $\lambda\boldsymbol{a}+\mu\boldsymbol{b}+\gamma\boldsymbol{c}=\boldsymbol{d}$，其中，$\lambda,\mu,\gamma$ 由向量 $\boldsymbol{a}$，$\boldsymbol{b}$，$\boldsymbol{c}$，$\boldsymbol{d}$ 唯一确定.

**证明：**如图 1-17 所示，取一点 $O$，作$\overrightarrow{OA}=\boldsymbol{a}$，$\overrightarrow{OB}=\boldsymbol{b}$，$\overrightarrow{OC}=\boldsymbol{c}$，$\overrightarrow{OD}=\boldsymbol{d}$.过 $D$ 作一条与 $OC$ 平行的直线，该直线与 $OA$ 和 $OB$ 所决定的平面交于点 $M$，过 $M$ 作一条与 $OB$ 平行的直线，该直线与 $OA$ 交于 $N$.由于$\overrightarrow{ON}\parallel\boldsymbol{a}$，$\overrightarrow{MN}\parallel\boldsymbol{b}$，$\overrightarrow{MD}\parallel\boldsymbol{c}$，所以，分别存在实数 $\lambda,\mu,\gamma$ 使得$\overrightarrow{ON}=\lambda\boldsymbol{a}$，$\overrightarrow{MN}=\mu\boldsymbol{b}$，

$\overrightarrow{MD}=\gamma \boldsymbol{c}$.

所以

$$\boldsymbol{d}=\overrightarrow{OD}=\overrightarrow{ON}+\overrightarrow{MN}+\overrightarrow{MD}=\lambda \boldsymbol{a}+\mu \boldsymbol{b}+\gamma \boldsymbol{c}.$$

若

$$\overrightarrow{OD}=\lambda \boldsymbol{a}+\mu \boldsymbol{b}+\gamma \boldsymbol{c}=\lambda_1 \boldsymbol{a}+\mu_1 \boldsymbol{b}+\gamma_1 \boldsymbol{c},$$

则

$$(\lambda_1-\lambda)\boldsymbol{a}+(\mu_1-\mu)\boldsymbol{b}+(\gamma_1-\gamma)\boldsymbol{c}=0.$$

由于向量 $\boldsymbol{a},\boldsymbol{b},\boldsymbol{c}$ 不共面，所以

$$\lambda_1=\lambda, \mu_1=\mu, \gamma_1=\gamma.$$

故而，$\lambda,\mu,\gamma$ 由向量 $\boldsymbol{a},\boldsymbol{b},\boldsymbol{c},\boldsymbol{d}$ 唯一确定.

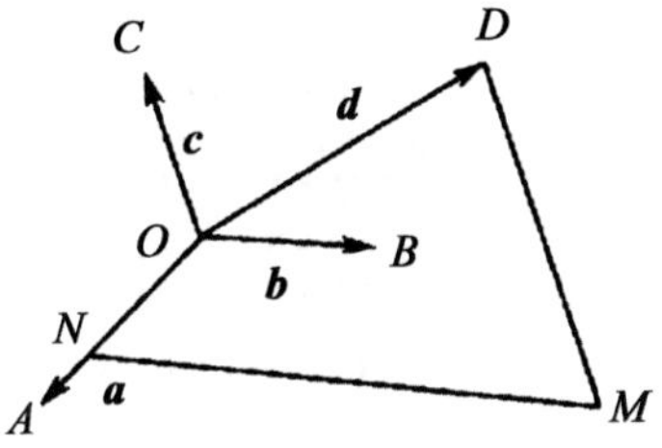


**图 1-17**

**例 1.2.1**　如图 1-18 所示，已知 $\Delta ABC$ 及一点 $O$，试证明 $O$ 是三角形 $\Delta ABC$ 的重心的充要条件是 $\overrightarrow{OA}+\overrightarrow{OB}+\overrightarrow{OC}=0$.

**证明**：必要性.设 $O$ 是 $\triangle ABC$ 的重心，$P,Q,R$ 分别是 $\triangle ABC$ 的三边 $BC,CA,AB$ 的中点，则

$$\begin{aligned}\overrightarrow{OA}&=\frac{2}{3}\overrightarrow{PA}\\&=\frac{2}{3}(\overrightarrow{PB}+\overrightarrow{BA})\\&=\frac{2}{3}(\frac{1}{2}\overrightarrow{CB}+\overrightarrow{BA})\\&=\frac{1}{3}\overrightarrow{CB}+\frac{2}{3}\overrightarrow{BA},\end{aligned}$$

同理有

$$\overrightarrow{OB}=\frac{1}{3}\overrightarrow{AC}+\frac{2}{3}\overrightarrow{CB},$$

$$\overrightarrow{OC}=\frac{1}{3}\overrightarrow{BA}+\frac{2}{3}\overrightarrow{AC}.$$

所以

$$\begin{aligned}\overrightarrow{OA}+\overrightarrow{OB}+\overrightarrow{OC}&=\frac{1}{3}(\overrightarrow{CB}+\overrightarrow{AC}+\overrightarrow{BA})+\frac{2}{3}(\overrightarrow{BA}+\overrightarrow{CB}+\overrightarrow{AC})\\&=\overrightarrow{CB}+\overrightarrow{BA}+\overrightarrow{AC}\\&=\overrightarrow{CA}+\overrightarrow{AC}\\&=0.\end{aligned}$$

充分性.设$\overrightarrow{OA}+\overrightarrow{OB}+\overrightarrow{OC}=0$,而$\triangle ABC$的重心为$O'$,则根据上一步证明可知

$$\overrightarrow{O'A}+\overrightarrow{O'B}+\overrightarrow{O'C}=0,$$

但是

$$\begin{aligned}\overrightarrow{OA}&=\overrightarrow{OO'}+\overrightarrow{O'A},\\\overrightarrow{OB}&=\overrightarrow{OO'}+\overrightarrow{O'B},\\\overrightarrow{OC}&=\overrightarrow{OO'}+\overrightarrow{O'C},\\0&=\overrightarrow{OA}+\overrightarrow{OB}+\overrightarrow{OC}\\&=3\overrightarrow{OO'}+\overrightarrow{O'A}+\overrightarrow{O'B}+\overrightarrow{O'C}\\&=3\overrightarrow{OO'}\end{aligned}$$

所以

$$\overrightarrow{OO'}=0,$$

即$O'$与$O$重合.

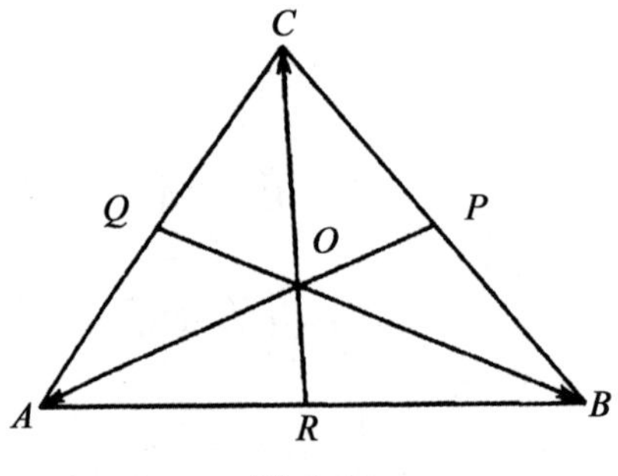


图 1-18

### 1.2.2　向量的分解

在物理学中，除了要研究几个力的合力之外，有时还要求一个力沿着其他方向的分力，这就产生了所谓向量的分解.

先从共线向量的讨论开始，已知若向量 $\boldsymbol{a}$ 与 $\boldsymbol{b}$ 共线，则它们之间有关系 $\boldsymbol{b}=\lambda\boldsymbol{a}$，于是有以下定理.

**定理 1.2.2**　若 $\boldsymbol{a}$ 是一个已知的非零向量，而 $\boldsymbol{b}$ 是与 $\boldsymbol{a}$ 共线的向量，则向量 $\boldsymbol{b}$ 可以唯一地写成

$$\boldsymbol{b}=\lambda\boldsymbol{a}$$

**证明**：因 $\boldsymbol{b}$ 与 $\boldsymbol{a}$ 共线，故知，$\boldsymbol{b}=\lambda\boldsymbol{a}$，现在只要证明这个表示法是唯一的.事实上，若另有 $\boldsymbol{b}=\lambda_1\boldsymbol{a}$，那么由 $\boldsymbol{b}=\lambda\boldsymbol{a}$ 与 $\boldsymbol{b}=\lambda_1\boldsymbol{a}$ 求差可得

$$\boldsymbol{0}=(\lambda-\lambda_1)\boldsymbol{a}$$

对这个等式两端取模，得到

$$\boldsymbol{0}=|\lambda-\lambda_1|\cdot|\boldsymbol{a}|$$

由于 $\boldsymbol{a}$ 是非零向量，故 $|\boldsymbol{a}|\neq\boldsymbol{0}$，于是可推得 $\lambda-\lambda_1=0$，即 $\lambda=\lambda_1$.这就是所要证明的.

## 1.3　向量的内积与外积

### 1.3.1　向量的内积

#### 1.3.1.1　内积的定义

**定义 1.3.1**　设两个向量 $\boldsymbol{a}$ 和 $\boldsymbol{b}$，且它们的夹角为 $\theta(0\leqslant\theta\leqslant\pi)$，称 $|\boldsymbol{a}||\boldsymbol{b}|\cos\theta$ 为向量 $\boldsymbol{a}$ 和 $\boldsymbol{b}$ 的内积(又称数量积或者点积)，记作 $|\boldsymbol{a}|\cdot|\boldsymbol{b}|$，即

$$\boldsymbol{a}\cdot\boldsymbol{b}=(\boldsymbol{a},\boldsymbol{b})=|\boldsymbol{a}||\boldsymbol{b}|\cos\theta.$$

根据定义，力所做的功是力 $\boldsymbol{F}$ 与位移 $\boldsymbol{s}$ 的内积，即

$$W=\boldsymbol{F}\cdot\boldsymbol{s}=|\boldsymbol{F}||\boldsymbol{s}|\cos\theta.$$

由内积的定义，两个几何向量的内积等于零的充分必要条件为 $\boldsymbol{a}=\boldsymbol{0}$ 或者 $\boldsymbol{b}=\boldsymbol{0}$ 或者 $\theta=\frac{\pi}{2}$.规定零向量垂直于任何向量.从而可得，两个向量相互垂直的充要条件为其内积等于零.

因为 $|\boldsymbol{b}|\cos\theta=|\boldsymbol{b}|\cos(\widehat{\boldsymbol{a},\boldsymbol{b}})$ 为向量 $\boldsymbol{b}$ 在向量 $\boldsymbol{a}$ 方向上的投影，所以，当 $\boldsymbol{a}\neq\boldsymbol{0}$ 时，$\boldsymbol{a}\cdot\boldsymbol{b}$ 则为 $\boldsymbol{a}$ 的长度 $|\boldsymbol{a}|$ 与 $\boldsymbol{b}$ 在 $\boldsymbol{a}$ 方向上的投影 $\mathrm{Pr}_{a}\boldsymbol{b}$ 之积，即

$$\boldsymbol{a}\cdot\boldsymbol{b}=|\boldsymbol{a}|\mathrm{Pr}_{a}\boldsymbol{b}.$$

同理，

$$\boldsymbol{a}\cdot\boldsymbol{b}=|\boldsymbol{b}|\mathrm{Pr}_{b}\boldsymbol{a}.$$

### 1.3.1.2　内积的性质

由向量的内积的定义可推得：

(1)$\boldsymbol{a}\cdot\boldsymbol{a}=|\boldsymbol{a}|^{2}$.

(2)对于两个非零向量 $\boldsymbol{a},\boldsymbol{b}$，如果 $\boldsymbol{a}\cdot\boldsymbol{b}=0$，那么 $\boldsymbol{a}\perp\boldsymbol{b}$；反之，如果 $\boldsymbol{a}\perp\boldsymbol{b}$，那么 $\boldsymbol{a}\cdot\boldsymbol{b}=0$.

(3)交换律：$\boldsymbol{a}\cdot\boldsymbol{b}=\boldsymbol{b}\cdot\boldsymbol{a}$.

(4)分配律：$\boldsymbol{a}\cdot(\boldsymbol{b}+\boldsymbol{c})=\boldsymbol{a}\cdot\boldsymbol{b}+\boldsymbol{a}\cdot\boldsymbol{c}$.

(5)$(k\boldsymbol{a})\cdot\boldsymbol{b}=\boldsymbol{a}\cdot(k\boldsymbol{b})=k(\boldsymbol{a}\cdot\boldsymbol{b})$.

**证明：**(1)因为夹角 $\theta=0$，所以 $\boldsymbol{a}\cdot\boldsymbol{a}=|\boldsymbol{a}|^{2}\cos\theta=|\boldsymbol{a}|^{2}$.

(2)因为 $\boldsymbol{a}\cdot\boldsymbol{b}=0\Leftrightarrow|\boldsymbol{a}||\boldsymbol{b}|\cos\theta=0$，由于 $|\boldsymbol{a}|\neq0$，$|\boldsymbol{b}|\neq0$，所以 $\cos\theta=0$，从而 $\theta=\frac{\pi}{2}$，即 $\boldsymbol{a}\perp\boldsymbol{b}$.

反之，如果 $\boldsymbol{a}\perp\boldsymbol{b}$，那么 $\theta=\frac{\pi}{2}$，$\cos\theta=0$，则 $\boldsymbol{a}\cdot\boldsymbol{b}=0$.

由于零向量的方向可以看作是任意的，所以可以认为零向量与任何向量都垂直.上述结论可叙述为：向量 $\boldsymbol{a}\perp\boldsymbol{b}$ 的充分必要条件是 $\boldsymbol{a}\cdot\boldsymbol{b}=0$.

(3)由于

$$\boldsymbol{a}\cdot\boldsymbol{b}=|\boldsymbol{a}||\boldsymbol{b}|\cos\theta,$$
$$\boldsymbol{b}\cdot\boldsymbol{a}=|\boldsymbol{b}||\boldsymbol{a}|\cos\theta,$$

又因为

$$|\boldsymbol{a}||\boldsymbol{b}|=|\boldsymbol{b}||\boldsymbol{a}|,$$

并且

$$\cos\theta=\cos\theta,$$

所以

$$\boldsymbol{a}\cdot\boldsymbol{b}=\boldsymbol{b}\cdot\boldsymbol{a}.$$

(4)分两种情况进行讨论：

①当 $\boldsymbol{a}=\boldsymbol{0}$ 时，显然成立；

②当 $\boldsymbol{a}\neq\boldsymbol{0}$ 时，

$$\begin{aligned}\boldsymbol{a}\cdot(\boldsymbol{b}+\boldsymbol{c})&=|\boldsymbol{a}|\mathrm{Pr}j_a(\boldsymbol{b}+\boldsymbol{c})\\&=|\boldsymbol{a}|(\mathrm{Pr}j_a\boldsymbol{b}+\mathrm{Pr}j_a\boldsymbol{c})\\&=|\boldsymbol{a}|\mathrm{Pr}j_a\boldsymbol{b}+|\boldsymbol{a}|\mathrm{Pr}j_a\boldsymbol{c})\\&=\boldsymbol{a}\cdot\boldsymbol{b}+\boldsymbol{a}\cdot\boldsymbol{c}.\end{aligned}$$

(5)当 $k>0$ 时，$k\boldsymbol{a}$ 与 $\boldsymbol{a}$ 同方向，所以 $k\boldsymbol{a}$ 与 $\boldsymbol{a}$ 之间的夹角仍为 $\theta$，可得

$$(k\boldsymbol{a})\cdot\boldsymbol{b}=|k\boldsymbol{a}||\boldsymbol{b}|\cos\theta=k|\boldsymbol{a}||\boldsymbol{b}|\cos\theta=k(\boldsymbol{a}\cdot\boldsymbol{b}).$$

当 $k=0$ 时，显然有

$$(k\boldsymbol{a})\cdot\boldsymbol{b}=\boldsymbol{a}\cdot(k\boldsymbol{b})\cos\theta=k(\boldsymbol{a}\cdot\boldsymbol{b})=0.$$

当 $k<0$ 时，$k\boldsymbol{a}$ 与 $\boldsymbol{a}$ 方向相反，所以 $k\boldsymbol{a}$ 与 $\boldsymbol{a}$ 之间的夹角为 $\pi-\theta$，于是

$$(k\boldsymbol{a})\cdot\boldsymbol{b}=|k\boldsymbol{a}||\boldsymbol{b}|\cos(\pi-\theta)=k(|\boldsymbol{a}||\boldsymbol{b}|\cos\theta)=k(\boldsymbol{a}\cdot\boldsymbol{b}).$$

综上所述，有 $(k\boldsymbol{a})\cdot\boldsymbol{b}=k(\boldsymbol{a}\cdot\boldsymbol{b})$ 成立.

类似地，可以证明：$\boldsymbol{a}\cdot(k\boldsymbol{b})=k(\boldsymbol{a}\cdot\boldsymbol{b})$.

**例 1.3.1**　根据向量的数量乘证明

$$|\boldsymbol{a}+\boldsymbol{b}|^2+|\boldsymbol{a}-\boldsymbol{b}|^2=2|\boldsymbol{a}|^2+2|\boldsymbol{b}|^2.$$

**证明：**

$$\begin{aligned}&|\boldsymbol{a}+\boldsymbol{b}|^2+|\boldsymbol{a}-\boldsymbol{b}|^2\\=&(\boldsymbol{a}+\boldsymbol{b})\cdot(\boldsymbol{a}+\boldsymbol{b})+(\boldsymbol{a}-\boldsymbol{b})\cdot(\boldsymbol{a}-\boldsymbol{b})\\=&(\boldsymbol{a}\cdot\boldsymbol{a}+2\boldsymbol{a}\cdot\boldsymbol{b}+\boldsymbol{b}\cdot\boldsymbol{b})+(\boldsymbol{a}\cdot\boldsymbol{a}-2\boldsymbol{a}\cdot\boldsymbol{b}+\boldsymbol{b}\cdot\boldsymbol{b})\\=&2(\boldsymbol{a}\cdot\boldsymbol{a})+2(\boldsymbol{b}\cdot\boldsymbol{b})\\=&2|\boldsymbol{a}|^2+2|\boldsymbol{b}|^2.\end{aligned}$$

在几何上，该例题表明平行四边形两对角线的平方和等于四边的平方和.

### 1.3.1.3 内积的坐标表达式

设向量 $\boldsymbol{a}=a_x\boldsymbol{i}+a_y\boldsymbol{j}+a_z\boldsymbol{k}$，$\boldsymbol{b}=b_x\boldsymbol{i}+b_y\boldsymbol{j}+b_z\boldsymbol{k}$，则

$$\begin{aligned}\boldsymbol{a}\cdot\boldsymbol{b}&=(a_x\boldsymbol{i}+a_y\boldsymbol{j}+a_z\boldsymbol{k})\cdot(b_x\boldsymbol{i}+b_y\boldsymbol{j}+b_z\boldsymbol{k})\\&=a_x\boldsymbol{i}\cdot(b_x\boldsymbol{i}+b_y\boldsymbol{j}+b_z\boldsymbol{k})+a_y\boldsymbol{j}\cdot(b_x\boldsymbol{i}+b_y\boldsymbol{j}+b_z\boldsymbol{k})\\&\quad+a_z\boldsymbol{k}\cdot(b_x\boldsymbol{i}+b_y\boldsymbol{j}+b_z\boldsymbol{k})\\&=a_xb_x\boldsymbol{i}\cdot\boldsymbol{i}+a_yb_y\boldsymbol{j}\cdot\boldsymbol{j}+a_zb_z\boldsymbol{k}\cdot\boldsymbol{k}+(a_xb_y+a_yb_x)\boldsymbol{i}\cdot\boldsymbol{j}\\&\quad+(a_xb_z+a_zb_x)\boldsymbol{i}\cdot\boldsymbol{k}+(a_yb_z+a_zb_y)\boldsymbol{j}\cdot\boldsymbol{k}.\end{aligned}$$

因为 $\boldsymbol{i}$，$\boldsymbol{j}$，$\boldsymbol{k}$ 为单位向量，且两两相互垂直，可得

$$\boldsymbol{i}\cdot\boldsymbol{i}=\boldsymbol{j}\cdot\boldsymbol{j}=\boldsymbol{k}\cdot\boldsymbol{k}=1,$$

$$\boldsymbol{i}\cdot\boldsymbol{j}=\boldsymbol{i}\cdot\boldsymbol{k}=\boldsymbol{j}\cdot\boldsymbol{k}=0,$$

所以得到两向量的内积的表达式为

$$\boldsymbol{a}\cdot\boldsymbol{b}=a_xb_x+a_yb_y+a_zb_z.$$

这说明两向量的内积等于它们的对应坐标乘积之和.

我们发现，如果把向量 $\boldsymbol{a}$ 和 $\boldsymbol{b}$ 的坐标写成列矩阵，那么它们的内积可以写成如下矩阵乘积形式：

$$\boldsymbol{a}\cdot\boldsymbol{b}=\boldsymbol{a}^{\mathrm{T}}\boldsymbol{b}=(a_x\quad a_y\quad a_z)\begin{pmatrix}b_x\\b_y\\b_z\end{pmatrix}=a_xb_x+a_yb_y+a_zb_z.$$

由于 $\boldsymbol{a}\cdot\boldsymbol{b}=|\boldsymbol{a}||\boldsymbol{b}|\cos\theta$，所以对两个非零向量 $\boldsymbol{a}$ 和 $\boldsymbol{b}$，它们之间夹角余弦的计算公式为

$$\cos\theta=\frac{\boldsymbol{a}\cdot\boldsymbol{b}}{|\boldsymbol{a}||\boldsymbol{b}|}=\frac{a_xb_x+a_yb_y+a_zb_z}{\sqrt{a_x^2+a_y^2+a_z^2}\sqrt{b_x^2+b_y^2+b_z^2}},$$

且

$$\boldsymbol{a}\perp\boldsymbol{b}\Leftrightarrow\cos\theta=0\Leftrightarrow a_xb_x+a_yb_y+a_zb_z=0.$$

**例 1.3.2** 设向量

$$\boldsymbol{a}=(1,2,3),\boldsymbol{b}=(8,5,11),c=(7,5,1),$$

试求：

(1) $\boldsymbol{a}+\boldsymbol{b}+\boldsymbol{c}$ 的模；

(2) $\boldsymbol{a}+\boldsymbol{b}+\boldsymbol{c}$ 的方向余弦；

(3) $\boldsymbol{a}+\boldsymbol{b}+\boldsymbol{c}$ 与 $\boldsymbol{a}$ 的夹角.

**解**:(1)因为

$$\boldsymbol{a}+\boldsymbol{b}+\boldsymbol{c}=(1,2,3)+(8,5,11)+(7,5,1)=(16,12,15),$$

所以 $\boldsymbol{a}+\boldsymbol{b}+\boldsymbol{c}$ 的模为

$$|\boldsymbol{a}+\boldsymbol{b}+\boldsymbol{c}|=\sqrt{16^2+12^2+15^2}=25.$$

(2)$\boldsymbol{a}+\boldsymbol{b}+\boldsymbol{c}$ 的方向余弦为

$$\cos\alpha=\frac{16}{\sqrt{16^2+12^2+15^2}}=\frac{16}{25},$$

$$\cos\beta=\frac{12}{\sqrt{16^2+12^2+15^2}}=\frac{12}{25},$$

$$\cos\gamma=\frac{15}{\sqrt{16^2+12^2+15^2}}=\frac{15}{25}=\frac{3}{5}.$$

(3)$\boldsymbol{a}+\boldsymbol{b}+\boldsymbol{c}$ 与 $\boldsymbol{a}$ 的夹角 $\theta$ 的余弦为

$$\begin{aligned}\cos\theta&=\frac{(\boldsymbol{a}+\boldsymbol{b}+\boldsymbol{c})\cdot\boldsymbol{a}}{|\boldsymbol{a}+\boldsymbol{b}+\boldsymbol{c}||\boldsymbol{a}|}=\frac{(16,12,15)\cdot(1,2,3)}{25\sqrt{1^2+2^2+3^2}}\\&=\frac{16\times1+12\times2+15\times3}{25\sqrt{14}}\\&=\frac{85}{25\sqrt{14}}=\frac{17}{5\sqrt{14}}\\&=\frac{17}{70}\sqrt{14}.\end{aligned}$$

所以

$$\theta=\arccos\frac{17}{70}\sqrt{14}.$$

**例 1.3.3**　已知向量 $\boldsymbol{a},\boldsymbol{b}$ 的模分别为 $|\boldsymbol{a}|=2$, $|\boldsymbol{b}|=1$,,其夹角 $\theta=\frac{\pi}{3}$,求向量 $\boldsymbol{A}=2\boldsymbol{a}+3\boldsymbol{b}$ 与向量 $\boldsymbol{B}=3\boldsymbol{a}-\boldsymbol{b}$ 的夹角.

**解**:因为

$$\cos\theta=\frac{\boldsymbol{A}\cdot\boldsymbol{B}}{|\boldsymbol{A}||\boldsymbol{B}|},$$

且

$$\begin{aligned}\boldsymbol{A}\cdot\boldsymbol{B}&=(2\boldsymbol{a}+2\boldsymbol{b})\cdot(3\boldsymbol{a}-\boldsymbol{b})\\&=6|\boldsymbol{a}|^2+7\boldsymbol{a}\cdot\boldsymbol{b}-3|\boldsymbol{b}|^2\\&=6\times2^2+7\times\left(2\times1\times\cos\frac{\pi}{3}\right)-3\times1^2\end{aligned}$$

$$=24+7-3$$
$$=28.$$

同理计算

$$|\boldsymbol{A}|^2=\boldsymbol{A}\cdot\boldsymbol{A}=37,$$
$$|\boldsymbol{B}|^2=\boldsymbol{B}\cdot\boldsymbol{B}=31,$$

从而有

$$|\boldsymbol{A}|=\sqrt{37},|\boldsymbol{B}|=\sqrt{31},$$

所以

$$\cos\theta=\frac{28}{\sqrt{37}\sqrt{31}}.$$

因此

$$\theta=\arccos\frac{28}{\sqrt{37}\sqrt{31}}=35^\circ.$$

**例 1.3.4** 已知正方体 $ABCDA_1B_1C_1D_1$，如图 1-19 所示，$K$ 为棱 $AA_1$ 的中点，试求向量$\overrightarrow{BK}$与$\overrightarrow{BC_1}$间的夹角.

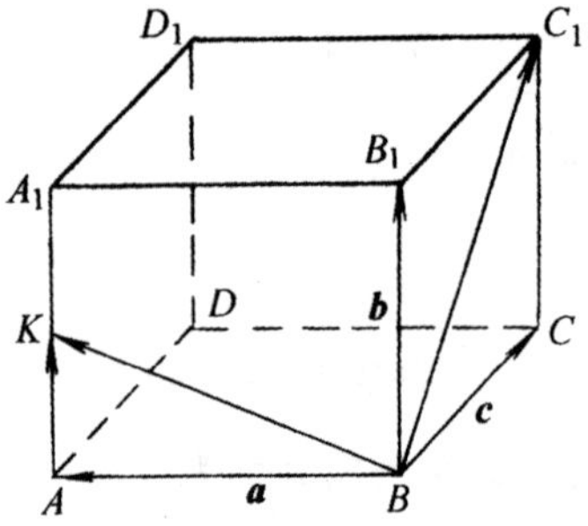


图 1-19

**解：** 设$\overrightarrow{BA}=\boldsymbol{a}$，$\overrightarrow{BB_1}=\boldsymbol{b}$，$\overrightarrow{BC}=\boldsymbol{c}$，$\overrightarrow{BK}=\boldsymbol{a}+\frac{1}{2}\boldsymbol{b}$，$\overrightarrow{BC_1}=\boldsymbol{b}+\boldsymbol{c}$.

并且设

$$|\boldsymbol{a}|=|\boldsymbol{b}|+|\boldsymbol{c}|=t,$$

而且

$$\widehat{(\boldsymbol{a},\boldsymbol{b})}=\widehat{(\boldsymbol{b},\boldsymbol{c})}=\widehat{(\boldsymbol{c},\boldsymbol{a})}=90^\circ.$$

设 $\alpha$ 为所求夹角，则

$$\cos\alpha=\frac{\overrightarrow{BK}\cdot\overrightarrow{BC_1}}{|\overrightarrow{BK}|\cdot|\overrightarrow{BC_1}|}=\frac{\left(\boldsymbol{a}+\frac{1}{2}\boldsymbol{b}\right)(\boldsymbol{b}+\boldsymbol{c})}{\left|\boldsymbol{a}+\frac{1}{2}\boldsymbol{b}\right||\boldsymbol{b}+\boldsymbol{c}|},$$

其中

$$\begin{aligned}\left(\boldsymbol{a}+\frac{1}{2}\boldsymbol{b}\right)(\boldsymbol{b}+\boldsymbol{c})&=\boldsymbol{a}\cdot\boldsymbol{b}+\boldsymbol{a}\cdot\boldsymbol{c}+\frac{1}{2}|\boldsymbol{b}|^2+\frac{1}{2}\boldsymbol{b}\cdot\boldsymbol{c}\\&=\frac{1}{2}|\boldsymbol{b}|^2\\&=\frac{1}{2}t^2,\end{aligned}$$

$$\begin{aligned}\left|\boldsymbol{a}+\frac{1}{2}\boldsymbol{b}\right|&=\sqrt{\left(\boldsymbol{a}+\frac{1}{2}\boldsymbol{b}\right)^2}=\sqrt{|\boldsymbol{a}|^2+\boldsymbol{a}\cdot\boldsymbol{b}+\frac{1}{4}|\boldsymbol{b}|^2}=\sqrt{|\boldsymbol{a}|^2+\frac{1}{4}|\boldsymbol{b}|^2}\\&=\sqrt{\frac{5}{4}t^2}\\&=\frac{1}{2}t\sqrt{5},\end{aligned}$$

$$\begin{aligned}|\boldsymbol{b}+\boldsymbol{c}|&=\sqrt{(\boldsymbol{b}+\boldsymbol{c})^2}=\sqrt{|\boldsymbol{b}|^2+2\boldsymbol{b}\cdot\boldsymbol{c}+|\boldsymbol{c}|^2}=\sqrt{|\boldsymbol{b}|^2+|\boldsymbol{c}|^2}\\&=\sqrt{2t^2}\\&=t\sqrt{2},\end{aligned}$$

从而有

$$\cos\alpha=\frac{\frac{1}{2}t^2}{\frac{1}{2}\sqrt{5}t\cdot t\sqrt{2}}=\frac{1}{\sqrt{10}},$$

所以向量$\overrightarrow{BK}$与$\overrightarrow{BC_1}$间的夹角为

$$\alpha=\arccos\frac{1}{\sqrt{10}}.$$

## 1.3.2　向量的外积

### 1.3.2.1　外积的定义

**定义 1.3.2**　两个向量 $\boldsymbol{a},\boldsymbol{b}$ 的外积(或向量积)是一个向量,记为 $\boldsymbol{a}\times\boldsymbol{b}$,它的大小等于以 $\boldsymbol{a}$ 和 $\boldsymbol{b}$ 为邻边的平行四边形的面积,如图 1-20

所示,即

$$|\boldsymbol{a}\times\boldsymbol{b}|=|\boldsymbol{a}|\times|\boldsymbol{b}|\sin\theta,$$

它的方向与 $\boldsymbol{a}$、$\boldsymbol{b}$ 都垂直,即

$$\boldsymbol{a}\times\boldsymbol{b}\perp\boldsymbol{a},\boldsymbol{a}\times\boldsymbol{b}\perp\boldsymbol{b}$$

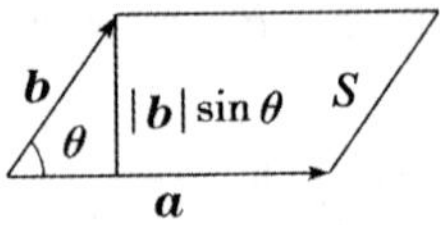


图 1-20

且当 $\boldsymbol{a}$ 作 180°以内的旋转并与 $\boldsymbol{b}$ 的方向一致时,右螺旋前进的方向.

若 $\boldsymbol{a}=\boldsymbol{0}$ 或 $\boldsymbol{b}=\boldsymbol{0}$,规定 $\boldsymbol{a}\times\boldsymbol{b}=\boldsymbol{0}$.

由定义知,$\boldsymbol{a}//\boldsymbol{b}\Leftrightarrow\boldsymbol{a}\times\boldsymbol{b}=\boldsymbol{0}$.

### 1.3.2.2 外积的性质

向量的外积满足下述性质:

(1)$\boldsymbol{a}\times\boldsymbol{a}=\boldsymbol{0}$.

(2)两个非零向量 $\boldsymbol{a},\boldsymbol{b}$ 平行的充分必要条件是它们的外积为零向量,即 $\boldsymbol{a}\parallel\boldsymbol{b}\Leftrightarrow\boldsymbol{a}\times\boldsymbol{b}=\boldsymbol{0}$.

(3)反对称性:$\boldsymbol{a}\times\boldsymbol{b}=-\boldsymbol{b}\times\boldsymbol{a}$;

(4)分配律:$(\boldsymbol{a}+\boldsymbol{b})\times\boldsymbol{c}=\boldsymbol{a}\times\boldsymbol{c}+\boldsymbol{b}\times\boldsymbol{c},\boldsymbol{c}\times(\boldsymbol{a}+\boldsymbol{b})=\boldsymbol{c}\times\boldsymbol{a}+\boldsymbol{c}\times\boldsymbol{b}$;

(5)结合律:$(k\boldsymbol{a})\times\boldsymbol{b}=\boldsymbol{a}\times(k\boldsymbol{b})=k(\boldsymbol{a}\times\boldsymbol{b})$,其中 $k$ 为数.

### 1.3.2.3 外积的坐标表达式

**定理 1.3.1** 设 $\boldsymbol{a}=(x_1,x_2,x_3),\boldsymbol{b}=(y_1,y_2,y_3)$,则

$$\begin{aligned}\boldsymbol{a}\times\boldsymbol{b}&=(x_2y_3-x_3y_2,x_3y_1-x_1y_3,x_1y_2-x_2y_1)\\&=\left(\begin{vmatrix}x_2&x_3\\y_2&y_3\end{vmatrix},\begin{vmatrix}x_3&x_1\\y_3&y_1\end{vmatrix},\begin{vmatrix}x_1&x_2\\y_1&y_2\end{vmatrix}\right)\\&=\begin{vmatrix}\boldsymbol{i}&\boldsymbol{j}&\boldsymbol{k}\\x_1&x_2&x_3\\y_1&y_2&y_3\end{vmatrix}\end{aligned}$$

**证明:** 因

$$\boldsymbol{a}=x_1\boldsymbol{i}+x_2\boldsymbol{j}+x_3\boldsymbol{k},\boldsymbol{b}=y_1\boldsymbol{i}+y_2\boldsymbol{j}+y_3\boldsymbol{k},$$

注意到

$$\boldsymbol{i}\times\boldsymbol{i}=\boldsymbol{j}\times\boldsymbol{j}=\boldsymbol{k}\times\boldsymbol{k}=\boldsymbol{0},$$
$$\boldsymbol{i}\times\boldsymbol{j}=\boldsymbol{k},\boldsymbol{j}\times\boldsymbol{k}=\boldsymbol{i},\boldsymbol{k}\times\boldsymbol{i}=\boldsymbol{j},$$
$$\boldsymbol{j}\times\boldsymbol{i}=-\boldsymbol{k},\boldsymbol{k}\times\boldsymbol{j}=-\boldsymbol{i},\boldsymbol{i}\times\boldsymbol{k}=-\boldsymbol{j},$$

故

$$\begin{aligned}\boldsymbol{a}\times\boldsymbol{b}&=(x_1\boldsymbol{i}+x_2\boldsymbol{j}+x_3\boldsymbol{k})\times(y_1\boldsymbol{i}+y_2\boldsymbol{j}+y_3\boldsymbol{k})\\&=x_1y_1\cdot\boldsymbol{0}+x_1y_2\boldsymbol{k}+x_1y_3(-\boldsymbol{j})+x_2y_1(-\boldsymbol{k})+x_2y_2\cdot\boldsymbol{0}+\\&\quad x_2y_3\boldsymbol{i}+x_3y_1\boldsymbol{j}+x_3y_2(-\boldsymbol{i})+x_3y_3\cdot\boldsymbol{0}\\&=(x_2y_3-x_3y_2)\boldsymbol{i}+(x_3y_1-x_1y_3)\boldsymbol{j}+(x_1y_2-x_2y_1)\boldsymbol{k}\\&=\begin{vmatrix}x_2&x_3\\y_2&y_3\end{vmatrix}\boldsymbol{i}+\begin{vmatrix}x_3&x_1\\y_3&y_1\end{vmatrix}\boldsymbol{j}+\begin{vmatrix}x_1&x_2\\y_1&y_2\end{vmatrix}\boldsymbol{k}\\&=\begin{vmatrix}\boldsymbol{i}&\boldsymbol{j}&\boldsymbol{k}\\x_1&x_2&x_3\\y_1&y_2&y_3\end{vmatrix}\end{aligned}$$

**例 1.3.5**　设

$$\boldsymbol{a}=(2,1,-1),\boldsymbol{b}=(1,-1,2),$$

计算 $\boldsymbol{a}\times\boldsymbol{b}$.

**解:**

$$\boldsymbol{a}\times\boldsymbol{b}=\begin{vmatrix}\boldsymbol{i}&\boldsymbol{j}&\boldsymbol{k}\\2&1&-1\\1&-1&2\end{vmatrix}=\boldsymbol{i}-5\boldsymbol{j}-3\boldsymbol{k}.$$

**例 1.3.6**　如图 1-21 所示，求以 $A(1,-1,2)$，$B(5,-6,2)$，$C(1,3,-1)$为顶点的三角形 $ABC$ 的面积及 $AC$ 边上的高.

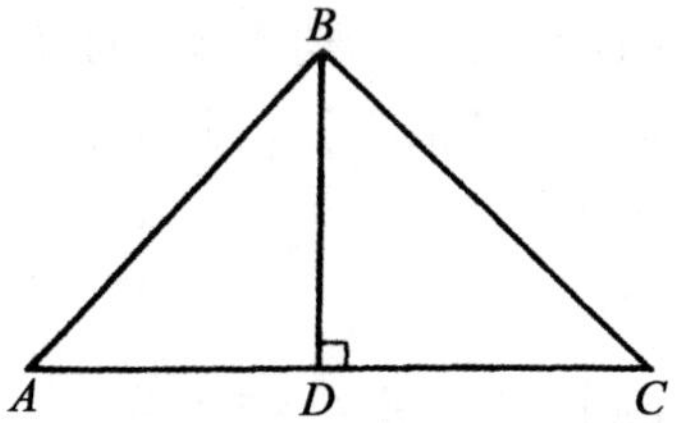


图 1-21

**解**:易知

$$\overrightarrow{AB}=(4,-5,0),\overrightarrow{AC}=(0,4,-3),$$

三角形 $ABC$ 的面积为

$$S=\frac{1}{2}|\overrightarrow{AB}\times\overrightarrow{AC}|=\frac{1}{2}\begin{vmatrix}\boldsymbol{i} & \boldsymbol{j} & \boldsymbol{k}\\ 4 & -5 & 0\\ 0 & 4 & -3\end{vmatrix}$$

$$=\frac{1}{2}|15\boldsymbol{i}+12\boldsymbol{j}+16\boldsymbol{k}|$$

$$=\frac{1}{2}\times 25$$

$$=12.5.$$

高 $|\overrightarrow{BD}|$ 为

$$|\overrightarrow{BD}|=\frac{2S}{|\overrightarrow{AC}|}$$

$$=\frac{2\times 12.5}{5}$$

$$=5.$$

# 1.4 向量的混合积

## 1.4.1 混合积的定义

**定义 1.4.1** 对于 $E^3$ 中的向量 $\boldsymbol{a}$,$\boldsymbol{b}$ 和 $\boldsymbol{c}$,将 $\boldsymbol{a}$ 与 $\boldsymbol{b}$ 作向量积,再与 $\boldsymbol{c}$ 作数量积,得数值 $(\boldsymbol{a}\times\boldsymbol{b})\cdot\boldsymbol{c}$,称为 $\boldsymbol{a}$,$\boldsymbol{b}$,$\boldsymbol{c}$ 的混合积.

混合积 $(\boldsymbol{a}\times\boldsymbol{b})\cdot\boldsymbol{c}$ 有如下几何意义:对不共面的向量 $\boldsymbol{a}$,$\boldsymbol{b}$,$\boldsymbol{c}$,$(\boldsymbol{a}\times\boldsymbol{b})\cdot\boldsymbol{c}$ 表示以 $\boldsymbol{a}$,$\boldsymbol{b}$,$\boldsymbol{c}$ 为棱的平行六面体的体积 $V$.通常用 $(\boldsymbol{a},\boldsymbol{b},\boldsymbol{c})$ 表示 $\boldsymbol{a}$,$\boldsymbol{b}$,$\boldsymbol{c}$ 的混合积.

## 1.4.2 混合积的性质

根据混合积的定义可得如下性质:

(1)$[\boldsymbol{aac}]=0$.

(2)$[\boldsymbol{abc}]=-[\boldsymbol{bac}]$.

(3)$[(\boldsymbol{a}_1+\boldsymbol{a}_2)\boldsymbol{bc}]=[\boldsymbol{a}_1\boldsymbol{bc}]+[\boldsymbol{a}_2\boldsymbol{bc}]$.

(4)$(k\boldsymbol{a},\boldsymbol{b},\boldsymbol{c})=(\boldsymbol{a},k\boldsymbol{b},\boldsymbol{c})=(\boldsymbol{a},\boldsymbol{b},k\boldsymbol{c})=k(\boldsymbol{a},\boldsymbol{b},\boldsymbol{c})$,其中 $k$ 为一实数.

(5)设 $\boldsymbol{a},\boldsymbol{b},\boldsymbol{c}$ 为三个非零向量,$(\boldsymbol{a},\boldsymbol{b},\boldsymbol{c})=\begin{vmatrix} a_x & a_y & a_z \\ b_x & b_y & b_z \\ c_x & c_y & c_z \end{vmatrix}=0\Leftrightarrow\boldsymbol{a}$,$\boldsymbol{b},\boldsymbol{c}$ 平行于同一平面,即 $\boldsymbol{a},\boldsymbol{b},\boldsymbol{c}$ 共面.

上述性质很容易由行列式的性质证明.留给读者自行证明.

**例 1.4.1**　设 $\boldsymbol{\alpha}\times\boldsymbol{\beta}+\boldsymbol{\beta}\times\boldsymbol{\gamma}+\boldsymbol{\gamma}\times\boldsymbol{\alpha}=\boldsymbol{0}$,证明 $\boldsymbol{\alpha},\boldsymbol{\beta},\boldsymbol{\gamma}$ 共面.

**证明:**因为

$$\boldsymbol{\alpha}\times\boldsymbol{\beta}+\boldsymbol{\beta}\times\boldsymbol{\gamma}+\boldsymbol{\gamma}\times\boldsymbol{\alpha}=\boldsymbol{0},$$

$$\boldsymbol{\alpha}\cdot(\boldsymbol{\alpha}\times\boldsymbol{\beta})+\boldsymbol{\alpha}\cdot(\boldsymbol{\beta}\times\boldsymbol{\gamma})+\boldsymbol{\alpha}\cdot(\boldsymbol{\gamma}\times\boldsymbol{\alpha})=\boldsymbol{0}.$$

由于

$$\boldsymbol{\alpha}\perp\boldsymbol{\alpha}\times\boldsymbol{\beta},\boldsymbol{\alpha}\perp\boldsymbol{\gamma}\times\boldsymbol{\alpha},$$

所以

$$\boldsymbol{\alpha}\cdot(\boldsymbol{\alpha}\times\boldsymbol{\beta})=0,$$

$$\boldsymbol{\alpha}\cdot(\boldsymbol{\gamma}\times\boldsymbol{\alpha})=0,$$

于是

$$\boldsymbol{\alpha}\cdot(\boldsymbol{\beta}\times\boldsymbol{\gamma})=0,$$

所以,$\boldsymbol{\alpha},\boldsymbol{\beta},\boldsymbol{\gamma}$ 共面.

### 1.4.3　混合积的坐标表示式

接下来我们推导三个向量的坐标表示式.

设

$$\boldsymbol{a}=(a_x,a_y,a_z),\boldsymbol{b}=(b_x,b_y,b_z),\boldsymbol{c}=(z_x,z_y,z_z),$$

则有

$$\boldsymbol{a}\times\boldsymbol{b}=(a_yb_z-a_zb_y)\boldsymbol{i}+(a_zb_x-a_xb_z)\boldsymbol{j}+(a_xb_y-a_yb_x)\boldsymbol{k},$$

所以

$$(\boldsymbol{a},\boldsymbol{b},\boldsymbol{c})=(\boldsymbol{a}\times\boldsymbol{b})\cdot\boldsymbol{c}=(a_yb_z-a_zb_y)c_x+(a_zb_x-a_xb_z)c_y+(a_xb_y-a_yb_x)c_z.$$

为了便于记忆,可将向量 $\boldsymbol{a},\boldsymbol{b},\boldsymbol{c}$ 的混合积写成如下矩阵的形式:

$$(\boldsymbol{a},\boldsymbol{b},\boldsymbol{c})=\begin{vmatrix} a_x & a_y & a_z \\ b_x & b_y & b_z \\ c_x & c_y & c_z \end{vmatrix}.$$

**例 1.4.2** 已知空间中四点:$A(1,1,1)$,$B(4,4,4)$,$C(3,5,5)$,$D(2,4,7)$,求四面体 $ABCD$ 的体积.

**解:**四面体 $ABCD$ 的体积 $V_{ABCD}$ 等于以向量$\overrightarrow{AB}$,$\overrightarrow{AC}$,$\overrightarrow{AD}$为棱所作的平行六面体体积的$\frac{1}{6}$,而该平行六面体的体积等于混合积$[\overrightarrow{AB}\overrightarrow{AC}\overrightarrow{AD}]$的绝对值.

由于

$$\overrightarrow{AB}=(3,3,3),\overrightarrow{AC}=(2,4,4),\overrightarrow{AD}=(1,3,6),$$

则

$$[\overrightarrow{AB}\overrightarrow{AC}\overrightarrow{AD}]=\begin{vmatrix} 3 & 3 & 3 \\ 2 & 4 & 4 \\ 1 & 3 & 6 \end{vmatrix}=18,$$

所以

$$V_{ABCD}=\frac{1}{6}\left|[\overrightarrow{AB}\overrightarrow{AC}\overrightarrow{AD}]\right|=\frac{1}{6}\times 18=3.$$

**例 1.4.3** 已知 $\boldsymbol{a}=\boldsymbol{i}$,$\boldsymbol{b}=\boldsymbol{j}-2\boldsymbol{k}$,$\boldsymbol{c}=2\boldsymbol{i}-2\boldsymbol{j}+\boldsymbol{k}$,求一单位向量 $\boldsymbol{r}$,使 $\boldsymbol{r}\perp\boldsymbol{c}$,且 $\boldsymbol{r}$ 与 $\boldsymbol{a},\boldsymbol{b}$ 同时共面.

**解:**设所求向量 $\boldsymbol{r}=(x,y,z)$,因为 $\boldsymbol{r}$ 为一单位向量,所以

$$x^2+y^2+z^2=1.$$

因为 $\boldsymbol{r}\perp\boldsymbol{c}$,所以

$$\boldsymbol{r}\cdot\boldsymbol{c}=0,$$

即

$$2x-2y+z=0.$$

因为 $\boldsymbol{r}$ 与 $\boldsymbol{a},\boldsymbol{b}$ 同时共面,可得

$$(\boldsymbol{r},\boldsymbol{a},\boldsymbol{b})=0,$$

即

$$\begin{vmatrix} x & y & z \\ 1 & 0 & 0 \\ 0 & 1 & -2 \end{vmatrix} = 2y + z = 0.$$

把以上三式联立,解得

$$\begin{cases} x = \dfrac{2}{3} \\ y = \dfrac{1}{3} \\ z = -\dfrac{2}{3} \end{cases}$$

或

$$\begin{cases} x = -\dfrac{2}{3} \\ y = -\dfrac{1}{3}. \\ z = \dfrac{2}{3} \end{cases}$$

所以

$$\boldsymbol{r} = \pm\left(\frac{2}{3}, \frac{1}{3}, -\frac{2}{3}\right).$$

## 1.5　标架与坐标

**定义 1.5.1**　自空间一点 $O$ 引三个不共面向量 $\boldsymbol{e}_1,\boldsymbol{e}_2,\boldsymbol{e}_3$,它们合在一起称为空间的一个仿射标架,记作 $\{O;\boldsymbol{e}_1,\boldsymbol{e}_2,\boldsymbol{e}_3\}$,点 $O$ 称为原点;如果 $\boldsymbol{e}_1,\boldsymbol{e}_2,\boldsymbol{e}_3$ 都是单位向量,那么 $\{O;\boldsymbol{e}_1,\boldsymbol{e}_2,\boldsymbol{e}_3\}$ 叫作笛卡儿标架;如果 $\boldsymbol{e}_1,\boldsymbol{e}_2,\boldsymbol{e}_3$ 都是单位向量且两两互相垂直,那么 $\{O;\boldsymbol{e}_1,\boldsymbol{e}_2,\boldsymbol{e}_3\}$ 叫作笛卡儿直角标架,简称直角标架.

对于标架 $\{O;\boldsymbol{e}_1,\boldsymbol{e}_2,\boldsymbol{e}_3\}$,如果 $\{\boldsymbol{e}_1,\boldsymbol{e}_2,\boldsymbol{e}_3\}$ 满足右手系,则称 $\{O;\boldsymbol{e}_1,\boldsymbol{e}_2,\boldsymbol{e}_3\}$ 为右旋标架或右手标架(图 1-36);否则称为左旋标架或左手标架(图 1-22).

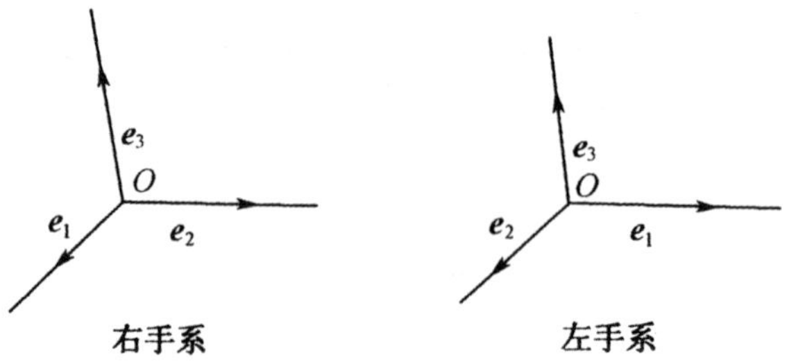


图 1-22

**定义 1.5.2** 对于取定的标架$\{O;\boldsymbol{e}_1,\boldsymbol{e}_2,\boldsymbol{e}_3\}$,空间任意向量 $\boldsymbol{r}$ 总可以唯一表示为

$$\boldsymbol{r}=X\boldsymbol{e}_1+Y\boldsymbol{e}_2+Z\boldsymbol{e}_3$$

那么,有序数组 $X,Y,Z$ 称为向量 $\boldsymbol{r}$ 的坐标,记作 $\boldsymbol{r}=\{X,Y,Z\}$ 或 $\boldsymbol{r}\{X,Y,Z\}$.

**定义 1.5.3** 对于取定的标架$\{O;\boldsymbol{e}_1,\boldsymbol{e}_2,\boldsymbol{e}_3\}$,空间任意一点 $P$ 的位置可以由向量$\overrightarrow{OP}$完全确定,向量$\overrightarrow{OP}$叫作点 $P$ 的向径或位置向量;向径$\overrightarrow{OP}$的坐标$\{x,y,z\}$叫作点 $P$ 的坐标,记作 $P\{x,y,z\}$.

坐标系的建立可以通过标架来建立.

对于仿射标架$\{O;\boldsymbol{e}_1,\boldsymbol{e}_2,\boldsymbol{e}_3\}$,过点 $O$ 且分别以 $\boldsymbol{e}_1,\boldsymbol{e}_2,\boldsymbol{e}_3$ 的方向为方向得到三条数轴,分别称为 $Ox$ 轴,$Oy$ 轴,$Oz$ 轴,统称为坐标轴,由点 $O$ 和三坐标轴组成的图形叫作仿射坐标系.记作 $O\text{-}xyz$ 或仍然用$\{O;\boldsymbol{e}_1,\boldsymbol{e}_2,\boldsymbol{e}_3\}$来表示.点 $O$ 叫作坐标原点;$\boldsymbol{e}_1,\boldsymbol{e}_2,\boldsymbol{e}_3$ 叫作坐标向量;两两坐标轴确定的平面叫作坐标平面,分别称为 $xOy$ 坐标面、$xOz$ 坐标面和 $yOz$ 坐标面.

同理,由笛卡儿标架和直角标架决定的坐标系分别叫作笛卡儿坐标系和直角坐标系;右手标架决定的坐标系为右手坐标系,左手标架决定的坐标系为左手坐标系.若无特别说明,我们一般都采用右手坐标系.

特别地,直角坐标系的坐标向量用 $\boldsymbol{i},\boldsymbol{j},\boldsymbol{k}$ 表示.

三个坐标面把空间分成八个部分,每一个部分叫作一个卦限,八个卦限的排列顺序见图 1-23.

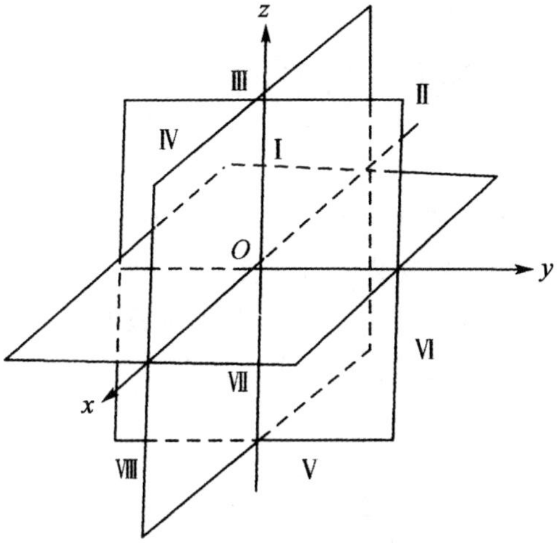


图 1-23

坐标面上的点不属于任何卦限,它上面的点的坐标有一个为零.例如,$xOy$ 坐标面上的点的坐标中,$z=0$.

对于空间中任意一点 $P$,可以用下面的方法得到它的坐标:

过点 $P$ 分别作三个平面平行于三个坐标面,依次交 $x$ 轴,$y$ 轴,$z$ 轴于 $P_x,P_y,P_z$,那么

$$\overrightarrow{OP}=\overrightarrow{OP_x}+\overrightarrow{OP_y}+\overrightarrow{OP_z}=x\boldsymbol{e}_1+y\boldsymbol{e}_2+z\boldsymbol{e}_3$$

$x,y,z$ 即为点 $P$ 的坐标.

**定理 1.5.1**　向量的坐标等于其终点坐标减去对应的始点坐标.

**证明:**设向量$\overrightarrow{P_1P_2}$的始点与终点分别为 $P_1(x_1,y_1,z_1)$与 $P_2(x_2,y_2,z_2)$,则

$$\overrightarrow{OP_1}=x_1\boldsymbol{e}_1+y_1\boldsymbol{e}_2+z_1\boldsymbol{e}_3$$

$$\overrightarrow{OP_2}=x_2\boldsymbol{e}_1+y_2\boldsymbol{e}_2+z_2\boldsymbol{e}_3$$

所以

$$\begin{aligned}\overrightarrow{P_1P_2}&=\overrightarrow{OP_2}-\overrightarrow{OP_1}\\&=(x_2\boldsymbol{e}_1+y_2\boldsymbol{e}_2+z_2\boldsymbol{e}_3)-(x_1\boldsymbol{e}_1+y_1\boldsymbol{e}_2+z_1\boldsymbol{e}_3)\\&=(x_2-x_1)\boldsymbol{e}_1+(y_2-y_1)\boldsymbol{e}_2+(z_2-z_1)\boldsymbol{e}_3\end{aligned}$$

即

$$\overrightarrow{P_1P_2}=\{x_2-x_1,y_2-y_1,z_2-z_1\}$$

# 1.6 应用:简单的线性规划问题

**例 1.6.1** 某公司某工地租赁甲、乙两种机械来安装 A、B、C 三种构件,这两种机械每天的安装能力见表 1-1.工程任务要求安装 250 根 A 构件、300 根 B 构件和 700 根 C 构件,又知机械甲每天租赁费为 250 元,机械乙每天租赁费为 350 元,试决定租赁甲、乙机械各多少天,才能使总租赁费最少?

**表 1-1**

| | A 构件 | B 构件 | C 构件 |
|---|---|---|---|
| 机械甲 | 5 | 8 | 10 |
| 机械乙 | 6 | 5 | 12 |

**解**:设 $x_1$、$x_2$ 为机械甲和乙的租赁天数.为满足 A、B、C 三种构件的安装要求,必须满足

$$\begin{cases}5x_1+6x_2\geqslant 250\\8x_1+5x_2\geqslant 300\\10x_1+12x_2\geqslant 700\\x_1、x_2\geqslant 0\end{cases}.$$

若用 $Z$ 表示总租赁费,则该问题的目标函数可表示为 $\max Z=250x_1+350x_2$.由此,得如下模型

$$\min Z=250x_1+350x_2,$$

$$\text{s.t.}\begin{cases}5x_1+6x_2\geqslant 250\\8x_1+5x_2\geqslant 300\\10x_1+12x_2\geqslant 700\\x_1、x_2\geqslant 0\end{cases}.$$

从应用的角度看,线性规划问题的复杂性并不是因为变量 $x_1,x_2,\cdots,x_n$ 的个数可能成百上千,主要是约束条件需要运用统计分析才能获得,带有较大的经验成分.决策指挥者若能在生产建设中运用好线性规划方法,确实可以节约十分客观的财富.

# 第 2 章　平面与直线

我们研究过的图形都可以看成一些点的集合.例如平行线、三角形和圆,组成每两条平行线、每个三角形或每个圆上的点都是同一个平面内的点,像这样各点都在同一个平面内的图形是平面图形.像对点和直线一样,对平面不进行定义,从广阔而平静的水面、延展后的桌面或黑板面等可以了解平面的形象并抽象出平面的概念.几何中的平面是无限延展的,没有长、宽和厚度.它的特征就是一平(平坦、无凹凸)、二广(广阔、无边缘).

## 2.1　平面的方程

### 2.1.1　平面的点法式方程

设 $P_0(x_0,y_0,z_0)$是空间某一定点,经过 $P_0$ 点的平面有无数多个,如果再给定一个非零向量 $\boldsymbol{n}$,那么经过 $P_0$ 且与 $\boldsymbol{n}$ 垂直的平面就唯一确定了.把与某平面垂直的非零向量称为该平面的法向量.

现在我们建立由平面的法向量和平面上的一点所确定的平面的方程.

已知平面上点 $P_0(x_0,y_0,z_0)$,法向量是 $\boldsymbol{n}=(A,B,C)$,如图 2-1 所示,求平面 $\pi$ 的方程.

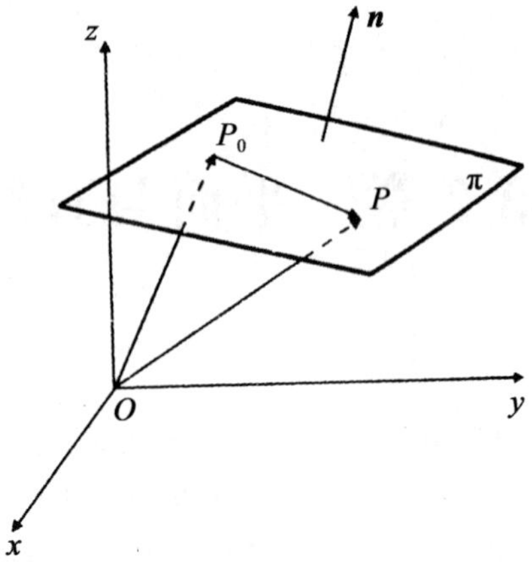


图 2-1

设 $P(x,y,z)$是平面上不和 $P_0$ 重合的任意一点,则点 $P(x,y,z)$在平面 π 上的充要条件是

$$\boldsymbol{n}\perp\overrightarrow{P_0P},$$

即

$$\boldsymbol{n}\cdot\overrightarrow{P_0P}=0,$$

因为

$$P_0P=(x-x_0,y-y_0,z-z_0),\boldsymbol{n}=(A,B,C),$$

所以

$$A(x-x_0)+B(y-y_0)+C(z-z_0)=0, \qquad (2\text{-}1\text{-}1)$$

上式即为平面的点法式方程.

**例 2.1.1** 已知一平面过点(−3,2,0),法向量 $\boldsymbol{n}=(5,4,-3)$,求它的方程.

**解:**根据式(2-1-1)易得所求平面方程是

$$5(x+3)+4(y-2)-3(z-0)=0,$$

整理得

$$5x+4y-3z+7=0.$$

**例 2.1.2** 已知平面上的三点 $P_1(1,1,1)$,$P_2(-3,2,1)$,$P_3(4,3,2)$,求此平面的方程.

**解:**解法 1.设平面方程为

$$A(x-1)+B(y-1)+C(z-1)=0,$$

点 $P_2, P_3$ 满足方程，代入得

$$\begin{cases}-4A+B=0\\3A+2B+C=0\end{cases},$$

解得

$$\begin{cases}B=4A\\C=-11A\end{cases},$$

因此有

$$A(x-1)+4A(y-1)-11A(z-1)=0,$$

化简可得

$$x+4y-11z+6=0.$$

解法 2.显然，要想建立平面的方程，必须先求出平面的法向量.因为法向量 $\boldsymbol{n}$ 与所求平面上的任一向量都垂直，所以法向量 $\boldsymbol{n}$ 与向量$\overrightarrow{P_1P_2}$，$\overrightarrow{P_1P_3}$都垂直，而

$$\overrightarrow{P_1P_2}=(-4,1,0),\overrightarrow{P_1P_3}=(3,2,1),$$

所以可取它们的向量积为法向量 $\boldsymbol{n}$，则有

$$\boldsymbol{n}=\begin{vmatrix}\boldsymbol{i}&\boldsymbol{j}&\boldsymbol{k}\\-4&1&0\\3&2&1\end{vmatrix}=\boldsymbol{i}+4\boldsymbol{j}-11\boldsymbol{k},$$

即

$$\boldsymbol{n}=(1,4,-11).$$

根据平面的点法式方程可得，所求平面的方程为

$$(x-1)+4(y-1)-11(z-1)=0,$$

化简可得

$$x+4y-11z+6=0.$$

### 2.1.2　平面的一般式方程

在式(2-1-1)中，令 $D=-(Ax_0+By_0+Cz_0)$，则式(2-1-1)可改写为

$$Ax+By+Cz+D=0, \tag{2-1-2}$$

其中 $A,B,C$ 是不全为 0 的常数.此式即为平面的一般式方程.

对于每一个平面总可以在它上面取定一个点 $P_0(x_0,y_0,z_0)$，并任意取定这平面的一个法向量 $\boldsymbol{n}=(A,B,C)$，所以平面可以用动点的坐标$(x,y,z)$的一次方程(2-1-2)来表示；反之，任意一个系数 $A,B,C$ 不全为 0 的一次方程(2-1-2)表示一平面.证明如下.

因为方程(2-1-2)有 3 个未知数，所以有无穷多组解，从中任取一组解 $x=x_0,y=y_0,z=z_0$，则有

$$Ax_0+By_0+Cz_0+D=0,$$

把它与(2-1-2)式两端对应相减可得

$$A(x-x_0)+B(y-y_0)+C(z-z_0)=0,$$

从而将方程(2-1-2)化为了过点 $P_0(x_0,y_0,z_0)$，并以 $\boldsymbol{n}=(A,B,C)$为法向量的平面方程.于是有下面的定理.

**定理 2.1.1** 在直角坐标系中，平面的方程是 $x,y,z$ 的一次方程.反过来，$x,y,z$ 的一次方程表示的图形是一个平面.

下面介绍几种具有特殊位置的平面方程：

(1)当 $D=0$ 时，平面 $Ax+By+Cz=0$ 过坐标原点；

(2)当 $C=0$ 时，平面 $Ax+By+D=0$ 平行于 $z$ 轴，如图 2-2 所示；当 $B=0$ 时，平面 $Ax+Cz+D=0$ 平行于 $y$ 轴；当 $A=0$ 时，平面 $By+Cz+D=0$ 平行于 $x$ 轴；

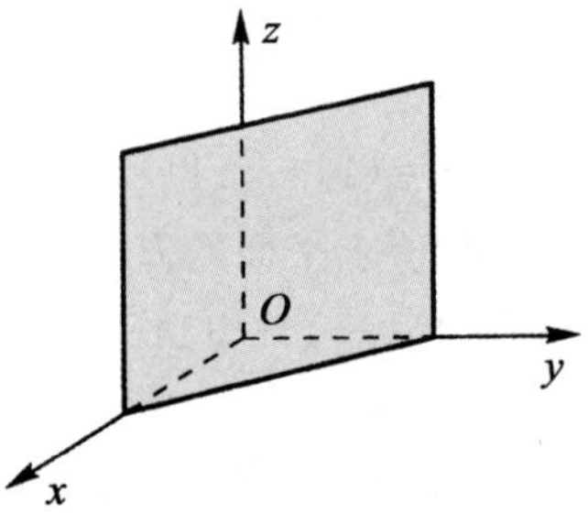


图 2-2

(3)当 $B=C=0$ 时，平面 $Ax+D=0$ 平行于 $yOz$ 面，如图 2-3 所示；当 $A=B=0$ 时，平面 $Cz+D=0$ 平行于 $xOy$ 面；当 $A=C=0$ 时，平面 $By+D=0$ 平行于 $zOx$ 面.

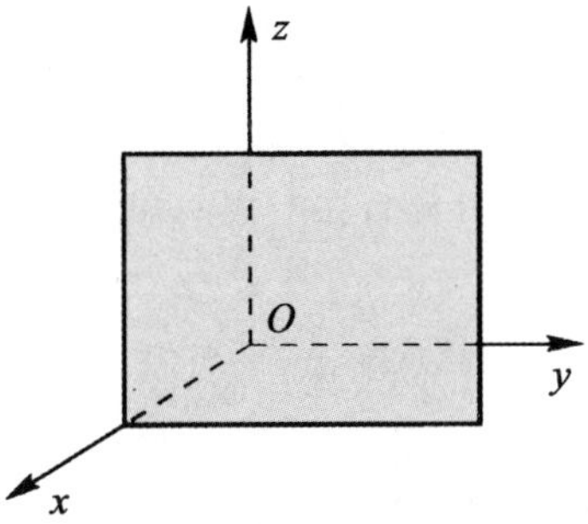


图 2-3

(4)当 $A=D=0$ 时,平面 $By+Cz=0$ 过 $x$ 轴;当 $B=D=0$ 时,平面 $Ax+Cz=0$ 过 $y$ 轴;当 $C=D=0$ 时,平面 $Ax+By=0$ 过 $z$ 轴.

(5)当 $B=C=D=0(A\neq0)$,则 $x=0$ 表示 $yOz$ 坐标平面;同样,$y=0(B\neq0)$表示 $xOz$ 坐标平面;$z=0(C\neq0)$表示 $xOy$ 坐标平面.

**例 2.1.3**　设平面通过 $P_1(1,0,-2)$,$P_2(3,2,8)$两点,并平行于 $x$ 轴,试求此平面的方程.

**解:**因为所求平面平行于 $x$ 轴,所以可设所求平面方程是

$$By+Cz+D=0,$$

又因为平面通过点 $P_1(1,0,-2)$,$P_2(3,2,8)$两点,所以

$$\begin{cases}-2C+D=0\\2B+8C+D=0\end{cases},$$

解得

$$\begin{cases}D=2C\\B=-5C\end{cases},$$

代入 $By+Cz+D=0$,可得所求平面方程是

$$5y-z-2=0.$$

**例 2.1.4**　求过点 $P_0(1,2,1)$及 $z$ 轴的平面方程.

**解:**因为平面过 $z$ 轴,所以可设所求平面方程是

$$Ax+By=0,$$

其中,$A$,$B$ 不全为 0,把 $P_0(1,2,1)$代入上式可得

$$A+2B=0,$$

解得

$$A=-2B,$$

那么所求方程为

$$-2Bx+By=0,$$

因为 $A,B$ 不全为 0,所以 $B\neq0$,在上式两端除以 $B$,化简即得所求平面方程为

$$2x-y=0.$$

## 2.1.3 平面的截距式方程

如果平面的一般式方程中 $A,B,C,D$ 都不为 0,那么式(2-1-2)可改写为

$$\frac{x}{a}+\frac{y}{b}+\frac{z}{c}=1, \tag{2-1-3}$$

此平面与 $x$ 轴、$y$ 轴、$z$ 轴分别交于点$(a,0,0)$,$(0,b,0)$,$(0,0,c)$,且 $a$,$b$,$c$ 分别是平面在 $x$ 轴、$y$ 轴、$z$ 轴上的截距,式(2-1-3)是平面的截距式方程.

这里需要注意,一个平面不一定在 3 个坐标轴上都有截距.比如,平面 $\frac{x}{a}+\frac{y}{b}=1$ 在 $z$ 轴上就没有截距.截距式方程的一个优点就是便于作图,比如,平面 $\frac{x}{2}+\frac{y}{4}+\frac{z}{3}=1$ 的图形,只要把 3 点$(2,0,0)$,$(0,4,0)$,$(0,0,3)$作出,即可得到平面,如图 2-4 所示.

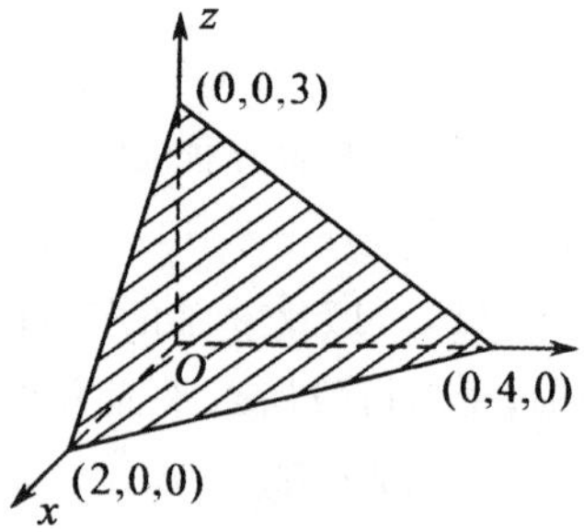


图 2-4

**例 2.1.5**　设一平面经过点 $A(0,2,6)$ 且与 3 坐标轴的截距之比为 $1:2:3$，求此平面方程.

**解**：设所求平面方程是

$$\frac{x}{a}+\frac{y}{b}+\frac{z}{c}=1,$$

又

$$\frac{a}{1}=\frac{b}{2}=\frac{c}{3},$$

即

$$b=2a,c=3a,$$

所以所求平面方程可改写为

$$\frac{x}{a}+\frac{y}{2a}+\frac{z}{3a}=1,$$

解得

$$a=3,$$

那么

$$b=6,c=9,$$

所以所求平面方程是

$$\frac{x}{3}+\frac{y}{6}+\frac{z}{9}=1.$$

## 2.1.4　平面的参数式方程

如果已知平面上的一点 $P_0(x_0,y_0,z_0)$ 和两个与平面平行的不共线的向量 $v_1=(l_1,m_1,n_1)$，$v_2=(l_2,m_2,n_2)$，如图 2-5 所示，现在我们写出这个平面的方程.

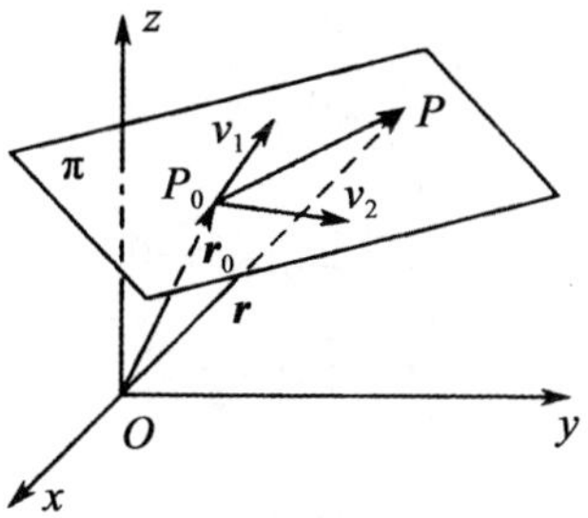


图 2-5

令点 $P_0$ 的定位向量是 $\boldsymbol{r}_0=\overrightarrow{OP_0}=(x_0,y_0,z_0)$，平面上动点 $P(x,y,z)$ 的定位向量是

$$\boldsymbol{r}=\overrightarrow{OP}=(x,y,z),$$

显然向量 $\overrightarrow{P_0P}$ 和 $\boldsymbol{v}_1,\boldsymbol{v}_2$ 共面，已知 $\boldsymbol{v}_1,\boldsymbol{v}_2$ 不共线，根据定理 2.1.1 可得

$$\overrightarrow{P_0P}=u\boldsymbol{v}_1+v\boldsymbol{v}_2,$$

即

$$\boldsymbol{r}=\boldsymbol{r}_0+u\boldsymbol{v}_1+u\boldsymbol{v}_2(-\infty<u,v<+\infty), \tag{2-1-4}$$

这就是平面的参数式方程，其中，$\boldsymbol{r}_0$ 是平面上的一个定点，$\boldsymbol{r}$ 是平面上的动点，$\boldsymbol{v}_1,\boldsymbol{v}_2$ 是平行于平面的两个不共线向量，$u,v$ 是参数，$u,v$ 的取值 $(-\infty,+\infty)$，它们在这范围内取值就可以得到平面上的所有点，每一对 $(u,v)$ 确定平面上一个点.

由于两向量相等，因此它们的对应坐标相等，所以方程(2-1-4)可以改为用坐标写出的平面参数方程

$$\begin{cases}x=x_0+ul_1+vl_2\\ y=y_0+um_1+vm_2,-\infty<u,v<+\infty.\\ z=z_0+un_1+vn_2\end{cases}$$

如果利用 3 个向量的混合积为 0 来写出向量 $\overrightarrow{P_0P}=\boldsymbol{r}-\boldsymbol{r}_0$ 与向量 $\boldsymbol{v}_1,\boldsymbol{v}_2$ 共面的条件，那么平面的方程又可写为

$$(\boldsymbol{r}-\boldsymbol{r}_0,\boldsymbol{v}_1,\boldsymbol{v}_2)=0,$$

该方程还可用坐标表示成

$$\begin{vmatrix}x-x_0 & y-y_0 & z-z_0\\ l_1 & m_1 & n_1\\ l_2 & m_2 & n_2\end{vmatrix}=0.$$

**例 2.1.6** 化直线方程 $\begin{cases}3x+2y-4z-5=0\\ 2x+y-2z+1=0\end{cases}$ 为参数式和截距式.

**解**：令 $z=0$ 可得

$$\begin{cases}3x+2y-5=0\\ 2x+y+1=0\end{cases},$$

解得

$$x=-7,y=13,$$

则点 $(-7,13,0)$ 在直线上，两个相交平面的法向量分别是 $\boldsymbol{n}_1=(3,2,-4)$，

$\boldsymbol{n}_2=(2,1,-2)$,可取直线的方向向量为

$$\boldsymbol{v}=\boldsymbol{n}_1\times\boldsymbol{n}_2=\left(\begin{vmatrix}2 & -4\\1 & -2\end{vmatrix},\begin{vmatrix}-4 & 3\\-2 & 2\end{vmatrix},\begin{vmatrix}3 & 2\\2 & 1\end{vmatrix}\right)=(0,-2,-1),$$

所求直线的参数式方程是

$$\begin{cases}x=-7\\y=13-2t.\\z=-t\end{cases}$$

所求直线的截距式方程是

$$\frac{x+7}{0}=\frac{y-13}{2}=\frac{z}{1}.$$

# 2.2　直线的方程

## 2.2.1　空间直线的一般方程

空间直线可以由两个不平行的平面的交线来确定.设两个不平行的平面分别是

$$\pi_1:A_1x+B_1y+C_1z+D_1=0,$$
$$\pi_2:A_2x+B_2y+C_2z+D_2=0,$$

$A_1,B_1,C_1$ 与 $A_2,B_2,C_2$ 不成比例,将两个方程联立可得

$$\begin{cases}A_1x+B_1y+C_1z+D_1=0\\A_2x+B_2y+C_2z+D_2=0\end{cases},$$

则两平面的交线 $l$ 上的点一定满足这个方程组,且以方程组的任意一组解为坐标的点 $P(x,y,z)$ 必在 $l$ 上,所以此方程组即为空间直线的一般方程.

例如,对于 $x$ 轴这条直线,它的一般方程式可表示为

$$\begin{cases}y=0\\z=0\end{cases},$$

或

$$\begin{cases} y+z=0 \\ y-z=0 \end{cases}.$$

由于平面 $\pi_1,\pi_2$ 的法向量是

$$\boldsymbol{n}_1=(A_1,B_1,C_1),\boldsymbol{n}_2=(A_2,B_2,C_2),$$

而平面 $\pi_1,\pi_2$ 相交所得的直线 $l$ 的方向向量 $\boldsymbol{s}$ 满足

$$\boldsymbol{s}\perp\boldsymbol{n}_1,$$

且

$$\boldsymbol{s}\perp\boldsymbol{n}_2,$$

所以 $\boldsymbol{n}_1\times\boldsymbol{n}_2\neq\boldsymbol{0}$ 时，两平面 $\pi_1,\pi_2$ 相交，且直线 $l$ 的方向向量为 $\boldsymbol{s}=\boldsymbol{n}_1\times\boldsymbol{n}_2$，即

$$\boldsymbol{s}=\boldsymbol{n}_1\times\boldsymbol{n}_2=\left(\begin{vmatrix} B_1 & C_1 \\ B_2 & C_2 \end{vmatrix},\begin{vmatrix} C_1 & A_1 \\ C_2 & A_2 \end{vmatrix},\begin{vmatrix} A_1 & B_1 \\ A_2 & B_2 \end{vmatrix}\right).$$

如果点 $P_0(x_0,y_0,z_0)$ 在直线 $l$ 上，则直线 $l$ 的标准方程是

$$\frac{x-x_0}{\begin{vmatrix} B_1 & C_1 \\ B_2 & C_2 \end{vmatrix}}=\frac{y-y_0}{\begin{vmatrix} C_1 & A_1 \\ C_2 & A_2 \end{vmatrix}}=\frac{z-z_0}{\begin{vmatrix} A_1 & B_1 \\ A_2 & B_2 \end{vmatrix}}.$$

**例 2.2.1** 化直线的标准方程$\frac{x-1}{2}=\frac{y+2}{-5}=\frac{z-4}{7}$为一般方程.

**解:**给定的方程可改写为

$$\begin{cases} \frac{x-1}{2}=\frac{y+2}{-5} \\ \frac{x-1}{2}=\frac{z-4}{7} \end{cases},$$

即

$$\begin{cases} 5x+2y-1=0 \\ 7x-2z+1=0 \end{cases}.$$

**例 2.2.2** 空间中有一质点 $P_0(15,-24,-16)$，沿 $\boldsymbol{s}=(-2,2,1)$ 方向，以 $v=12$ 米/秒的速度运动，并与平面 $\pi:3x+4y+7z=17$ 交于 $Q$ 点，如图 2-6 所示.

求：(1) $|\overrightarrow{P_0Q}|$；

(2) $Q$ 点坐标；

(3) 质点到达平面上 $Q$ 点所需时间.

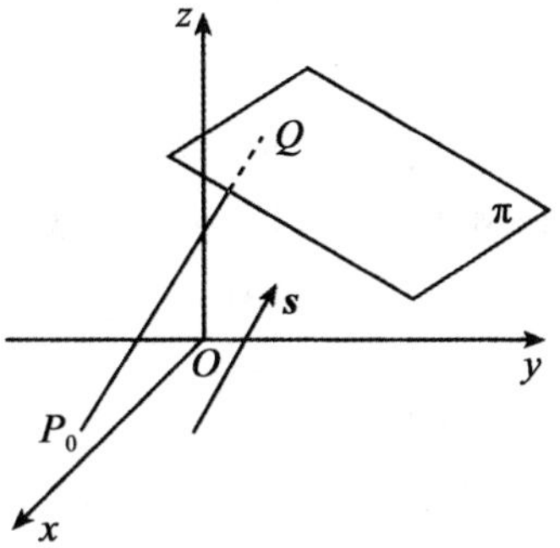


图 2-6

**解：**过 $P_0$ 以 $\boldsymbol{s}$ 为方向向量的直线方程是

$$\begin{cases} x=15-2t \\ y=-24+2t, \\ z=-16+t \end{cases}$$

过 $P_0$ 以单位向量 $\boldsymbol{s}_0$ 为方向向量的直线方程是

$$\begin{cases} x=15-\dfrac{2}{3}t \\ y=-24+\dfrac{2}{3}t, \\ z=-16+\dfrac{1}{3}t \end{cases}$$

把上式代入平面 $\pi$ 的方程可得

$$3\times 15-2t-4\times 24+\frac{8}{3}t-7\times 16+\frac{7}{3}t=17,$$

解得

$$t=60,$$

即

$$|\overrightarrow{P_0Q}|=60,$$
$$Q=(-25,16,4),$$

所需时间为

$$60 \div 12 = 5(\text{秒}).$$

## 2.2.2 空间直线的射影式方程

**定义 2.2.1** 如果空间直线 $l$ 的一般方程是两张平行于坐标轴的平面方程构成的方程组，则称此方程组称为直线 $l$ 的射影式方程.

在直角坐标系 $\{O;\vec{i},\vec{j},\vec{k}\}$ 下，如图 2-7 所示，直线 $l$ 在 $xOy$ 平面上的射影是

$$l_1:\begin{cases}ax+by+c=0\\ z=0\end{cases},$$

在 $yOz$ 平面上的射影是

$$l_2:\begin{cases}dy+ez+f=0\\ x=0\end{cases},$$

则线性方程组

$$\begin{cases}ax+by+c=0\\ dy+ez+f=0\end{cases}$$

即为直线 $l$ 的射影式方程.

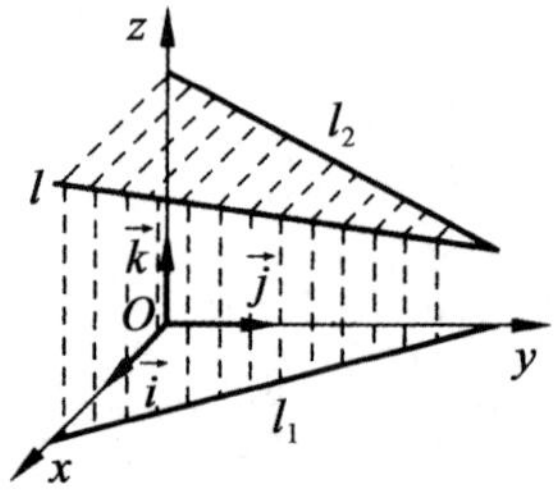


图 2-7

很明显直线的射影式方程是一种特殊的一般方程，即第 1 个方程不含 $z$(对应的平面垂直于 $xOy$ 平面)，第 2 个方程不含 $x$(对应的平面垂直于 $yOz$ 平面).针对直线

$$l:\begin{cases}A_1x+B_1y+C_1z+D_1=0\\A_2x+B_2y+C_2z+D_2=0\end{cases},$$

因为

$$\begin{vmatrix}B_1 & C_1\\B_2 & C_2\end{vmatrix},\begin{vmatrix}C_1 & A_1\\C_2 & A_2\end{vmatrix},\begin{vmatrix}A_1 & B_1\\A_2 & B_2\end{vmatrix}$$

不全为 0,所以由两个方程经消元可获得一个至少含有一个变元的方程,如 $F(x,y)=0$ 或 $F(x,z)=0$ 或 $F(y,z)=0$,再将 $F(x,y)=0$ 与方程组中的一个方程消去 $x$ 可得 $G(y,z)=0$,或消去 $y$ 可得 $G(x,z)=0$,从而得到直线 $l$ 的射影式方程为

$$\begin{cases}F(x,y)=0\\G(y,z)=0\end{cases}$$

或

$$\begin{cases}F(x,y)=0\\G(x,z)=0\end{cases}.$$

**例 2.2.3**　已知直线 $l$ 的方程是

$$\frac{x-1}{1}=\frac{y-2}{0}=\frac{z+1}{2},$$

求直线 $l$ 对 3 个坐标面的射影平面的方程.

**解:**将直线 $l$ 的标准方程改写,即得 $l$ 的射影式方程是

$$\begin{cases}\dfrac{x-1}{1}=\dfrac{z+1}{2}\\y-2=0\end{cases},$$

即

$$\begin{cases}2x-z-3=0\\y-2=0\end{cases},$$

由此得直线 $l$ 对 $xOz$ 坐标面的射影平面的方程是

$$2x-z-3=0,$$

直线 $l$ 对 $xOy$、$yOz$ 两个坐标面的射影平面的方程都是

$$y-2=0.$$

# 2.3 直线、平面相互间的位置关系

## 2.3.1 两条直线的位置关系

空间中两条直线有三种不同的位置关系，即相交、平行和异面.下面将进一步研究这些位置关系.

### 2.3.1.1 空间两直线位置关系的分类与定义

空间两直线的三种位置关系又可以根据公共点的个数或是否共面分成两类，如图 2-8 所示.

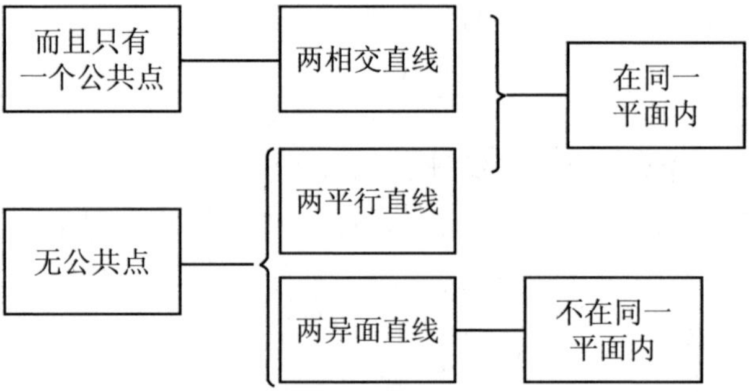


图 2-8

通过以上分类，根据相交直线和异面直线的独有特征以及平行直线的两项特征，可以这样描述这三种位置关系：

(1)有且只有一个公共点的两条直线叫作相交直线.

(2)在同一个平面内且没有公共点的两条直线叫作平行直线.

(3)不同在任何一个平面内的两条直线叫作异面直线.

不同走向的电线[图 2-9($a$)]及讲台桌边缘 $AB$、$CD$[图 2-9(b)]所在的直线就是异面直线的实例.

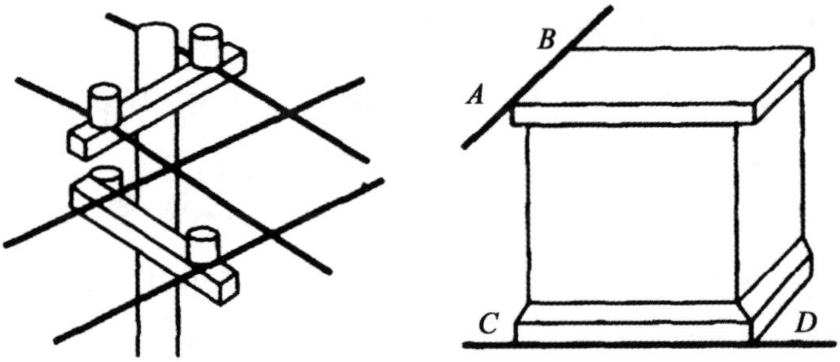


(a)　　　　(b)

图 2-9

#### 2.3.1.2　异面直线的画法

为表明不共面的特征，常使用衬托平面画出异面直线，如图 2-10(a)、(b)、(c)；不便画出衬托平面时，可以画成图 2-10(d)的形式，并通过空间想象认识两直线的异面关系.

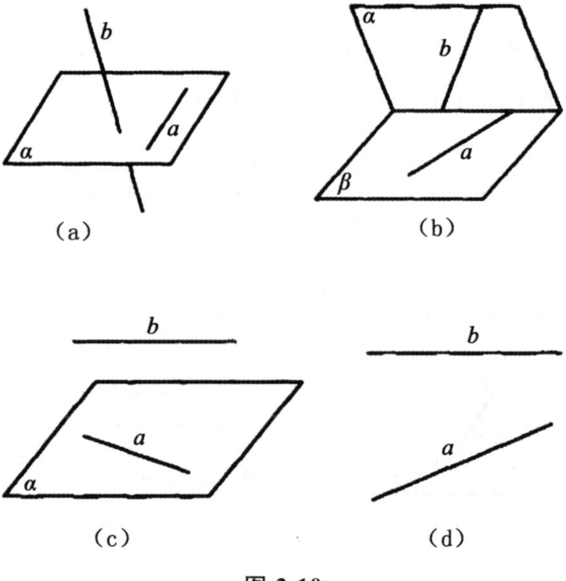


(a)　　　　(b)　　　　(c)　　　　(d)

图 2-10

#### 2.3.1.3 异面直线定义的应用

对于立体图形常从“定义”“判定”“性质”几个方面进行研究.当不明确对象的类型或关系时,定义可以用来判定对象的类型或关系;当明确了对象的类型或关系时,定义又体现着对象的重要性质.异面直线的定义就是这样发挥着它的作用.对于异面直线,本章不再介绍判定定理和性质定理.

用定义判定两直线异面时常常应用“反证法”.正确认识位置关系的分类情况对于反证法中设出要证结论的反面十分重要.若把两直线的位置关系分成共面和异面两类,异面的反面就是共面;若把两直线的位置关系分成相交、平行和异面三类,异面的反面就是相交和平行.只要应用反证法否定其反面的情况,就可以由定义得出两直线异面的结论.

### 2.3.2 直线和平面的位置关系

试用铅笔和书作模型,分别摆出直线和平面的不同位置关系,并尝试用数学语言加以概括(表 2-1).

直线和平面的位置关系,与直线和直线的位置关系类似,也是按照它们公共点的不同情况,进行分类和定义的.

**表 2-1**

| 位置关系 | 直线在平面外 | | 直线在平面内 |
|---|---|---|---|
| | 直线和平面相交 | 直线和平面平行 | |
| 定义 | 有且仅有一个公共点 | 没有公共点 | 有无数个公共点 |
| 图形 | 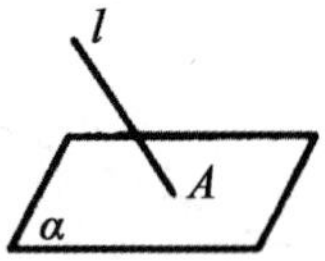 | 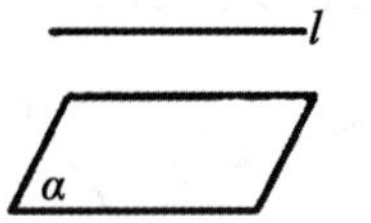 | 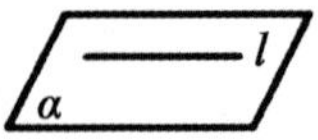 |
| 符号 | $l\cap\alpha=A$ | $l/\!/\alpha$ 或 $l\cap\alpha=\varnothing$ | $l\subset\alpha$ |

**例 2.3.1**　过两条相交直线中的一条，作一个平面与另一条直线平行，能作吗？为什么？

已知：直线 $a\cap b=P$，

问：能否作出平面 $\beta$，使 $a\subset\beta$ 且 $b/\!/\beta$.

**分析**：对于直线和平面的位置关系，由于现在仅仅知道定义，所以推理过程常采用反证法，本题有助于培养空间想象能力，发展逻辑思维能力.

**解**：假定存在平面 $\beta$，使 $a\subset\beta$ 且 $b/\!/\beta$.

$\because$ $a\cap b=P$，　$\therefore$ $P\in a$，$P\in\beta$.

又 $P\in b$，　$\therefore$ $P\in b\cap\beta$.

$\therefore$ $b\cap\beta\neq\varnothing$，这与 $b/\!/\beta$ 的条件矛盾.

故不存在（即不能作出）平面 $\beta$，使 $a\subset\beta$ 且 $b/\!/\beta$.

思考：本题如果改为过两条平行直线（或异面直线）中的一条，作一个平面与另一条直线平行，能作吗？如果不能作，简述理由；如果能作，满足条件的平面是否唯一？你能作出这样的平面吗？

## 2.3.3　空间两个平面的位置关系

### 2.3.3.1　两个平面的位置关系

观察教室的墙壁、地面、屋顶天花板等平面，或研究长方体模型（如图 2-11）.不难发现，平面 $AC$ 和 $A_1C_1$（或平面 $AB_1$ 和 $DC_1$ 等）无论怎样延展都没有公共点；而平面 $AC$ 和 $AB_1$（或平面 $AC$ 和 $AD_1$ 等）则有一条交线 $AB$（或 $AD$）等.两个平面这两种位置关系的区别在于它们是否有公共点.

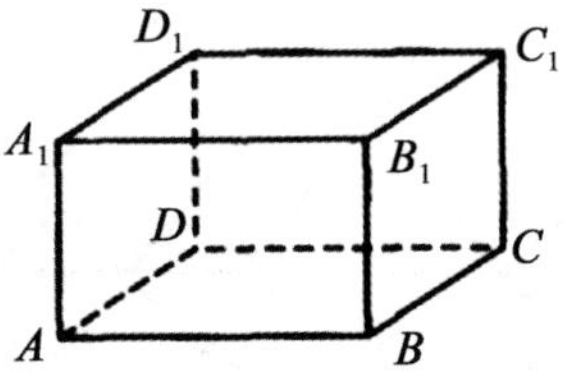


图 2-11

如果两个平面没有公共点，那么这两个平面互相平行.如果两个平面有公共点，那么这两个平面相交于一条公共直线.想一想，两个平面可能有不在一条直线上的公共点吗？为什么？（不可能，否则这两个平面重合）

两个平面的位置关系只有两种：

（1）两个平面平行——没有公共点；

（2）两个平面相交——有一条公共直线.

### 2.3.3.2 两个平行或相交的平面的画法

画两个互相平行的平面时，要注意使表示平面的两个平行四边形的对应边平行，如图 2-12 中，$AB//A_1B_1$，$AD//A_1D_1$ 等.

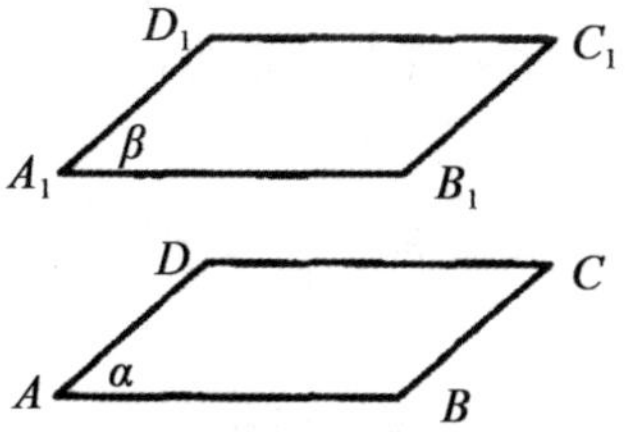


图 2-12

平面 $\alpha$ 与 $\beta$ 平行时，记作 $\alpha//\beta$.

画两个相交平面的一般步骤：

（1）画表示两个平面的平行四边形的相交两边，如图 2-13(a)所示；

（2）画表示两个平面交线的线段，如图 2-13(b)所示；

（3）过图 2-13(a)中线段端点分别作与表示两个平面交线线段平行且相等的线段，如图 2-13(c)所示；

（4）画图 2-13(c)中表示两个平面的平行四边形的第四条边（被遮住的线，可画虚线，也可不画），如图 2-13(d)所示.

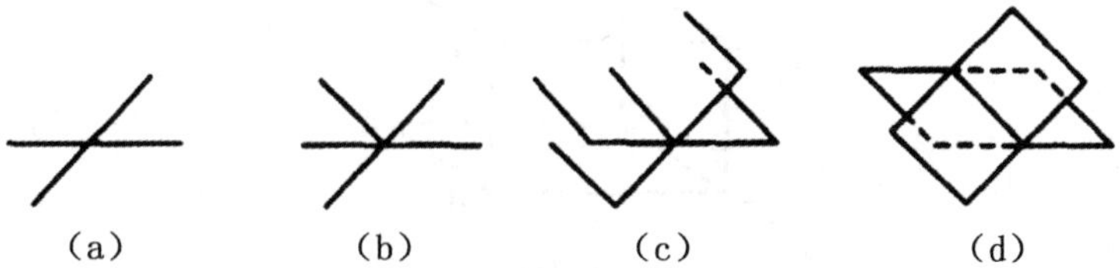


图 2-13

**例 2.3.2**　已知平面 $\gamma$ 与两个平行平面 $\alpha$ 和 $\beta$ 相交，画图后回答，这三个平面将空间分成多少个部分？

**答：**如图 2-14 所示，平面 $\gamma$ 与平行平面 $\alpha$ 和 $\beta$ 相交，这三个平面可将空间分成 6 个部分.

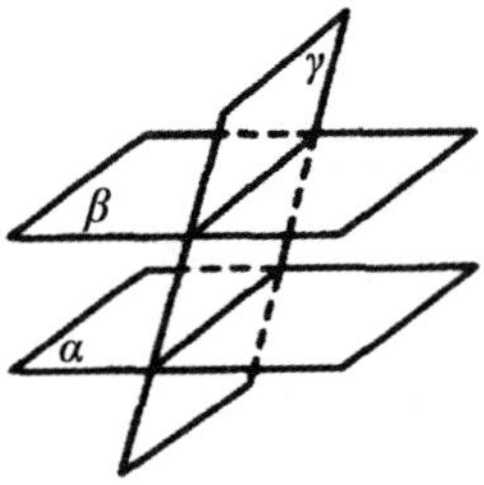


图 2-14

说明：三个不重合的平面的位置关系可作为结合实际深入探讨，本例是其中一类较简单的情形.

# 2.4　度量问题

## 2.4.1　空间两点的距离

设 $P_1(x_1,y_1,z_1)$，$P_2(x_2,y_2,z_2)$是空间两点，那么点 $P_1$，$P_2$ 之间的距离为

$$d=|P_1P_2|=\sqrt{(x_1-x_2)^2+(y_1-y_2)^2+(z_1-z_2)^2},$$

特别地，点 $P(x,y,z)$与坐标原点 $O(0,0,0)$的距离为

$$d=|OP|=\sqrt{(x-0)^2+(y-0)^2+(z-0)^2}=\sqrt{x^2+y^2+z^2}.$$

**例 2.4.1**　在 $xOz$ 平面上求一点 $M$，使之与点 $A(1,-3,2)$，$B(-3,0,-1)$，$C(6,3,-1)$等距离.

**解：**因为所求点在 $xOz$ 平面上，所以不妨设其坐标为$(x,0,z)$.

由$(x,0,z)$与 $A(1,-3,2)$，$B(-3,0,-1)$，$C(6,3,-1)$等距可得因为

$$|MA|=|MB|,$$

即

$$\sqrt{(x-1)^2+3^2+(z-2)^2}=\sqrt{(x+3)^2+0^2+(z+1)^2};$$

又因为

$$|MB|=|MC|,$$

即

$$\sqrt{(x+3)^2+0^2+(z+1)^2}=\sqrt{(x-6)^2+(-3)^2+(z+1)^2}.$$

整理上述两式,可得如下方程组

$$\begin{cases}4x+3z=2\\x=2\end{cases}$$

求解可得 $x=2,z=-2$,那么点 $M$ 的坐标为 $(2,0,-2)$.

### 2.4.2 点到平面距离

设 $M_0(x_0,y_0,z_0)$ 是平面 $\pi: Ax+By+Cz+D=0$ 外一点.在平面 $\pi$ 上任取一点 $M_1(x_1,y_1,z_1)$,并过点 $M_0$ 作平面 $\pi$ 的垂线交平面 $\pi$ 于 $N$ 点,则点 $M_0$ 到平面 $\pi$ 的距离 $d=|\overrightarrow{M_0N}|$(图 2-15).由于向量 $\overrightarrow{M_0N}$ 平行于平面 $\pi$ 的法向量 $\boldsymbol{n}=(A,B,C)$,所以 $\overrightarrow{M_0N}^{\circ}=\pm\boldsymbol{n}^{\circ}$.

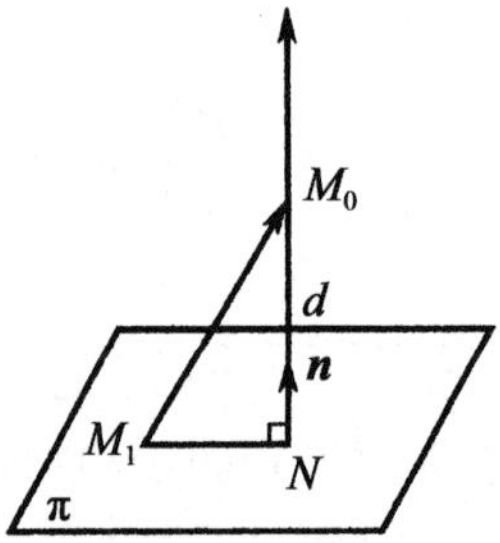


图 2-15

$$\overrightarrow{M_0N}^{\circ}=\pm\boldsymbol{n}^{\circ}=\frac{\pm\boldsymbol{n}}{|\boldsymbol{n}|}$$

$$=\pm\left(\frac{A}{\sqrt{A^2+B^2+C^2}},\frac{B}{\sqrt{A^2+B^2+C^2}},\frac{C}{\sqrt{A^2+B^2+C^2}}\right),$$

$$\overrightarrow{M_1M_0}=(x_0-x_1,y_0-y_1,z_0-z_1).$$

于是

$$\begin{aligned}d&=|\overrightarrow{M_0N}|=||\overrightarrow{M_1M_0}|\cos\theta|=|\overrightarrow{M_0N}^\circ\cdot\overrightarrow{M_1M_0}|\\&=\left|\frac{A(x_0-x_1)}{\sqrt{A^2+B^2+C^2}}+\frac{B(y_0-y_1)}{\sqrt{A^2+B^2+C^2}}+\frac{C(z_0-z_1)}{\sqrt{A^2+B^2+C^2}}\right|\\&=\frac{|Ax_0+By_0+Cz_0-(Ax_1+By_1+Cz_1)|}{\sqrt{A^2+B^2+C^2}}\end{aligned}$$

由 $M_1(x_1,y_1,z_1)$在平面 π 上,$A_1x+B_1y+C_1z+D=0$,得

$$d=\frac{|Ax_0+By_0+Cz_0+D|}{\sqrt{A^2+B^2+C^2}}$$

### 2.4.3　点到直线距离

设直线 $L$ 的对称式方程为

$$\frac{x-x_0}{m}=\frac{y-y_0}{n}=\frac{z-z_0}{p},$$

求直线 $L$ 外一点 $M_1(x_1,y_1,z_1)$到直线 $L$ 的距离 $d$(图 2-16).

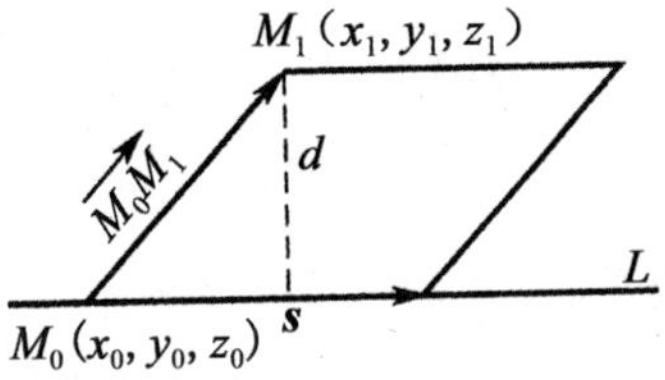


图 2-16

过直线 $L$ 上点 $M_0(x_0,y_0,z_0)$作向量$\overrightarrow{M_0M_1}$,因为直线 $L$ 的方向向量 $\boldsymbol{s}=(m,n,p)$和向量$\overrightarrow{M_0M_1}$为邻边的平行四边形的面积 $S$,即

$$S=|\boldsymbol{s}\times\overrightarrow{M_0M_1}|$$

又由于 $S=d\times|\boldsymbol{s}|$,故 $d=\dfrac{|\boldsymbol{s}\times\overrightarrow{M_0M_1}|}{|\boldsymbol{s}|}$.

**例 2.4.2**　已知直线 $l$:

$$\frac{x}{3}=\frac{y}{4}=\frac{z-1}{5},$$

求点 $A(1,0,1)$ 到直线 $l$ 的距离.

**解**:令 $v=(3,4,5)^{\mathrm{T}}$,直线上的点 $B(0,0,1)$,则 $\overrightarrow{BA}=(1,0,0)$.此题有两种解法:

(1)用向量积,有

$$
\begin{aligned}
d &= d(A,l)\\
&= \frac{|\overrightarrow{BA}\cdot v|}{|v|}\\
&= \frac{1}{\sqrt{50}}\begin{vmatrix} \boldsymbol{i} & \boldsymbol{j} & \boldsymbol{k}\\ 1 & 0 & 0\\ 3 & 4 & 5 \end{vmatrix}\\
&= \frac{1}{\sqrt{50}}|(0,-5,4)|\\
&= \sqrt{\frac{41}{50}}.
\end{aligned}
$$

(2)用数量积.先求 $\overrightarrow{BA}=(1,0,0)$ 在 $v=(3,4,5)^{\mathrm{T}}$ 上的投影:

$$\overrightarrow{BA}\,|_{v}=\frac{\overrightarrow{BA}\cdot v}{|v|}=\frac{3}{\sqrt{50}},$$

所以

$$d=d(A,l)=\sqrt{\overrightarrow{BA}^{2}-\overrightarrow{BA}_{v}^{2}}=\sqrt{1-\frac{9}{50}}=\sqrt{\frac{41}{50}}.$$

## 2.4.4 两直线的夹角

两直线的方向向量的夹角(通常指锐角)叫作两直线的夹角.

设有两条直线 $l_1:\dfrac{x-x_1}{m_1}=\dfrac{y-y_1}{n_1}=\dfrac{z-z_1}{p_1}$,$l_2:\dfrac{x-x_2}{m_2}=\dfrac{y-y_2}{n_2}=\dfrac{z-z_2}{p_2}$,称 $l_1$ 与 $l_2$ 的方向向量 $\boldsymbol{s}_1=(m_1,n_1,p_1)$,$\boldsymbol{s}_2=(m_2,n_2,p_2)$ 的夹角 $\varphi$ 为两直线 $l_1$ 与 $l_2$ 的夹角,通常规定:$0\leqslant\varphi\leqslant\dfrac{\pi}{2}$.按两向量的夹角的余弦公式,直线 $l_1$ 和直线 $l_2$ 的夹角 $\varphi$ 可由

$$\cos\varphi=\frac{|m_1m_2+n_1n_2+p_1p_2|}{\sqrt{m_1^2+n_1^2+p_1^2}\cdot\sqrt{m_2^2+n_2^2+p_2^2}}$$

来确定.

从两向量垂直、平行的充分必要条件立即推得下列结论：

(1)$l_1 \perp l_2 \Leftrightarrow m_1m_2+n_1n_2+p_1p_2=0$;

若 $l_1$ 过点 $M_1(x_1,y_1,z_1)$，$l_2$ 过点 $M_2(x_2,y_2,z_2)$，则有

(2)$l_1 /\!/ l_2 \Leftrightarrow \boldsymbol{s}_1 /\!/ \boldsymbol{s}_2 \not\parallel \overrightarrow{M_1M_2}$;

(3)$l_1$ 与 $l_2$ 相交$\Leftrightarrow \boldsymbol{s}_1 \not\parallel \boldsymbol{s}_2$，且 $[\boldsymbol{s}_1\boldsymbol{s}_2\overrightarrow{M_1M_2}]=0$;

(4)$l_1$ 与 $l_2$ 异面$\Leftrightarrow \boldsymbol{s}_1 \not\parallel \boldsymbol{s}_2$，且 $[\boldsymbol{s}_1\boldsymbol{s}_2\overrightarrow{M_1M_2}]\neq 0$;

(5)$l_1$ 与 $l_2$ 重合$\Leftrightarrow \boldsymbol{s}_1 /\!/ \boldsymbol{s}_2 /\!/ \overrightarrow{M_1M_2}$.

**例 2.4.3**　证明以下两直线是异面直线：

$$l_1: x=\frac{y}{2}=\frac{z}{3},$$

$$l_2: x-1=y+1=z-2.$$

并求它们的距离和公垂线.

**解**:$l_1$ 与 $l_2$ 的方向向量分别为 $v_1=(1,2,3)$，$v_2=(1,1,1)$. $\overrightarrow{P_1P_2}=(1,-1,2)$.

$$|(\overrightarrow{P_1P_2},v_1,v_2)^{\mathrm{T}}|=\begin{vmatrix}1 & -1 & 2\\ 1 & 2 & 3\\ 1 & 1 & 1\end{vmatrix}=-5\neq 0,$$

所以 $l_1$ 与 $l_2$ 是异面直线.它们的距离为

$$d=d(l_1,l_2)=\frac{|(\overrightarrow{P_1P_2},v_1,v_2)^{\mathrm{T}}|}{|v_1\times v_2|}.$$

由于

$$v_1\times v_2=\begin{vmatrix}\boldsymbol{i} & \boldsymbol{j} & \boldsymbol{k}\\ 1 & 2 & 3\\ 1 & 1 & 1\end{vmatrix}=-\boldsymbol{i}+2\boldsymbol{j}-\boldsymbol{k}$$

所以

$$d=\frac{5}{\sqrt{6}}.$$

## 2.4.5　两平面的夹角

如图 2-17 所示，设两平面为

$$\pi_1: A_1x+B_1y+C_1z+D_1=0,$$
$$\pi_2: A_2x+B_2y+C_2z+D_2=0,$$

则法向量分别为

$$\boldsymbol{n}_1=\{A_1,B_1,C_1\},$$
$$\boldsymbol{n}_2=\{A_2,B_2,C_2\},$$

并设$\angle(\boldsymbol{n}_1,\boldsymbol{n}_2)=\theta$,则$\angle(\pi_1,\pi_2)=\theta$或$\pi-\theta$.

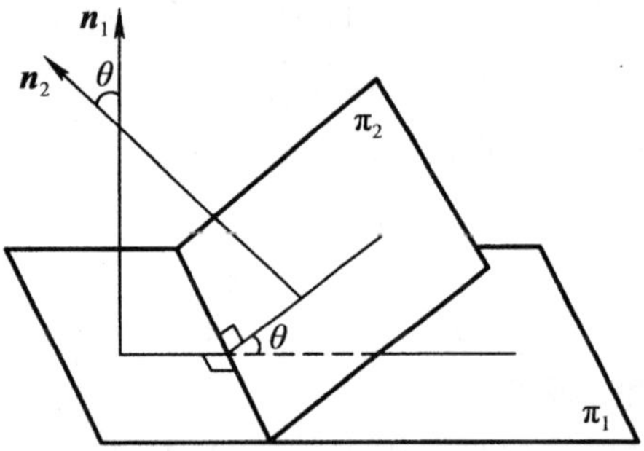


图 2-17

于是

$$\cos\angle(\pi_1,\pi_2)=\pm\cos\theta=\pm\frac{\boldsymbol{n}_1\cdot\boldsymbol{n}_2}{|\boldsymbol{n}_1||\boldsymbol{n}_2|}$$
$$=\pm\frac{A_1A_2+B_1B_2+C_1C_2}{\sqrt{A_1^2+B_1^2+C_1^2}\cdot\sqrt{A_2^2+B_2^2+C_2^2}}$$

**推论** 两平面$\pi_1,\pi_2$垂直的充要条件是$A_1A_2+B_1B_2+C_1C_2=0$.

**例 2.4.4** 已知两平面

$$3x+2y+6z-35=0,$$
$$21x-30y-70z-237=0,$$

求它们之间的二面角,求其方程.

**解:**令$M(x,y,z)$为平面上任意一点,那么该点到已知两平面的距离相等.

$$\frac{|3x+2y+6z-35|}{\sqrt{3^2+2^2+6^2}}=\frac{|21x-30y-70z-237|}{\sqrt{21^2+(-30)^2+(-70)^2}}$$

即有

$$\frac{3x+2y+6z-35}{7}=\pm\frac{21x-30y-70z-237}{79}.$$

所以所求方程为

$$45x+184y+482z-553=0$$

或者

$$86x-13y-4z-1106=0.$$

**例 2.4.5**　求过 $z$ 轴且与平面 $2x+y-\sqrt{5}z-7=0$ 成 60°角的平面方程.

**解:**设所求的平面方程为

$$Ax+By=0$$

依题意有

$$\frac{2A+B}{\sqrt{2^2+1^2+(-\sqrt{5})^2}\sqrt{A^2+B^2}}=\pm 60°=\pm\frac{1}{2}$$

即

$$4(2A+B)^2=10(A^2+B^2)$$

化简得

$$6A^2+16AB-B^2=0$$

即

$$(3A-B)(A+3B)=0$$

从而 $A:B=1:3$ 或 $A:B=3:(-1)$.故所求平面方程为

$$x+3y=0 \text{ 与 } 3x-y=0$$

## 2.4.6　直线与平面的夹角

当直线 $l$ 不垂直于平面 $\pi$ 时,$l$ 与 $\pi$ 的夹角定义为 $l$ 与它在 $\pi$ 上的射影所成的锐角(图 2-18).当 $l$ 与 $\pi$ 垂直时,规定 $l$ 与 $\pi$ 的夹角为直角.

设直线与平面的方程为

$$l:\frac{x-x_0}{X}=\frac{y-y_0}{Y}=\frac{z-z_0}{Z}$$

$$\pi:Ax+By+Cz+D=0$$

则直线 $l$ 的方向向量 $\boldsymbol{v}=\{X,Y,Z\}$,平面 $\pi$ 的法向量 $\boldsymbol{n}=(A,B,C)$,则直线 $l$ 与平面 $\pi$ 的夹角为$\angle(l,\pi)=\left|\frac{\pi}{2}-\angle(\boldsymbol{n},\boldsymbol{v})\right|$,所以

$$\sin\angle(l,\pi)=|\cos\angle(\boldsymbol{n},\boldsymbol{v})|=\frac{\boldsymbol{n}\cdot\boldsymbol{v}}{|n||v|}$$

或

$$\sin\angle(l,\pi)=\frac{AX+BY+CZ}{\sqrt{A^2+B^2+C^2}\sqrt{X^2+Y^2+Z^2}},$$

特别地，直线 $l$ 与平面 $\pi$ 垂直的充要条件是 $\boldsymbol{n}//\boldsymbol{v}$，即

$$A:B:C=X:Y:Z.$$

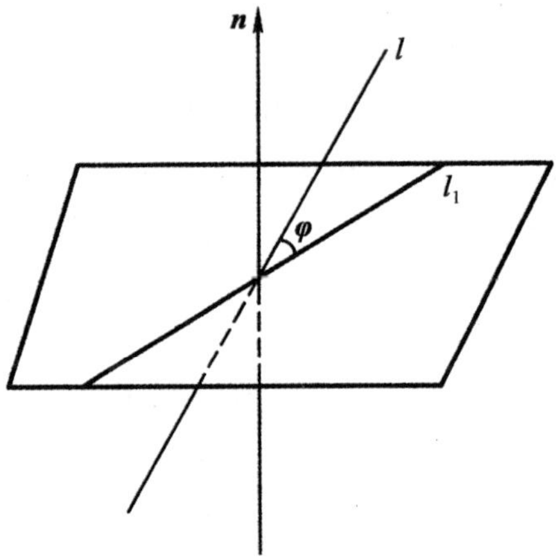


图 2-18

**例 2.4.6** 求直线 $l:\frac{x}{-1}=\frac{y-1}{1}=\frac{z-1}{2}$ 与平面 $\pi:2x+y-z-3=0$ 的焦点和夹角.

**解:**化直线方程为参数式

$$x=-t,y=t+1,z=2t+1,$$

代入平面方程得

$$2(-t)+(t+1)-(2t+1)-3=0,$$

解得 $t=-1$，所以交点为$(1,0,-1)$.

又因为

$$\sin\angle(l,\pi)=\frac{|2\times(-1)+1\times1+(-1)\times2|}{\sqrt{2^2+1^2+(-1)^2}\sqrt{(-1)^2+1^2+2^2}}=\frac{1}{2},$$

所以

$$\angle(l,\pi)=\frac{\pi}{6}.$$

## 2.5　应用:激光测量中的直线与平面问题

由激光知识可知,若图 2-19 中光轴为 $z$ 轴,则由点 $P$ 的激光在平面 $\pi$ 上点 $P_i(x_i, y_i, z_i)(i=1,\cdots,n)$ 的光强为

$$E_i = E_p\left(z_i^*, \sqrt{x_i^2+y_i^2}\right) \tag{2-5-1}$$

注意这里的坐标分量 $z_i^*$ 与 $z_i$ 存在下述的关系

$$z^* = z_0 - z_i \tag{2-5-2}$$

式中,$z_0$ 为点 $P$ 在假设的图 2-19 坐标系下关于 $z$ 轴的坐标分量.

由于平面 $\pi$ 在图 2-19 所示坐标系下过原点,所以其方程可记为

$$Ax + By + z = 0 \tag{2-5-3}$$

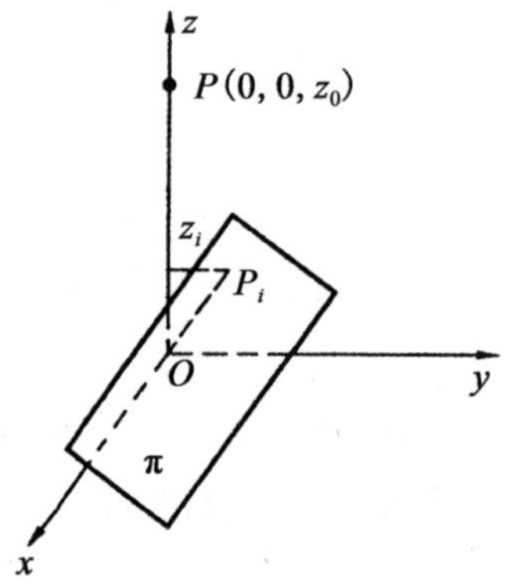


图 2-19

显然点 $P_i$ 均在平面上,因此坐标必满足式(2-5-3).

为使点 $P_i$ 在选取时方便计算,可取如图 2-20 结构的边长为 $R$ 的组合等边三角形.

相邻两点的连线数为

$$1+2(n-2) = 2n-3\,(n\geqslant 2) \tag{2-5-4}$$

考虑所选择坐标系(图 2-20)$\{O;x,y,z\}$下前述参数 $A, B, z_0, x_i, y_i, z_i$ 未知,对 $n$ 个点来说,则共有 $3n+3$ 个未知数.而 $n$ 个点又满足式(2-5-1)和(2-5-3),已有 $2n$ 个,故有

$$2n-3=n+3,$$

由此可知 $n=6$.这样可通过解下述方程组

$$\begin{cases}Ax_i+By_i+z_i=0\\ z_i=E\left(z_i^*,\sqrt{x_i^2+y_i^2}\right)\\ (x_i-x_j)^2+(y_i-y_j)^2=R^2\end{cases},$$

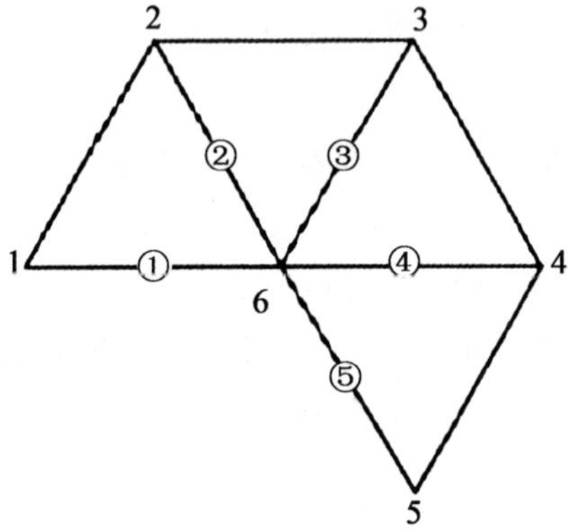


图 2-20

式(2-5-4)中前两式 $i=1,\cdots,6$;第三式中 $i=6$ 时 $j=1,\cdots,4$;$i\neq 6$ 时 $j=i+1$.解此 21 个方程组成的方程组易得 $A$,$B$,$z_0$ 和 $x_i$,$y_i$,$z$,则平面 $\pi$ 与 $z$ 轴夹角为

$$\alpha=ar\cos\left(1/\sqrt{A^2+B^2+1}\right),$$

而 $O(0,0,0)$为激光中心线与平面 $\pi$ 的交点.

# 第 3 章　特殊曲面

空间曲线(Space Curves)是经典微分几何的主要研究对象之一,在直观上曲线可看成空间一个自由度的质点运动的轨迹.我们所接触到的空间,大至宇宙,小至细胞,其中都充满着五光十色、变幻纷杂的曲线.诸如太阳系行星的轨道、飞机的航道、盘山蜿蜒的公路、沙发里的弹簧、织物图案花纹、齿轮和凸轮的轮廓、生命遗传物质 DNA 的双螺旋结构,等等.在日常生活中,经常会遇到各种曲面,例如球类的表面以及水桶的表面等.本章将介绍一些特殊曲面.

## 3.1　曲面与空间曲线方程

### 3.1.1　曲面及其方程

在平面解析几何中,我们把平面曲线看成是动点的运动轨迹.同样的,在空间解析几何中,可把曲面看作是动点或动曲线(直线)按一定条件或规律运动而产生的轨迹,因此,曲面上的点 $M$ 必须满足一定的条件或规律,而且只有曲面上的点才满足这个条件或规律.

**定义 3.1.1**　若曲面 $S$ 上每一点的坐标都满足方程

$$F(x,y,z)=0, \tag{3-1-1}$$

而不在曲面 $S$ 上的点的坐标都不满足这个方程,那么就称方程(3-1-1)是曲面 $S$ 的一般方程,称曲面 $S$ 是此方程的图形.如图 3-1 所示.

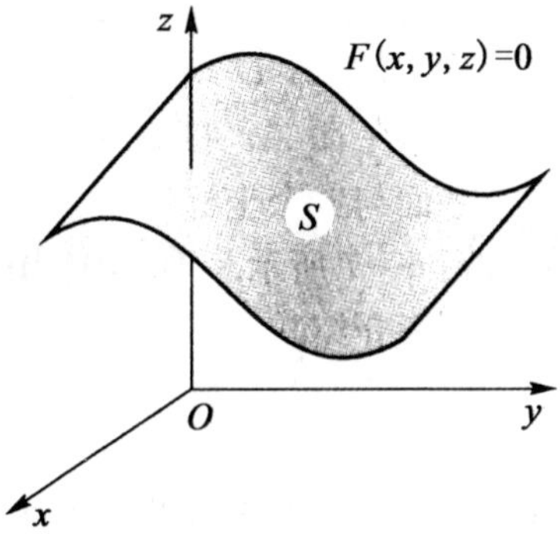


图 3-1

曲面还可以用参数方程来表示,设有方程组

$$\begin{cases} x=x(u,v), \\ y=y(u,v), u\in I, v\in J, \\ z=z(u,v), \end{cases} \tag{3-1-2}$$

其中 $x(u,v)$,$y(u,v)$,$z(u,v)$是 $u,v$ 的表达式,$I$,$J$ 是某两个区间.如果曲面 $S$ 和方程组(3-1-2)之间有如下的关系:如果点 $P(x,y,z)$位于曲面 $S$ 上,则必存在确定的数 $u\in I$,$v\in J$ 使得 $x(u,v)=x$,$y(u,v)=y$,$z(u,v)=z$;反过来,如果对于任意的数 $u\in I$,$v\in J$,由方程组(3-1-2)所确定的一组数$(x,y,z)$总使得点 $P(x,y,z)$位于曲面 $S$ 上,则称方程组(3-1-2)是曲面 $S$ 的参数方程,其中 $u,v$ 是参数.

建立了空间曲面与其方程的联系后,我们就可以通过研究方程的解析性质来研究曲面的几何性质.

空间曲面研究的两个基本问题是:

(1)已知曲面上的点所满足的几何条件,建立曲面的方程;

(2)已知曲面方程,研究曲面的几何形状.

**例 3.1.1** 在空间中,试求到两定点的距离之差等于常数的点的轨迹的方程.

**解**:在空间直角坐标系中,设两定点的坐标分别是$(0,0,c)$,$(0,0,-c)$,常数为 $2b$,根据题意有 $b<c$.

设动点 $M(x,y,z)$,根据题意有

$$\left|\sqrt{x^2+y^2+(z-c)^2}-\sqrt{x^2+y^2+(z+c)^2}\right|=2b,$$

整理得

$$b^2x^2+b^2y^2+(b^2-c^2)z^2+b^2(c^2-b^2)=0,$$

令 $c^2-b^2=a^2$ 可得

$$\frac{x^2}{a^2}+\frac{y^2}{a^2}-\frac{z^2}{b^2}=-1,$$

即为所求的轨迹的方程.

## 3.1.2　空间曲线及其方程

空间中的曲线在几何上常常可以看作两个曲面的交线，因此，曲线方程可表示为

$$\begin{cases}F_1(x,y,z)=0\\F_2(x,y,z)=0\end{cases},$$

我们知道，直线的一般式方程

$$\begin{cases}A_1x+B_1y+C_1z+D_1=0\\A_2x+B_2y+C_2z+D_2=0\end{cases}.$$

就是一个很好的例子，将直线看成是两个平面的交线.

**例 3.1.2(空间圆)**　空间中的圆可以看成一个球面与一个平面的交线，因此圆的方程为：

$$\begin{cases}(x-x_0)^2+(y-y_0)^2+(z-z_0)^2=R^2\\Ax+By+Cz+D=0\end{cases},$$

其中球心 $(x_0,y_0,z_0)$ 到平面的距离小于球面半径 $R$，即

$$\frac{|Ax_0+By_0+Cz_0+D|}{\sqrt{A^2+B^2+C^2}}<R.$$

下面求空间圆的圆心和半径，为方便将球面方程和平面方程写成向量式

$$\begin{cases}(\boldsymbol{r}-\boldsymbol{r}_0)^2=R^2\\\boldsymbol{n}\cdot\boldsymbol{r}-p=0\end{cases},(|\boldsymbol{n}|=1).$$

显然，圆心就是通过球面的球心且垂直于平面的直线与该平面的交点.即

$$\begin{cases}\boldsymbol{r}=\boldsymbol{r}_0+t\boldsymbol{n}\\\boldsymbol{n}\cdot\boldsymbol{r}-p=0\end{cases},$$

解得交点的向径为

$$\boldsymbol{r}_0+(p-\boldsymbol{n}\cdot\boldsymbol{r}_0)=0.$$

球心到圆心的距离为$|p-\boldsymbol{n}\cdot\boldsymbol{r}_0|$，即球心到平面$\boldsymbol{n}\cdot\boldsymbol{r}-p=0$的距离.所以圆的半径$r$为$\sqrt{R^2-(p-\boldsymbol{n}\cdot\boldsymbol{r}_0)^2}$.

空间曲线方程也可以用一个参数表示的参数方程

$$\begin{cases}x=f(t)\\y=g(t),(a\leqslant t\leqslant b)\\z=h(t)\end{cases}$$

直线参数方程

$$\begin{cases}x=x_0+lt\\y=y_0+mt,(-\infty<t<+\infty)\\z=z_0+nt\end{cases}$$

就是一个很好的例子.

**例 3.1.3** 求圆$\begin{cases}x^2+y^2+z^2=R^2\\z=a\end{cases}$，$(a<R)$的参数方程.

**解**：圆的半径$r=\sqrt{R^2-a^2}$，令$x=r\cos t$代入上式，得到$y=r\sin t$，于是圆的参数方程为

$$\begin{cases}x=\sqrt{R^2-a^2}\cos t\\y=\sqrt{R^2-a^2}\sin t,(0\leqslant t<2\pi)\\z=a\end{cases}$$

**例 3.1.4(圆柱螺线)** 一动点一方面绕定直线作匀速圆周运动，另一方面沿定直线方向作匀速向上运动所形成的轨迹称为圆柱螺线.

选取定直线为$z$轴，建立直角坐标系(图 3-2)，设动点的初始时刻的位置$M_0(a,0,0)$，以角速度$\omega_0$绕$z$轴旋转，同时以线速度$b$沿$z$轴的正向前进，因此在时刻$t$，动点的位置$M(x,y,z)$为

$$\begin{cases}x=a\cos\omega_0 t\\y=a\sin\omega_0 t,(0\leqslant t<+\infty)\\z=bt\end{cases}$$

这就是圆柱螺线的参数方程，它表示圆柱面

$$x^2+y^2=a^2$$

上的一条曲线.

几何上就是在一张长方形的纸上画一条斜线，然后把这张纸卷成圆

柱面，该直线成为圆柱螺线.

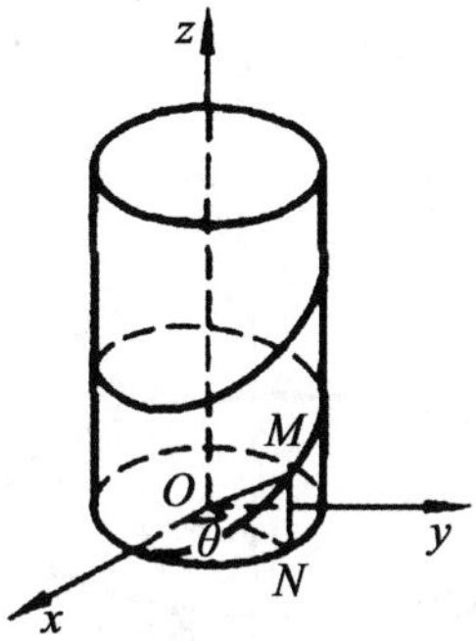


图 3-2

**例 3.1.5** 求参数方程 $r=(a\cos\theta, b\sin\theta, c)$，$0\leqslant\theta<2\pi$ 所表示的曲线的一般方程.

**解**：把已知参数方程化为坐标形式是

$$\begin{cases} x=a\cos\theta \\ y=b\sin\theta, (0\leqslant\theta<2\pi) \\ z=c \end{cases}$$

消去参数得

$$\begin{cases} \dfrac{x^2}{a^2}+\dfrac{y^2}{b^2}=1 \\ z=c \end{cases},$$

它表示平面 $z=c$ 上的一个椭圆.

**例 3.1.6** 在空间直角坐标系中，试求通过坐标原点，并与 $xOy$ 坐标面的夹角是 $\dfrac{\pi}{6}$ 的直线的轨迹方程.

**解**：在空间直角坐标系中，因为通过坐标原点，并以 $\boldsymbol{s}=(l,m,n)$ 为方向向量的直线的方程是

$$l:\begin{cases} x=lt \\ y=mt, (-\infty<t<+\infty) \\ z=nt \end{cases} \tag{3-1-3}$$

又 $xOy$ 坐标面的法向量是 $\boldsymbol{n}=(0,0,1)$，如图 3-3 所示，根据题意可得

$$\sin\frac{\pi}{6}=|\cos(\boldsymbol{s},\boldsymbol{n})|=\frac{|\boldsymbol{s}\cdot\boldsymbol{n}|}{|\boldsymbol{s}||\boldsymbol{n}|}=\frac{|n|}{\sqrt{l^2+m^2+n^2}}=\frac{1}{2}, \tag{3-1-4}$$

整理得

$$l^2+m^2-3n^2=0,$$

把式(3-1-3)代入到式(3-1-4)即得所求直线的轨迹方程是

$$x^2+y^2-3z^2=0.$$

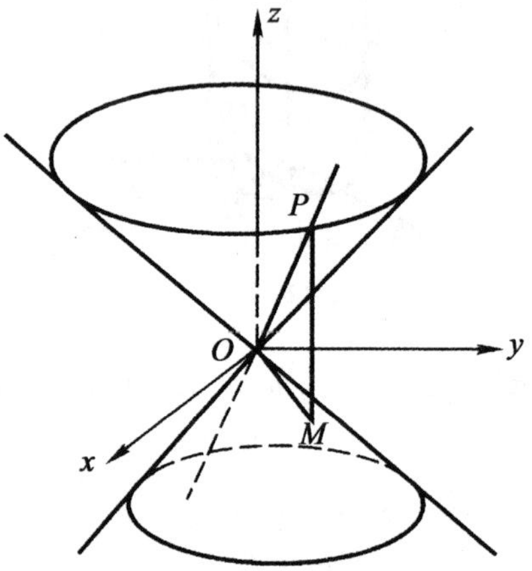


图 3-3

**例 3.1.7** 一质点由 $P_0(a,0,0)$起始,一方面绕 $z$ 轴作匀速圆周运动,同时又沿 $z$ 轴方向作匀速直线运动,当转动 $\theta$ 角时,沿 $z$ 轴方向的位移为 $b\theta$,则质点 $P$ 的轨迹即为圆柱螺旋线,试求圆柱螺旋线的方程.

**解:**设质点从 $P_0(a,0,0)$起始转动 $\theta$ 角时到达点 $P(x,y,z)$的位置,如图 3-4 所示,点 $P$ 在 $xOy$ 面上的投影为点 $N$,$N$ 在 $x$ 轴上的投影为 $M$,则

$$\angle P_0ON=\theta,NP=b\theta,$$

那么

$$\begin{cases}x=OM=a\cos\theta\\y=MN=a\sin\theta,\\z=NP=b\theta\end{cases}$$

所以所求圆柱螺旋线的方程是

$$\begin{cases}x=a\cos\theta\\y=a\sin\theta.(-\infty<\theta<+\infty)\\z=b\theta\end{cases}$$

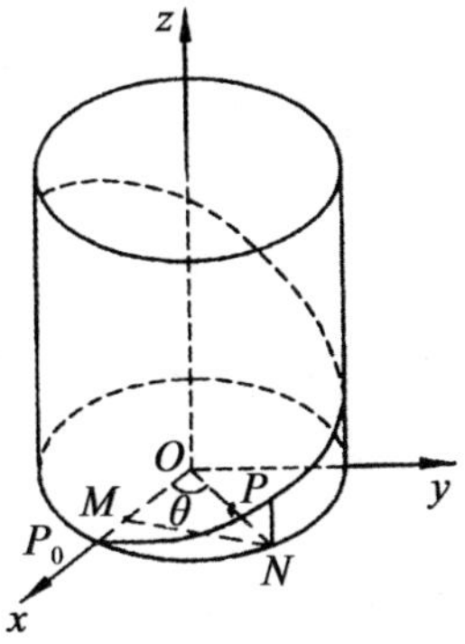


图 3-4

# 3.2 柱　面

## 3.2.1 柱面的定义

**定义 3.2.1**　空间一直线 $l$ 沿着一条曲线 $C$ 平行移动时所产生的曲面称为柱面，$l$ 称为母线，$C$ 称为准线.

我们可以通过柱面的定义得知，柱面可以看作是一条直线按照一定规律运动而产生的曲面，这条直线在运动中的每一个位置都可以看作是柱面的母线，所以柱面的母线并不唯一，但是母线的方向是唯一的，与每一条母线都相交的曲线都可以看作是柱面的准线，所以，柱面的准线也不是唯一的.

## 3.2.2 柱面的一般方程

设柱面的准线 $C$ 为

$$\begin{cases} F_1(x,y,z)=0 \\ F_2(x,y,z)=0 \end{cases},$$

母线方向为 $\boldsymbol{v}=(l,m,n)$.

点 $M(x,y,z)$在此柱面上当且仅当 $M$ 在某一条母线上，即准线 $C$ 上有一点 $M_0(x_0,y_0,z_0)$，使 $M$ 在过 $M_0$ 且方向为移的直线上.因此，有

$$\begin{cases}F_1(x_0,y_0,z_0)=0\\F_2(x_0y_0z_0)=0\\x=x_0+lu\\y=y_0+mu\\z=z_0+nu.\end{cases},$$

消去 $x_0,y_0,z_0$，得

$$\begin{cases}F_1(x-lu,y-mu,z-nu)=0\\F_2(x-lu,y-mu,z-nu)=0\end{cases},$$

再消去参数 $u$，得到 $x,y,z$ 的一个方程，就是所求柱面的方程.

在柱面上任取一点 $M(x,y,z)$，过 $M$ 作 $xOy$ 面的垂线与曲线 $C$ 相交于点 $M'(x,y,0)$，如图 3-5 所示，由于 $M'$在曲线 $C$ 上，所以其坐标满足方程 $f(x,y)=0$，由于该方程不含变量 $z$，因此，柱面上任意点 $M(x,y,z)$的坐标也满足 $f(x,y)=0$.

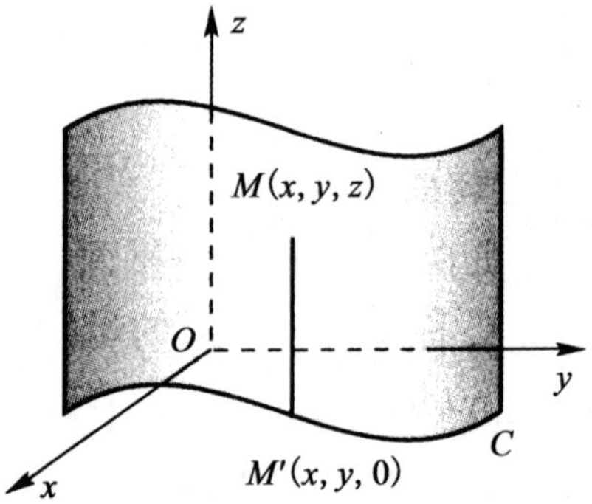


图 3-5

同理，方程 $f(y,z)=0$ 表示母线平行于 $x$ 轴的柱面；方程 $f(x,z)=0$ 表示母线平行于 $y$ 轴的柱面.在空间直角坐标系下，含两个变量的方程是柱面方程，并且方程中不含哪个变量，该柱面的母线就平行于哪一个坐标轴.下面是母线平行于 $z$ 轴的常见柱面的方程和图形：

(1)圆柱面：$x^2+y^2=R^2$；

(2)椭圆柱面：$\frac{x^2}{a^2}+\frac{y^2}{b^2}=1$，如图 3-6 所示；

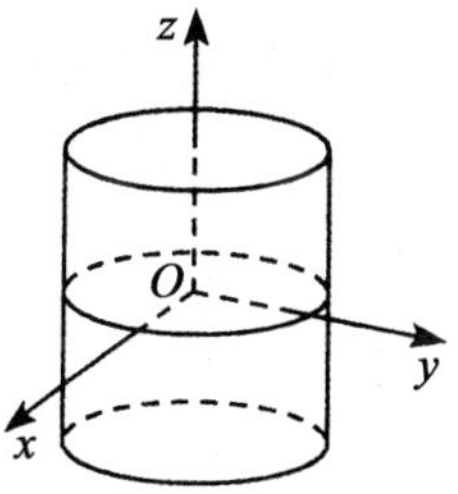


图 3-6

(3)双曲柱面：$\frac{y^2}{b^2}-\frac{x^2}{a^2}=1$，如图 3-7 所示；

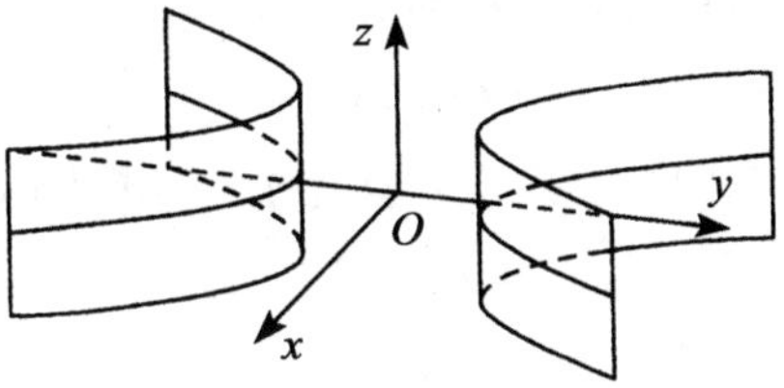


图 3-7

(4)抛物柱面：$x^2-2py=0$，如图 3-8 所示.

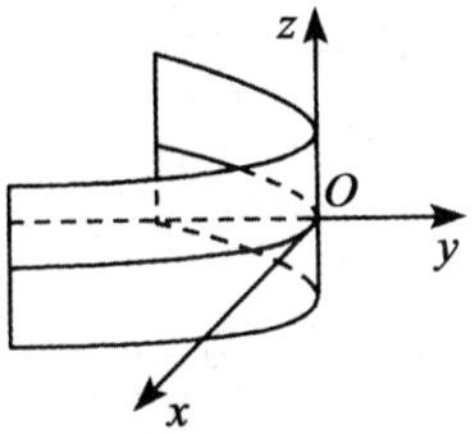


图 3-8

**定理 3.2.1**　若一个柱面的母线平行于 $z$ 轴，则它的方程中不含 $z$.反之，一个三元方程如果不含 $z$，则它一定表示一个母线平行于 $z$ 轴的柱面.

**证明：**设一个柱面的母线平行于 $z$ 轴，则此柱面的每一条母线一定与 $xOy$ 面相交，从而柱面与 $xOy$ 面的交线 $C$ 可以作为准线，设 $C$ 的方程为

$$\begin{cases} f(x,y)=0 \\ z=0 \end{cases}.$$

点 $M(x,y,z)$ 在此柱面上当且仅当 $C$ 上有一点 $M_0(x_0,y_0,z_0)$，使 $M$ 在过 $M_0$ 且方向为移 $\boldsymbol{v}=(0,0,1)$ 的母线上，即有

$$\begin{cases} f(x_0,y_0)=0 \\ z_0=0 \\ x=x_0 \\ y=y_0 \\ z=z_0+u \end{cases},$$

消去 $x_0,y_0,z_0$，得

$$\begin{cases} f(x,y)=0 \\ z=u \end{cases},$$

由于参数 $u$ 可取任意值，所以，柱面方程为

$$f(x,y)=0.$$

任给一个不含 $z$ 的三元方程 $g(x,y)=0$，考虑以曲线 $C'$：

$$\begin{cases} g(x,y)=0 \\ z=0 \end{cases}$$

为准线，以 $\boldsymbol{v}=(0,0,1)$ 为母线方向的柱面，方程为 $g(x,y)=0$，它表示一个母线平行于 $z$ 轴的柱面.

**例 3.2.1** 试求通过 3 条平行直线

$$L_1:\frac{x}{0}=\frac{y-1}{1}=\frac{z+1}{1},$$

$$L_2:\frac{x}{0}=\frac{y}{1}=\frac{z-2}{1},$$

$$L_3:\frac{x-\sqrt{2}}{0}=\frac{y-1}{1}=\frac{z-1}{1}$$

的圆柱面方程.

**解**：设点 $M(x,y,z)$ 是圆柱面的轴 $L$ 上任一点，则点 $M$ 到 3 条直线的距离相等，根据点到直线的距离公式可得

$$\frac{|(x,y-1,z+1)\times(0,1,1)|}{|(0,1,1)|}=\frac{|(x,y,z-2)\times(0,1,1)|}{|(0,1,1)|}$$

$$=\frac{|(x-\sqrt{2},y-1,z-1)\times(0,1,1)|}{|(0,1,1)|},$$

整理得

$$\begin{cases} y-z=0 \\ \sqrt{2}x+y-z=0 \end{cases},$$

即轴为

$$L:\frac{x}{0}=\frac{y}{1}=\frac{z}{1},$$

直线 $L_1$ 上点 $P_1(0,1,-1)$ 到直线 $L$ 的距离就是圆柱面的半径 $R$，即

$$R=\frac{|(0,1,-1)\times(0,1,1)|}{|(0,1,1)|}=\sqrt{2},$$

再设圆柱面上任一点 $M(x,y,z)$，则点 $M$ 到轴 $L$ 的距离等于 $R$，即

$$\frac{|(x,y,z)\times(0,1,1)|}{|(0,1,1)|}=\sqrt{2},$$

整理即得圆柱面的方程是

$$2x^2+y^2+z^2-2yz-4=0.$$

**例 3.2.2** 作出曲线

$$\begin{cases} 2x^2+z^2+4y-z=0 \\ x^2+2z^2-4y-8z=0 \end{cases}$$

的图形.

**解**：在给出的两个曲面方程中消去 $y$，可得一个母线平行于 $y$ 轴的圆柱面

$$x^2+z^2-4z=0,$$

同理，在给定的两个曲面方程中消去 $z$，可得一个母线平行于 $z$ 轴的抛物柱面

$$x^2+4y=0,$$

所以曲线的方程是两个母线平行于坐标轴的柱面的交线

$$\begin{cases} x^2+z^2-4z=0 \\ x^2+4y=0 \end{cases}.$$

为了作出所求曲线的图形，首先，画出这两个柱面 $x^2+z^2-4z=0$ 和 $x^2+4y=0$；然后，在闭区间[0,4]上适当选取一些 $z_i$ 点，并描出两柱面在平面 $z=z_i$ 上的交点；最后，将这些点平滑地连接起来，如图 3-9 所示.

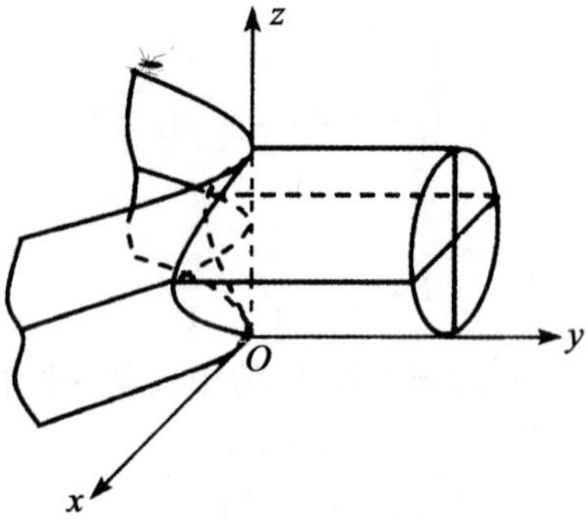


图 3-9

**例 3.2.3** 说明下列方程在空间直角坐标系中各表示什么曲面?

(1)$\frac{y^2}{b^2}+\frac{z^2}{c^2}=1$;　　(2)$x^2+y^2=1$;　　(3)$\frac{x^2}{a^2}-\frac{z^2}{c^2}=1$;

(4)$x^2-y=0$;　　(5)$x-y=0$.

**解:**(1)椭圆柱面:母线平行于 $x$ 轴,准线是 $Oyz$ 面上的椭圆(图 3-10).

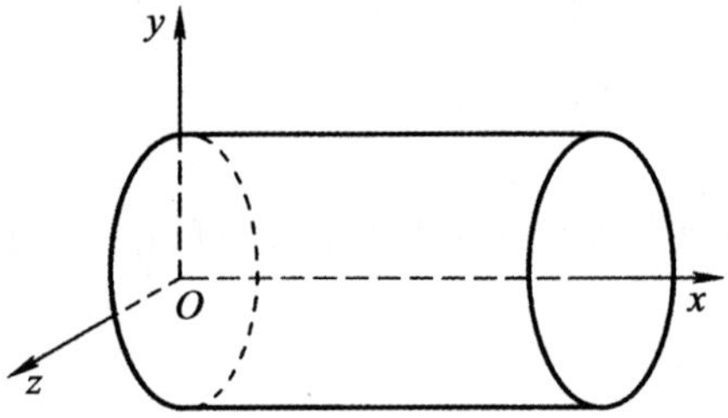


图 3-10

(2)圆柱面:母线平行于 $z$ 轴,准线是 $Oxy$ 面上的单位圆(图 3-11).

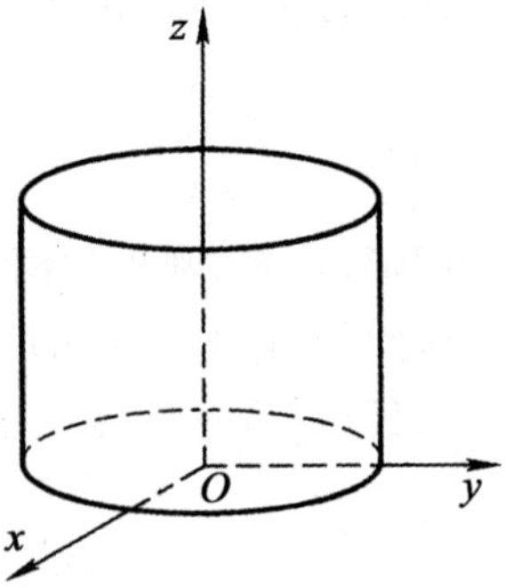


图 3-11

(3)双曲柱面:母线平行于 $y$ 轴,准线是 $Oxz$ 面上的双曲线(图 3-12).

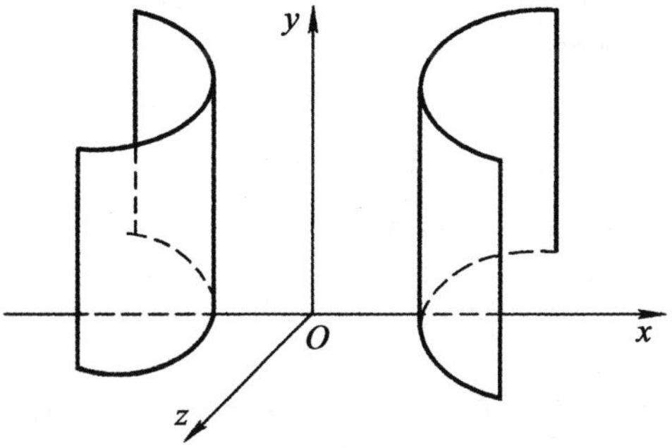


图 3-12

(4)抛物柱面:母线平行于 $z$ 轴,准线是 $Oxy$ 面上的抛物线(图 3-13).

(5)过 $z$ 轴的平面:母线平行于 $z$ 轴,准线是 $Oxy$ 面上的直线(图 3-14).

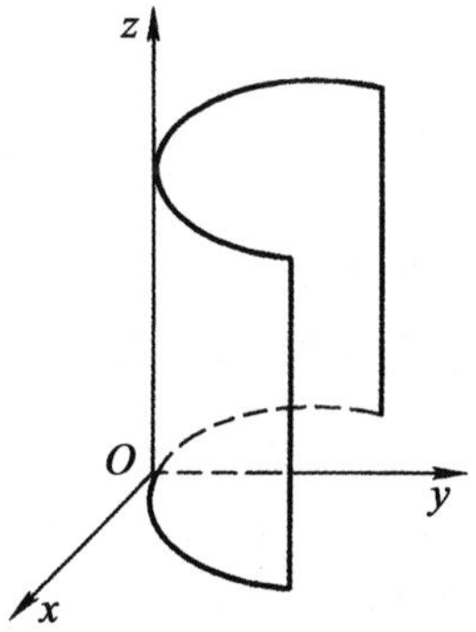


图 3-13

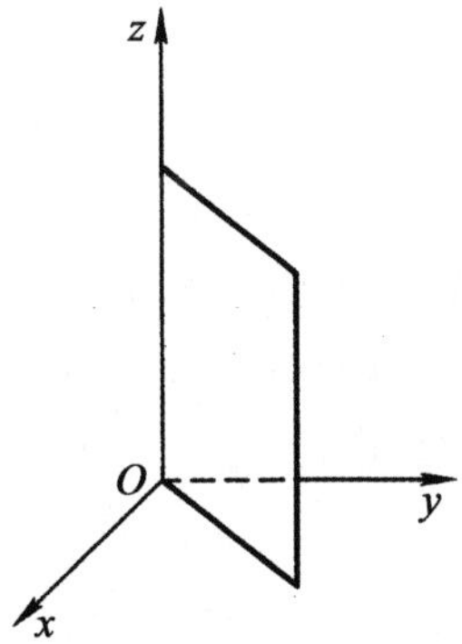


图 3-14

**例 3.2.4**　试说明下列方程表示的曲面是柱面.

(1) $(x+y)(y+z)=a^2$;

(2) $(x+y)(y+z)=x+2y+z$.

**解**:要说明曲面是一柱面,只要说明此曲面是由平行直线族所产生的.

(1)作一平行直线族

$$\begin{cases}x+y=k\\ y+z=\dfrac{a^2}{k},\end{cases}$$

它的方向向量为 $1:-1:1$，当 $k$ 连续变化时，这个平行直线族产生曲面 $(x+y)(y+z)=a^2$（即从上式消去参数 $k$）.因此此曲面为柱面.

(2)将曲面方程改写为

$$(x+y)(y+z)=(x+y)+(y+z),$$

作平面 $x+y=k$，它与已知曲面的交线为

$$\begin{cases}x+y=k\\ y+z=\dfrac{k}{k-1}\end{cases},$$

此方程表示一组平行直线，它的方向向量 $1:-1:1$，仿(1)可以说明此曲面表示柱面.

## 3.2.3 柱面的参数方程

设柱面准线 $C$ 的参数方程为

$$\begin{cases}x=f(t)\\ y=g(t),(a\leqslant t\leqslant b)\\ z=h(t)\end{cases}$$

母线方向为 $\{l,m,n\}$，我们来求这柱面的方程.

设 $P_1(f(t_1),g(t_1),h(t_1))$ 是准线 $C$ 上的任一点，则过 $P_1$ 点的直母线的参数方程为

$$\begin{cases}x=f(t_1)+ls\\ y=g(t_1)+ms,(-\infty\leqslant s\leqslant+\infty)\\ z=h(t_1)+ns\end{cases}$$

当 $P_1$ 在准线 $C$ 上变动时，即参数 $t$ 在 $[a,b]$ 内连续变化时，由上式决定的点 $(x,y,z)$ 的轨迹就是所求的柱面，因此，所求柱面的参数方程为：

$$\begin{cases}x=f(t)+ls\\ y=g(t)+ms.\\ z=h(t)+ns\end{cases}\begin{pmatrix}a\leqslant t\leqslant b\\ -\infty\leqslant s\leqslant+\infty\end{pmatrix}$$

**例 3.2.5** 以 $xOy$ 平面上的椭圆

$$\begin{cases}x=a\cos\theta\\ y=b\sin\theta,(0\leqslant\theta<2\pi)\\ z=0\end{cases}$$

为准线，母线方向 $\boldsymbol{v}=\{0,0,1\}$ 的柱面参数方程为

$$\begin{cases}x=a\cos\theta\\y=b\sin\theta\\z=t\end{cases}.\begin{pmatrix}0\leqslant\theta<2\pi\\-\infty\leqslant t\leqslant+\infty\end{pmatrix}$$

# 3.3　锥　面

## 3.3.1　锥面的定义

锥面也是常见的，如漏斗、草垛、雨伞等的表面.下面给出锥面的定义.

空间中过一定点 $M_0$ 且与定曲线 $C$ 相交的动直线 $l$ 所产生的曲面，称为锥面(图 3-15).定点 $M_0$ 称为锥面的顶点，定曲线 $C$ 称为锥面的准线，动直线 $l$ 称为锥面的母线.

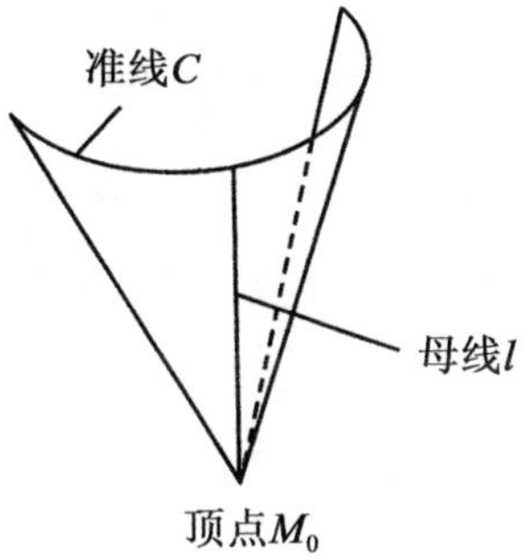


图 3-15

## 3.3.2　锥面的一般方程

顶点为 $M_0(x_0,y_0,z_0)$，准线 $c$ 为 $\begin{cases}F(x,y,z)=0\\G(x,y,z)=0\end{cases}$ 锥面方程，由方程组

$$\begin{cases} F(x_1,y_1,z_1)=0 \\ G(x_1,y_1,z_1)=0 \\ x_1=x_0+(x-x_0)t, \\ y_1=y_0+(y-y_0)t \\ z_1=z_0+(z-z_0)t \end{cases}$$

消去 $x_1,y_1,z_1$ 和 $t$ 而得到.

特别地,顶点在坐标原点(0,0,0)以 $z$ 轴为对称轴,且与 $z$ 轴的夹角为 $\theta$ 的圆锥面方程为 $x^2+y^2=\tan^2\theta\cdot z^2$.

锥面的特点是:过顶点和锥面上任一点的直线在锥面上.如果顶点在原点 $D(0,0,0)$,那么,顶点 $D(0,0,0)$ 与锥面上任一点 $P(x,y,z)$ 的连线上的点的坐标就是 $(tx,ty,tz)$,其中 $t$ 为参数,若 $(x,y,z)$ 满足锥面方程 $F(x,y,z)=0$,则 $(tx,ty,tz)$ 也满足锥面方程,即 $F(tx,ty,tz)=0$,因此,顶点在原点的锥面方程 $F(x,y,z)=0$ 是齐次方程.另外,可以证明,任何一个关于 $x,y,z$ 的齐次方程,都表示顶点在坐标原点的锥面.

类似地,关于 $x=x_0,y=y_0,z=z_0$ 的齐次方程表示顶点在 $(x_0, y_0,z_0)$ 的锥面.

**例 3.3.1** 设锥面的顶点在坐标原点 $O$,准线方程为 $\begin{cases} x^2+y^2=1 \\ z=c \end{cases}$ ($c$ 为常数),求锥面的方程.

**解**:设 $P(x,y,z)$ 为锥面上任意一点,母线 $OP$ 交准线于点 $P(x_1, y_1,z_1)$,则有

$$\frac{x}{x_1}=\frac{y}{y_1}=\frac{z}{z_1},$$

$$x_1^2+y_1^2=1,$$

$$z_1=c$$

由上面的方程消去参数 $x_1,y_1,z_1$ 可得

$$xy+yz+zx=c.$$

这就是所求锥面的方程.由于其准线为圆,故此锥面为圆锥面.

方程 $\frac{x^2}{a^2}+\frac{y^2}{b^2}-\frac{z^2}{c^2}=0$ 表示一个顶点在原点的锥面用平面 $z=c$ 去截它,就得到一条准线

$$\begin{cases}\dfrac{x^2}{a^2}+\dfrac{y^2}{b^2}=1,\\ z=c.\end{cases}$$

显然,这是一个椭圆.若用平面 $z=c_1$ 去截锥面,$|c_1|$ 由 0 增大,椭圆的半轴也由 0 单调增大.用 $x=x_0$ 去截,当 $|x_0|=0$ 时,截线是一对相交直线,当 $|x_0|$ 从 0 增大到 $+\infty$ 时,截线是半轴单调增大的一组双曲线.用 $y=y_0$ 去截也有与 $x=x_0$ 类似的结果,其图形如图 3-16 所示.

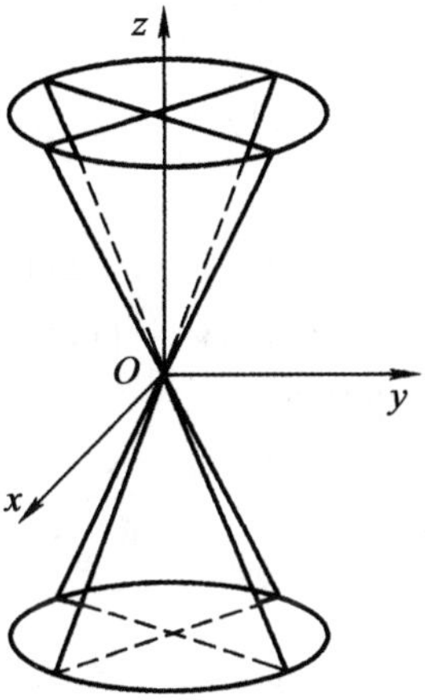


图 3-16

### 3.3.3　锥面的参数方程

设锥面准线的参数方程为

$$\begin{cases}x=f(t)\\ y=g(t),(a\leqslant t\leqslant b)\\ z=h(t)\end{cases}$$

顶点 $P_0$ 的坐标为$(x_0,y_0,z_0)$,在准线上任取一点 $P_1(f(t_1),g(t_1),h(t_1))$,则母线 $P_0P_1$ 的参数方程为

$$\begin{cases}x=x_0+[f(t_1)-x_0]s\\ y=y_0+[g(t_1)-y_0]s,(-\infty\leqslant s\leqslant+\infty)\\ z=z_0+[h(t_1)-z_0]s\end{cases}$$

其中,$s$ 为参数,当 $P_1$ 在准线 $C$ 上移动时,母线 $P_0P_1$ 的轨迹就是所求

的锥面,所以锥面的参数方程为:

$$\begin{cases}x=x_0+[f(t)-x_0]s\\y=y_0+[g(t)-y_0]s\\z=z_0+[h(t)-z_0]s\end{cases},\begin{pmatrix}a\leqslant t\leqslant b\\-\infty\leqslant s\leqslant+\infty\end{pmatrix}$$

**例 3.3.2** 求以三坐标轴为母线的圆锥面的方程.

**解:** 显然所求的圆锥面有四个,顶点都在原点,设圆锥的轴的方向为 $\boldsymbol{v}=\{l,m,n\}$,因为三坐标轴为母线,所以

$$|\cos(\boldsymbol{i},\boldsymbol{v})|=|\cos(\boldsymbol{j},\boldsymbol{v})|=|\cos(\boldsymbol{k},\boldsymbol{v})|,$$

其中 $\boldsymbol{i},\boldsymbol{j},\boldsymbol{k}$ 为坐标向量,从而

$$|l|=|m|=|n|.$$

于是轴方向为

$$\boldsymbol{v}_1=\{1,1,1\},\boldsymbol{v}_2=\{-1,1,1\},$$
$$\boldsymbol{v}_3=\{1,-1,1\},\boldsymbol{v}_4=\{1,1,-1\},$$

当轴方向为$\{1,1,1\}$时,取准线为

$$\begin{cases}x^2+y^2+z^2=1\\x+y+z=1\end{cases}.$$

于是,设 $P_1(x_1,y_1,z_1)$ 是准线上的一点.过 $P_1$ 点的母线为 $\frac{x}{x_1}=\frac{y}{y_1}=\frac{z}{z_1}$,从而

$$x_1=xt,y_1=yt,z_1=zt,$$

又 $P_1$ 在准线上,

$$\begin{cases}x_1^2+y_1^2+z_1^2=1\\x_1+y_1+z_1=1\end{cases}.$$

由上述两式消去参数 $x_1,y_1,z_1,t$ 得

$$x^2+y^2+z^2=(x+y+z)^2,$$

即 $xy+yz+zx=0$ 为所求的圆锥面方程.同理,可求另外三个圆锥面方程:

$$xy+yz-zx=0,$$
$$xy-yz+zx=0,$$
$$xy-yz-zx=0.$$

# 3.4　旋转曲面

## 3.4.1　旋转曲面的定义

**定义 3.4.1**　一条曲线 $\Gamma$ 绕一条直线 $l$ 旋转所得到的曲面称为旋转面，$l$ 称为旋转轴（简称轴），$\Gamma$ 称为母线.

例如：半个圆绕它的直径旋转而产生的曲面就是一个球面.

母线 $\Gamma$ 上每个点 $M_0$ 绕轴 $l$ 旋转得到一个圆，称为纬圆，纬圆可由垂直于旋转轴的平面与旋转面相交而得到.过轴 $l$ 的半平面与旋转面的交线称为经线（或子午线）.一般来说，经线可以作为母线，但母线不一定是经线.

已知旋转轴 $l$ 过点 $M_1(x_1,y_1,z_1)$，方向向量为 $\boldsymbol{v}(l,m,n)$，母线 $\Gamma$ 的方程为

$$\begin{cases}F(x,y,z)=0\\G(x,y,z)=0\end{cases}.$$

## 3.4.2　旋转曲面的一般方程

设旋转曲面的母线方程：

$$C:\begin{cases}F_1(x,y,z)=0\\F_2(x,y,z)=0\end{cases}.$$

旋转轴为过点 $M_0(x_0,y_0,z_0)$ 的直线

$$\frac{x-x_0}{l}=\frac{y-y_0}{m}=\frac{z-z_0}{n}.$$

下面我们求旋转曲面的方程.

设 $M(x,y,z)$ 是旋转曲面上任一点，过 $M$ 点作垂直于旋转轴的平面，那么此平面与旋转曲面的交线是一个纬圆，它与旋转曲面的母线交于 $M_1(x_1,y_1,z_1)$（图 3-17），于是 $M_1\in C$，且

$$\{l,m,n\}\perp\overrightarrow{M_1M},|M_0M|=|M_0M_1|.$$

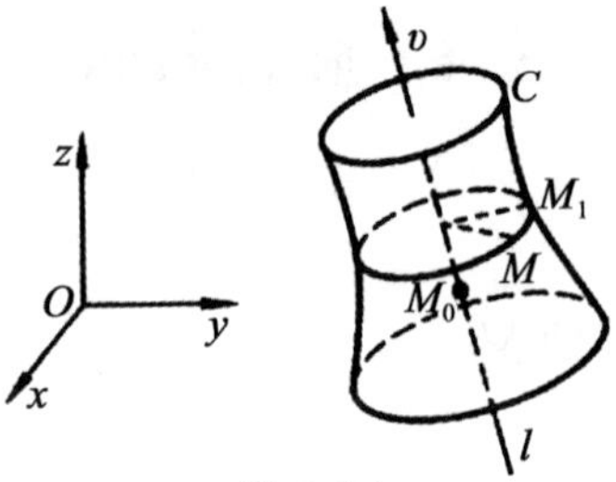


图 3-17

即

$$\begin{cases}F_1(x_1,y_1,z_1)=0\\F_2(x_1,y_1,z_1)=0\\l(x-x_1)+m(y-y_1)+n(z-z_1)=0,\\(x-x_0)^2+(y-y_0)^2+(z-z_0)^2\\=(x_1-x_0)^2+(y_1-y_0)^2+(z_1-z_0)^2\end{cases}$$

从上式中消去参数 $x_1,y_1,z_1$，便得旋转曲面的一般方程.

### 3.4.3 旋转曲面的参数方程

下面要求母线 $\Gamma$ 绕轴 $l$ 旋转所产生的旋转面方程.

如图 3-18 所示，点 $M(x,y,z)$在旋转面上的充分必要条件是 $M$ 在经过母线 $\Gamma$ 上某一点 $M_0(x_0,y_0,z_0)$的纬圆上.因此存在 $M_0(x_0,y_0,z_0)\in\Gamma$ 使得 $M$ 和 $M_0$ 到轴 $l$ 的距离相等，并$\overrightarrow{MM_0}\perp l$，于是有以下参数方程

$$\begin{cases}F(x_0,y_0,z_0)=0\\G(x_0,y_0,z_0)=0\\|\overrightarrow{MM_1}\times v|=|\overrightarrow{M_0M_1}\times v|\\\overrightarrow{M_0M}\cdot v=0\end{cases}.$$

其中，$|\overrightarrow{MM_1}\times \boldsymbol{v}|=|\overrightarrow{M_0M_1}\times \boldsymbol{v}|$为

$$\begin{aligned}&[m(z-z_1)-n(y-y_1)]^2+[l(z-z_1)-n(x-x_1)]^2\\&\quad+[m(x-x_1)-l(y-y_1)]^2\\&=[m(z_0-z_1)-n(y_0-y_1)]^2+[l(z_0-z_1)-n(x_0-x_1)]^2\\&\quad+[m(x_0-x_1)-l(y_0-y_1)]^2.\end{aligned}$$

$\overrightarrow{M_0M} \cdot \boldsymbol{v}=0$ 为

$$l(x-x_0)+m(y-y_0)-n(z-z_0)=0,$$

消去 $x_0,y_0,z_0$ 得到的 $x,y,z$ 方程,即为旋转方程.

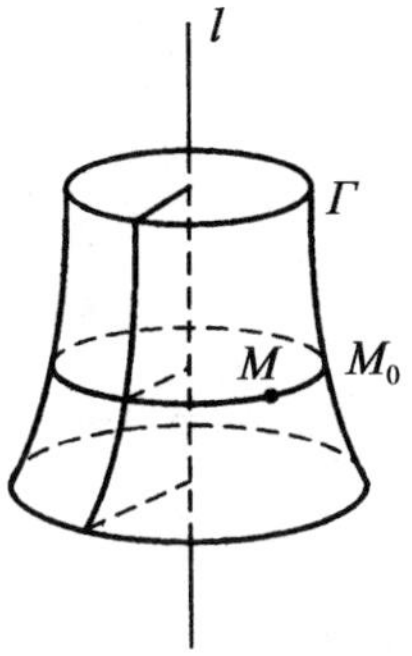


图 3-18

如果母线 $\Gamma$ 用参数方程来表示,则与上面方法类似,得到旋转面方程

$$\begin{aligned}&[m(z-z_1)-n(y-y_1)]^2+[l(z-z_1)-n(x-x_1)]^2\\&+[m(x-x_1)-l(y-y_1)]^2\\=&[m(h(t)-z_1)-n(g(t)-y_1)]^2+[l(h(t)-z_1)-n(f(t)-x_1)]^2\\&+[m(f(t)-x_1)-l(g(t)-y_1)]^2\end{aligned}$$

消去 $t$ 即可.

特别地,如果旋转轴为 $z$ 轴,母线 $\Gamma$ 在 $xOz$ 面上,表示为

$$\Gamma:\begin{cases}f(x,z)=0\\y=0\end{cases},$$

则点 $M(x,y,z)$ 在旋转面上的充分必要条件是

$$\begin{cases}f(x_0,z_0)=0\\y_0=0\\x^2+y^2=x_0^2+y_0^2\\1\cdot(z-z_0)=0\end{cases},$$

消去 $x_0,y_0,z_0$,得

$$f\left(\pm\sqrt{x^2+y^2},z\right)=0.$$

我们发现坐标平面上的曲线绕坐标轴旋转所得的旋转面方程是有规律的.

如果母线 $\Gamma$ 表示为旋转面参数方程，则绕坐标轴 $z$ 旋转的旋转面的参数方程为

$$\begin{cases} x=\sqrt{[f(t)]^2+[g(t)]^2}\cos\theta \\ y=\sqrt{[f(t)]^2+[g(t)]^2}\sin\theta, \\ z=h(t) \end{cases}$$

其中 $t,\theta$ 为参数.

**例 3.4.1** 母线 $C$：

$$\begin{cases} \dfrac{x^2}{a^2}-\dfrac{y^2}{b^2}=1 \\ z=0 \end{cases}$$

绕 $x$ 轴旋转所得曲面的方程为

$$\frac{x^2}{a^2}-\frac{y^2+z^2}{b^2}=1,$$

此曲面称为旋转双叶双曲面(图 3-19).

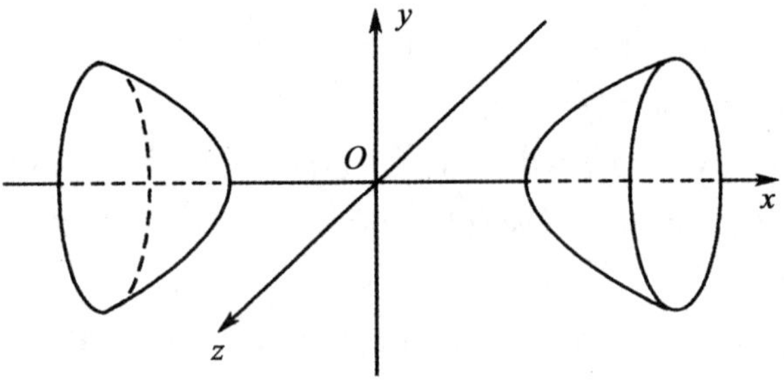


图 3-19

母线 $C$ 绕 $y$ 轴旋转得方程

$$\frac{x^2+z^2}{a^2}-\frac{y^2}{b^2}=1,$$

此曲面称为旋转单叶双曲面(图 3-20).

**例 3.4.2** 母线 $C$：

$$\begin{cases} y^2=2pz \\ x=0 \end{cases}$$

绕 $z$ 轴旋转所得旋转面的方程为

$$x^2+y^2=2pz,$$

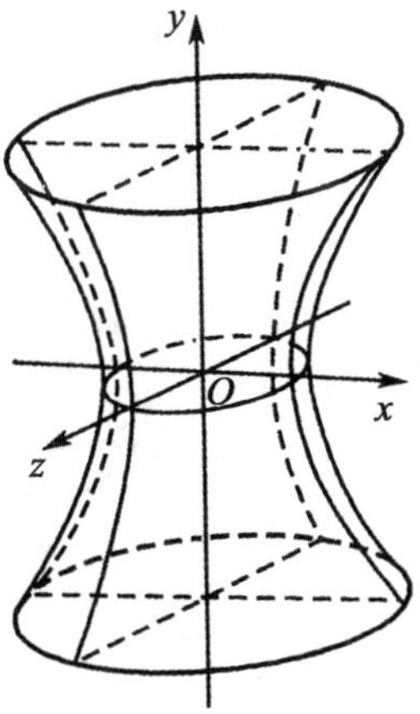


图 3-20

此曲面称为旋转抛物面(图 3-21).

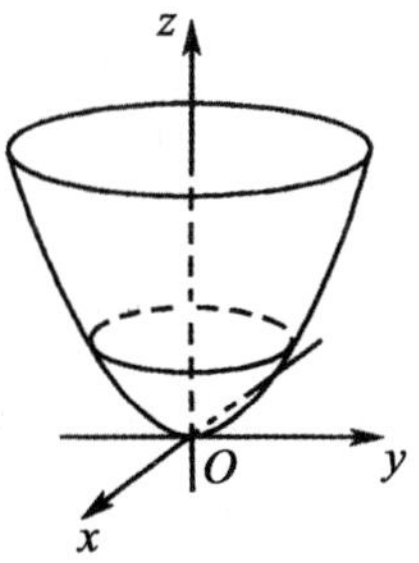


图 3-21

### 3.4.4　几种特殊的旋转曲面

(1)旋转椭球面:

方程

$$\frac{x^2+y^2}{a^2}+\frac{z^2}{b^2}=1, \frac{y^2}{a^2}+\frac{x^2+z^2}{b^2}=1$$

表示的是由椭圆

$$\begin{cases}\dfrac{y^2}{a^2}+\dfrac{z^2}{b^2}=1\\ x=0\end{cases}$$

分别绕 $z$ 轴和 $y$ 轴旋转所得的旋转曲面，称为旋转椭球面，如图 3-22 所示.

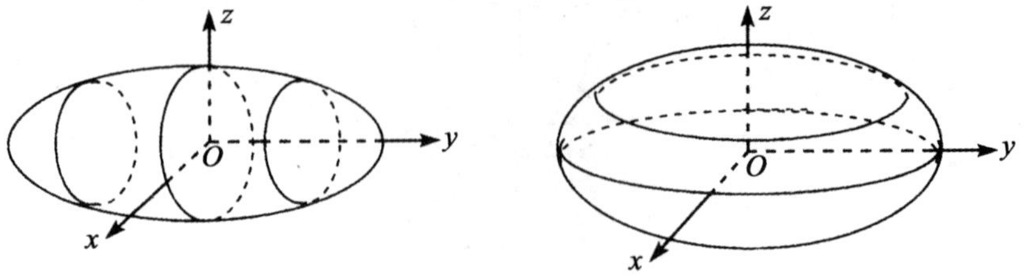


图 3-22

(2)旋转双曲面：

方程

$$\frac{x^2+y^2}{a^2}-\frac{z^2}{b^2}=1,\frac{y^2}{a^2}-\frac{x^2+z^2}{b^2}=1$$

表示的是由双曲线

$$\begin{cases}\frac{y^2}{a^2}-\frac{z^2}{b^2}=1\\x=0\end{cases}$$

分别绕 $z$ 轴和 $y$ 轴旋转所得的旋转曲面，称为旋转单叶双曲面和旋转双叶双曲面，如图 3-23 所示.

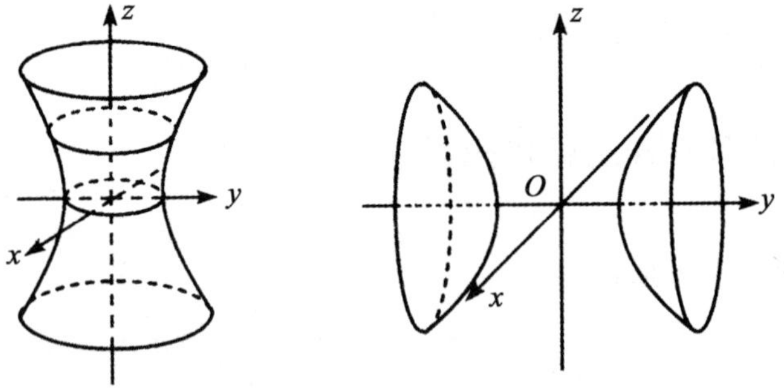


图 3-23

(3)旋转抛物面：

方程

$$x^2+y^2=2pz$$

表示的曲面是由抛物线

$$\begin{cases} y^2 = 2pz \\ x = 0 \end{cases}$$

绕 $z$ 轴旋转而得的旋转曲面，称为旋转抛物面，如图 3-24 所示.

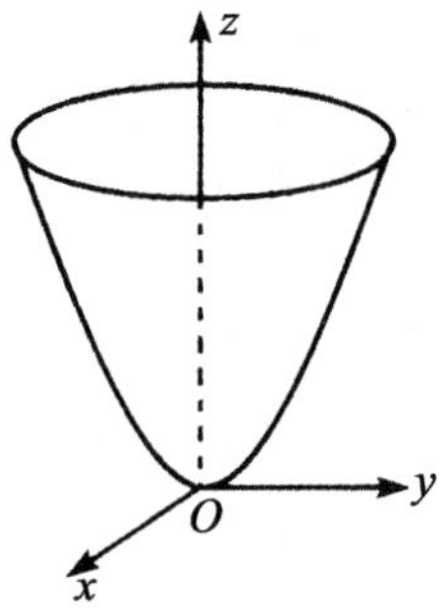


图 3-24

**例 3.4.3**　试证

$$(y^2+z^2)(1+x^2)^2=1$$

是旋转曲面，并求它的母线及旋转轴.

**证明：**因为已知方程可以化为

$$\sqrt{y^2+z^2}=\frac{\pm 1}{1+x^2},$$

具有

$$f(\pm\sqrt{y^2+z^2}, x)=0$$

的形式，所以它是以

$$\begin{cases} y=\dfrac{\pm 1}{1+x^2} \\ z=0 \end{cases}$$

为母线，以 $x$ 轴为旋转轴的旋转曲面.也可以看成是以

$$\begin{cases} z=\dfrac{\pm 1}{1+x^2} \\ y=0 \end{cases}$$

为母线，以 $x$ 轴为旋转轴的旋转曲面.

**例 3.4.4**　求 $xOy$ 面上的抛物线 $x=y^2$ 绕 $x$ 轴旋转一周所形成的旋转抛物面的方程，如图 3-25.

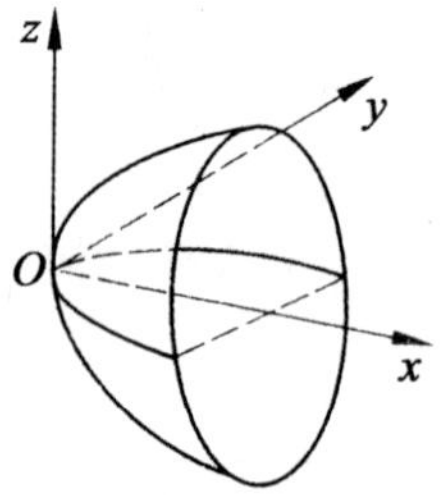


图 3-25

**解**:因为绕 $x$ 轴旋转,所以在方程 $x=y^2$ 中,应保留 $x$,把 $y$ 换成 $\pm\sqrt{y^2+z^2}$,即得抛物线 $x=y^2$ 绕 $x$ 轴旋转一周所形成的旋转抛物面的方程

$$x=(\pm\sqrt{y^2+z^2})^2,$$

即

$$x=y^2+z^2.$$

**例 3.4.5** 把 $xOz$ 面上的圆 $(x-b)^2+z^2=a^2(b>a>0)$ 绕 $z$ 轴旋转,求所得曲面的方程,如图 3-26 所示.

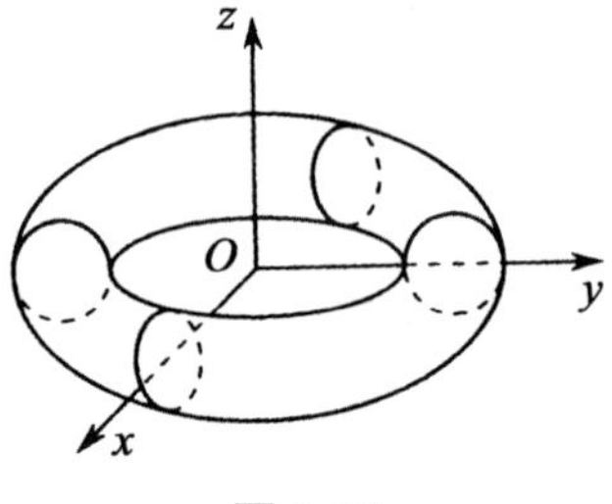


图 3-26

**解**:保留曲线方程中的坐标 $z$,换 $x$ 为 $\pm\sqrt{x^2+y^2}$ 可得

$$(\pm\sqrt{x^2+y^2}-b)^2+z^2=a^2,$$

即

$$x^2+y^2+z^2+b^2-a^2=\pm 2b\sqrt{x^2+y^2}$$

或

$$(x^2+y^2+z^2+b^2-a^2)^2=4b^2(x^2+y^2).$$

此曲面称为圆环面,汽车轮胎的胆和救生圈的表面就是这种曲面.

## 3.5　应用:车削或铲制螺旋面问题

求工具形态的理论中,统一的理论出发点是理想的工件表面(曲线)可表示为一个含两个参数(一个参数)的方程,求工具形态实际是求瞬时既在理想工件表面又在工具表面(既在理想工件曲线上,又在工具廓线上)的曲线(点)满足的方程,这样便可消去曲面(线)的一个参数,得到既在理想曲面(线)又在工具廓面(线)上的点满足的方程.其对应模型可简述为:若记理想曲面(曲线)方程为

$$\boldsymbol{r}=\boldsymbol{r}(u,v)\ (\boldsymbol{r}=\boldsymbol{r}(t)),\tag{3-5-1}$$

既在理想工件表面(曲线),又在工具廓面(线)上点满足的条件为

$$F(u,v)=0\ (\boldsymbol{r}_1=\boldsymbol{r}_1(t)).\tag{3-5-2}$$

事实上式(3-5-2)对于理想工件表面(3-5-1)一般表现为与工具廓面公切点处参数 $\mu,v$ 的关系;而在理想工件问题是曲线情形时,则是利用理想工件曲线与工具廓线公切点处的相同参数 $t$ 建立工具廓线相关方程的,于是工具廓面上瞬时与理想工件表面的接触线(点)应满足

$$\begin{cases}\boldsymbol{r}=\boldsymbol{r}(u,v)\\ F(u,v)=0\end{cases}.\tag{3-5-3}$$

对于不同背景、不同类型的求工具形态的几何反算问题,式(3-5-2)的获取区别十分明显,因而有必要分别介绍,本节先介绍在求解交线法中的具体表现形式.

图 3-27 可以看成车削螺旋面工件,如车削螺纹、车削丝杠,也可以看成车削硬质弹簧;还可以理解为铲制,其结果是一致的.见图,设根圆半径为 $R_0$,前刀面由其上的点 $(R_0\cos\varphi,-R_0\sin\varphi,0)$ 和法矢量 $(\sin(\varphi+\gamma),\cos(\varphi+\gamma),0)$ 决定了它的方程,运用解析几何平面点式法方程可得对应式(3-5-2)的方程为

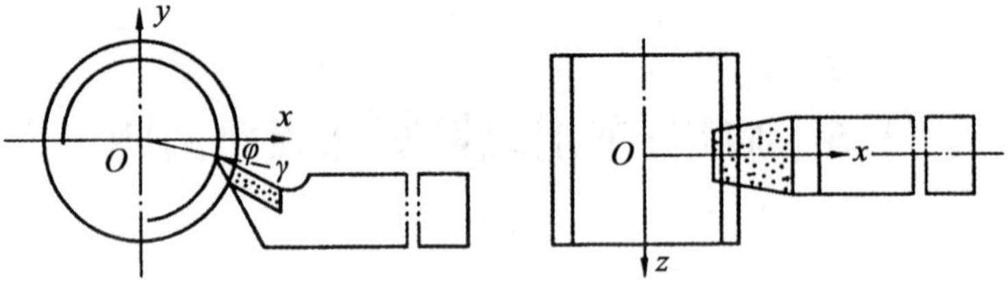


图 3-27

$(\sin(\varphi+\gamma),\cos(\varphi+\gamma),0)\cdot((x,y,z)-(R_0\cos\varphi,-R_0\sin\varphi,0))=0.$
即

$$x-R_0\cos\varphi+(y+R_0\sin\varphi)\cot(\varphi+\gamma)=0. \tag{3-5-4}$$

设螺旋面由平面曲线

$$\boldsymbol{r}=(\bar{x}(\eta),\bar{y}(\eta))(\eta\in[\eta_1,\eta_2]) \tag{3-5-5}$$

做螺旋运动产生，则螺旋面在坐标系下方程为

$$\boldsymbol{r}=(\bar{x}(\eta)\cos\theta-\bar{y}(\eta)\sin\theta,\bar{x}(\eta)\sin\theta+\bar{y}(\eta)\cos\theta,b\theta), \tag{3-5-6}$$

此方程与式(3-5-1)相应.于是，刃口曲线为式(3-5-4)、式(3-5-6)两式的联立解.将式(3-5-6)中 $x,y$ 的分量表达式代入式(3-5-4)有

$$\bar{x}(\eta)\cos\theta-\bar{y}(\eta)\sin\theta-R_0\cos\varphi+$$
$$(\bar{x}(\eta)\sin\theta+\bar{y}(\eta)\cos\theta+R_0\sin\varphi)\cot(\varphi+\gamma)=0. \tag{3-5-7}$$

给定 $\eta_i\in[\eta_1,\eta_2]$，代入式(3-5-7)便可解得 $\theta_i$，再将 $(\eta_i,\theta_i)$ 代入式(3-5-6)，即可求出刃口曲线.

至于车刀的其他面、线设计，均有推荐值，故在此不再介绍.

由上述应用实例易见，求解交线这类几何反算是通过接触线——既在理想工件表面又在工具廓面上来寻求工具造型的，这一点是符合求工具形态的几何反算问题统一的理论出发点的.本类问题的特征是接触线恰为工具的一个表面——前刀面与被加工的理想表面(3-5-1)的交线，于是问题化为先求两面方程

$$\sum\nolimits_1:\boldsymbol{r}_1=\boldsymbol{r}_1(u_1,v_1), \tag{3-5-8}$$

$$\sum\nolimits_2:\boldsymbol{r}_2=\boldsymbol{r}_2(u_2,v_2), \tag{3-5-9}$$

再求其交线.应强调的是，只有式(3-5-8)和式(3-5-9)在同一坐标系下，所求结果才是可行可靠的.

# 第 4 章　典型二次曲面

空间二次曲面包括椭球面(包括球面)、单叶与双叶双曲面、椭圆与双曲抛物面、二次柱面(包括椭圆柱面、权曲柱面和抛物柱面)以及二次锥面等类型.

## 4.1　椭球面

当曲面的方程比较简单时,我们常常从它们的方程入手,研究其图像.在平面解析几何中,从曲线的方程来识别它的图形,一般是先对曲线的方程进行讨论,掌握曲线的特征,然后再采用描点法作图.在空间要描述曲面的形状,同样也先对曲面的方程进行讨论,初步了解曲面的特征,但由于空间不能用描点法作图,而是用一族平行平面来截曲面,考察所截得的一族平面曲线的变化趋势,来了解曲面的全貌,这种方法叫作平行截割法.

对方程比较简单的曲面进行讨论时,我们一般从以下几个方面进行讨论:

(1)曲面的对称性;

(2)曲面与坐标轴的交点;

(3)曲面的存在范围;

(4)被坐标面所截的曲线;

(5)被坐标面的平行平面所截的曲线.

**定义 4.1.1**　在空间直角坐标系下,由方程

$$\frac{x^2}{a^2}+\frac{y^2}{b^2}+\frac{z^2}{c^2}=1 \tag{4-1-1}$$

所确定的曲面,叫作椭球面,方程(4-1-1)称为椭球面的标准方程,其中 $a,b,c$ 均为正实数.

特别地,在方程(4-1-1)中,若 $a=b$(或 $a=c$,或 $b=c$)时,这时的椭球面是旋转椭球面;若 $a=b=c$ 时,则可得 $x^2+y^2+z^2=a^2$,此方程表示一个以原点 $O$ 为球心,$a$ 为半径的一个球面.因此,旋转椭球面和球面是椭球面的特例.

(1)椭球面的对称性.

由于方程(4-1-1)仅含有坐标的平方项,可见当 $(x,y,z)$ 满足方程(4-1-1)时,$(\pm x,\pm y,\pm z)$ 也一定满足,并且正负号可以任意选取,所以椭球面(4-1-1)关于三个坐标平面、三个坐标轴与坐标原点都对称.椭球面的对称平面、对称轴和对称中心分别称为椭球面的主平面、主轴和中心.

(2)椭球面与坐标轴的交点.

在方程(4-1-1)中,令 $y=z=0$,得到 $x=\pm a$,所以椭球面(4-1-1)与 $x$ 轴的交点为 $(\pm a,0,0)$.同理可得椭球面与 $y$ 轴的交点为 $(0,\pm b,0)$,与 $z$ 轴的交点为 $(0,0,\pm c)$.

椭球面与对称轴的交点称为它的顶点,因此椭球面(4-1-1)的顶点为 $(\pm a,0,0)$,$(0,\pm b,0)$,$(0,0,\pm c)$.同一轴上两顶点间的线段以及它们的长度 $2a,2b,2c$ 叫作椭球面(4-1-1)的轴,轴的一半叫作半轴;当 $a>b>c$ 时,$2a,2b,2c$ 分别称为长轴、中轴、短轴,$a,b,c$ 分别称为长半轴、中半轴、短半轴.

(3)椭球面的范围.

由方程(4-1-1)可知

$$\frac{x^2}{a^2}\leqslant 1,\frac{y^2}{b^2}\leqslant 1,\frac{z^2}{c^2}\leqslant 1,$$

所以

$$|x|\leqslant a,|y|\leqslant b,|z|\leqslant c,$$

这说明椭球面上所有的点都在以平面 $x=\pm a,y=\pm b,z=\pm c$ 所构成的长方体内.

(4)被坐标面所截的曲线.

用三个坐标面 $xOy,xOz,yOz$ 去截椭球面(4-1-1),那么所得的截线方程分别为

$$\begin{cases}\dfrac{x^2}{a^2}+\dfrac{y^2}{b^2}=1,\\ z=0\end{cases}\tag{4-1-2}$$

$$\begin{cases}\dfrac{x^2}{a^2}+\dfrac{z^2}{c^2}=1,\\ y=0\end{cases}\tag{4-1-3}$$

$$\begin{cases}\dfrac{y^2}{b^2}+\dfrac{z^2}{c^2}=1.\\ x=0\end{cases}\tag{4-1-4}$$

因此,椭球面(4-1-1)被三个坐标面所截的截线都是椭圆,它们叫作椭球面(4-1-1)的主截线(或主椭圆).

(5)被坐标面平行平面所截的曲线.

为了把握椭球面的形状,用“平行截割法”来研究它的平面截线.平行截割法反映在方程上,就是将平面方程与曲面方程联立起来,进而研究它们所表示的是哪种图形、哪种曲线,从而得知截线的形状.

用平行于坐标面 $xOy$ 的平面 $z=h$ 去截椭球面(4-1-1),其截线方程为

$$\begin{cases}\dfrac{x^2}{a^2}+\dfrac{y^2}{b^2}=1-\dfrac{h^2}{c^2}.\\ z=h\end{cases}\tag{4-1-5}$$

截线(4-1-5)形状受 $h$ 值大小的影响,有以下三种可能:

①当 $|h|>c$ 时,方程(4-1-5)确定一个虚椭圆,此时平面 $z=h$ 与椭球面不相交;

②当 $|h|=c$ 时,方程(4-1-5)的图形是一个点 $(0,0,c)$ 或 $(0,0,-c)$;

③当 $|h|<c$ 时,$\sqrt{1-\dfrac{h^2}{c^2}}>0$,所以截线为一椭圆,两半轴分别是 $a\sqrt{1-\dfrac{h^2}{c^2}}$ 和 $b\sqrt{1-\dfrac{h^2}{c^2}}$;它的两对顶点分别为

$$\left(\pm a\sqrt{1-\frac{h^2}{c^2}},0,h\right)\text{和}\left(0,\pm b\sqrt{1-\frac{h^2}{c^2}},h\right).$$

显然,这对顶点分别在主椭圆(4-1-3)和主椭圆(4-1-4)上(图 4-1).因此,如果把方程(4-1-5)中的 $h$ 看作参数,方程(4-1-5)就表示一族椭圆,椭球面(4-1-1)可以看成由椭圆族(4-1-5)所生成的曲面,这些椭圆

所在的平面与 $xOy$ 平面平行,而椭圆的两对顶点分别在另外两个主椭圆(4-1-3)和(4-1-4)上.同理,用平面 $y=h$ 和平面 $x=h$ 去截椭球面时,都得到完全类似的结果.

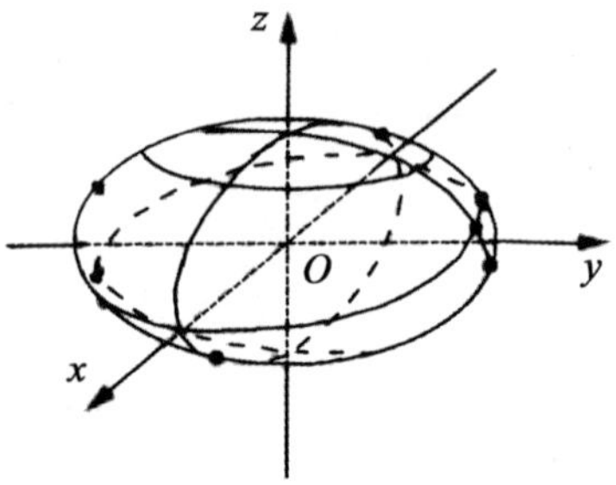


图 4-1

综上所述,我们可以断定椭球面是一个卵形曲面,它有三个互相垂直的对称面(就是三个坐标面),其形状如图 4-20 所示.①

**例 4.1.1** 已知椭球面的三轴分别与三坐标轴重合,且通过椭圆 $\frac{x^2}{9}+\frac{y^2}{16}=1, z=0$ 与点 $M(1,2,\sqrt{23})$,求椭球面的方程.

**解**:因为椭球面的三轴和三个坐标轴重合,所以可设椭球面的方程为

$$\frac{x^2}{a^2}+\frac{y^2}{b^2}+\frac{z^2}{c^2}=1.$$

它与坐标平面 $z=0$ 的交线为 $\frac{x^2}{a^2}+\frac{y^2}{b^2}=1, z=0$,因此与已知椭圆比较可得

$$a^2=9, b^2=16.$$

又因为 $M(1,2,\sqrt{23})$ 在椭球面上,即

$$\frac{1}{9}+\frac{4}{16}+\frac{23}{c^2}=1.$$

由此可得 $c^2=36$,所以椭球面的方程为

$$\frac{x^2}{9}+\frac{y^2}{16}+\frac{z^2}{36}=1.$$

---

① 张福娥,曾辉,姜琦,等.解析几何[M].杭州:浙江大学出版社,2015.

# 4.2　双曲面

## 4.2.1　单叶双曲面

**定义 4.2.1**　在直角坐标系下,方程

$$\frac{x^2}{a^2}+\frac{y^2}{b^2}-\frac{z^2}{c^2}=1 \tag{4-2-1}$$

表示的曲面叫作单叶双曲面.方程(4-2-1)叫作单叶双曲面的标准方程,其中 $a,b,c$ 为正常数.

(1)对称性.

单叶双曲面关于三坐标面、三坐标轴以及原点对称.

(2)与坐标轴的交点.

单叶双曲面与 $z$ 轴不相交,与 $x$ 轴交于$(\pm a,0,0)$,与 $y$ 轴交于$(0,\pm b,0)$.这4点叫作单叶双曲面的顶点,$z$ 轴叫作单叶双曲面的虚轴.

(3)与坐标面的交线.

分别用平面 $z=0,y=0,x=0$ 截割单叶双曲面,得到的截口曲线依次为:

$$\begin{cases}\dfrac{x^2}{a^2}+\dfrac{y^2}{b^2}=1,\\ z=0\end{cases} \tag{4-2-2}$$

$$\begin{cases}\dfrac{x^2}{a^2}-\dfrac{z^2}{c^2}=1,\\ y=0\end{cases} \tag{4-2-3}$$

$$\begin{cases}\dfrac{y^2}{b^2}-\dfrac{z^2}{c^2}=1.\\ x=0\end{cases} \tag{4-2-4}$$

式(4-2-2)为 $xOy$ 面上的椭圆,叫作单叶双曲面的腰椭圆.式(4-2-3)、(4-2-4)分别为 $zOx$ 面和 $yOz$ 面上的双曲线,它们有共同的虚轴和虚轴长.

(4)平截线.

用平面 $z=h$ 截割单叶双曲面,截口为椭圆,即

$$\begin{cases}\dfrac{x^2}{a^2}+\dfrac{y^2}{b^2}=1+\dfrac{h^2}{c^2},\\ z=h\end{cases}\tag{4-2-5}$$

这是平面 $z=h$ 上的椭圆,椭圆的两轴分别平行于 $x$ 轴和 $y$ 轴,椭圆的两半轴分别为 $a\sqrt{1+\dfrac{h^2}{c^2}}$ 和 $b\sqrt{1+\dfrac{h^2}{c^2}}$,两对顶点坐标分别为 $\left(\pm a\sqrt{1+\dfrac{h^2}{c^2}},0,h\right)$ 和 $\left(0,\pm b\sqrt{1+\dfrac{h^2}{c^2}},h\right)$.

易知,椭圆的两对顶点分别在双曲线(4-2-3)和双曲线(4-2-4)上,因此,单叶双曲面可以看成是椭圆族(4-2-5),当 $h$ 由 $-\infty$ 变动到 $+\infty$ 时生成的.变动时,保持所在平面与 $xOy$ 面平行,两对顶点分别在双曲线(4-2-4)、双曲线(4-2-5)上滑动.

图 4-2 是单叶双曲面的图形.

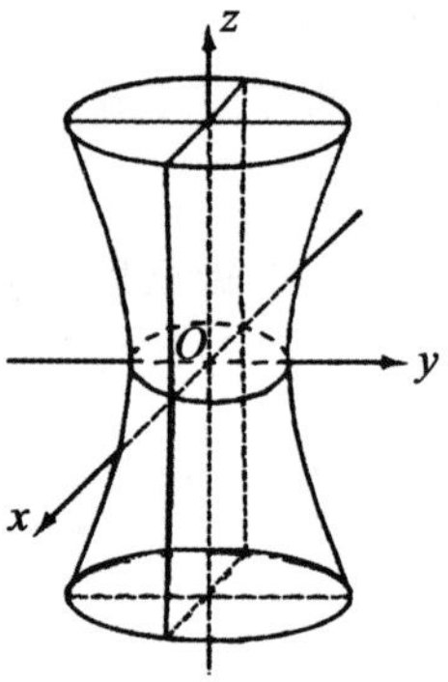


**图 4-2**

如果用 $y=k$ 去截割单叶双曲面,得到的截口方程为

$$\begin{cases}\dfrac{x^2}{a^2}-\dfrac{z^2}{c^2}=1-\dfrac{k^2}{b^2}.\\ y=k\end{cases}\tag{4-2-6}$$

当 $|k|<b$ 时,截线(4-2-6)为平面 $y=k$ 上的双曲线,实轴平行于 $x$ 轴,实半轴长为 $a\sqrt{1-\dfrac{k^2}{b^2}}$;虚轴平行于 $z$ 轴,虚半轴长为 $c\sqrt{1-\dfrac{k^2}{b^2}}$.

顶点$\left(\pm a\sqrt{1-\frac{k^2}{b^2}},k,0\right)$在腰椭圆(4-2-2)上(见图 4-3).

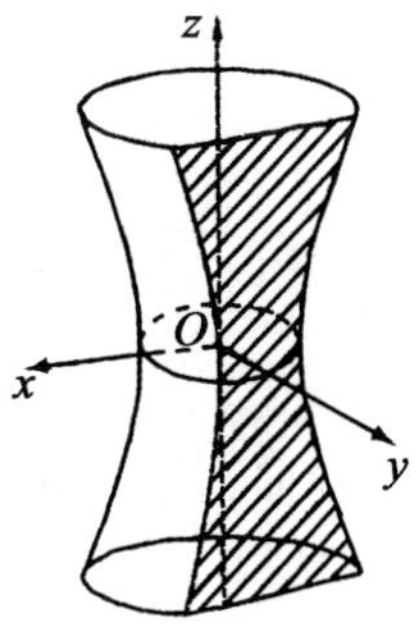


图 4-3

当$|k|>b$时,$1-\frac{k^2}{b^2}<0$,可将(4-2-6)式化为

$$\begin{cases}\dfrac{z^2}{\left(c\sqrt{\frac{k^2}{b^2}-1}\right)^2}-\dfrac{x^2}{\left(a\sqrt{\frac{k^2}{b^2}-1}\right)^2}=1, \\ y=k\end{cases} \tag{4-2-6)'$$

(4-2-6)′仍然是双曲线,然而其实轴平行于 $z$ 轴,虚轴平行于 $x$ 轴,顶点

$$\left(0,k,\pm c\sqrt{\frac{k^2}{b^2}-1}\right)$$

在双曲线(4-2-4)上(见图 4-4).

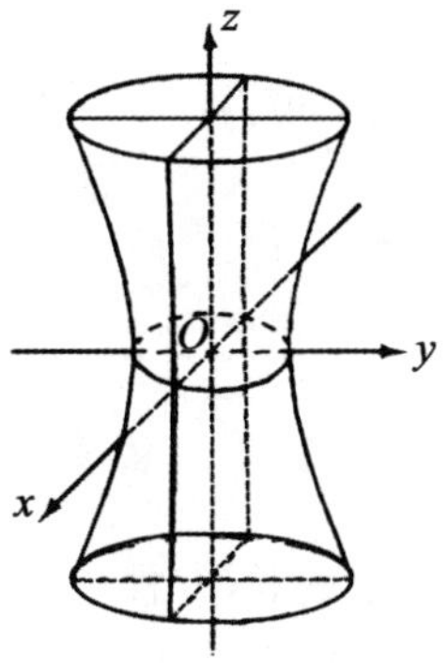


图 4-4

当$|k|=b$时,如果$k=b$,式(4-2-6)变为

$$\begin{cases}\dfrac{x^2}{a^2}-\dfrac{z^2}{c^2}=0\\ y=b\end{cases},$$

即

$$\begin{cases}\dfrac{x}{a}+\dfrac{z}{c}=0\\ y=b\end{cases}\text{或}\begin{cases}\dfrac{x}{a}-\dfrac{z}{c}=0\\ y=b\end{cases}.$$

这表明用平面$y=b$去截单叶双曲面,得到的截线是一对相交于$(0,b,0)$的直线(见图4-5).

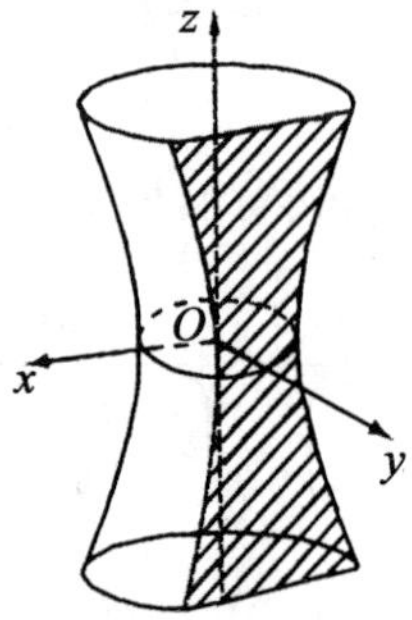


图 4-5

同样,用$y=-b$去截单叶双曲面得到的是一对相交于$(0,-b,0)$的直线.

方程

$$\frac{x^2}{a^2}-\frac{y^2}{b^2}+\frac{z^2}{c^2}=1\text{ 与 }-\frac{x^2}{a^2}+\frac{y^2}{b^2}+\frac{z^2}{c^2}=1$$

表示的曲面都是单叶双曲面.

### 4.2.2 双叶双曲面

**定义 4.2.2** 在直角坐标系下,方程

$$\frac{x^2}{a^2}+\frac{y^2}{b^2}-\frac{z^2}{c^2}=-1 \tag{4-2-7}$$

表示的曲面叫作双叶双曲面,方程(4-2-7)叫作双叶双曲面的标准方程,

其中 $a, b, c$ 为正常数.

(1)对称性.

双叶双曲面关于三坐标面、三坐标轴及原点对称.

(2)与坐标轴的交点.

双叶双曲面与 $x$ 轴、$y$ 轴都不相交,与 $z$ 轴相交于$(0,0,\pm c)$,这两点叫作双叶双曲面(4-2-7)的顶点.

(3)与坐标面的交线.

与 $xOy$ 面不相交.

与 $xOz$ 面和 $yOz$ 面的交线分别为两条双曲线,即

$$\begin{cases}\dfrac{z^2}{c^2}-\dfrac{x^2}{a^2}=1\\ y=0\end{cases} \tag{4-2-8}$$

与

$$\begin{cases}\dfrac{z^2}{c^2}-\dfrac{y^2}{b^2}=1\\ x=0\end{cases}. \tag{4-2-9}$$

(4)平截线.

用 $z=h(h|\geqslant c)$去截割双叶双曲面(4-2-7)得椭圆

$$\begin{cases}\dfrac{x^2}{a^2}+\dfrac{y^2}{b^2}=\dfrac{h^2}{c^2}-1,\\ z=h\end{cases} \tag{4-2-10}$$

椭圆(4-2-10)的两对顶点$\left(\pm a\sqrt{\dfrac{h^2}{c^2}-1},0,h\right)$和$\left(0,\pm b\sqrt{\dfrac{h^2}{c^2}-1},h\right)$分别在双曲线(4-2-8)、双曲线(4-2-9)上.

由上述讨论可以看出双叶双曲面的形状.

方程

$$\frac{x^2}{a^2}-\frac{y^2}{b^2}+\frac{z^2}{c^2}=-1 \text{ 和 } -\frac{x^2}{a^2}+\frac{y^2}{b^2}+\frac{z^2}{c^2}=-1$$

表示的曲面也都是双叶双曲面.

单叶双曲面和双叶双曲面统称为双曲面.

**例 4.2.1**　用一族平行平面 $z=h$($h$ 为任意实数)截割单叶双曲面

$$\frac{x^2}{a^2}+\frac{y^2}{b^2}-\frac{z^2}{c^2}=1(a>b),$$

得一族椭圆,求椭圆族的焦点的轨迹.

**解**:椭圆族的方程为

$$\begin{cases}\dfrac{x^2}{a^2}+\dfrac{y^2}{b^2}=1+\dfrac{h^2}{c^2},\\ z=h\end{cases}$$

即

$$\begin{cases}\dfrac{x^2}{\left(a\sqrt{1+\dfrac{h^2}{c^2}}\right)^2}+\dfrac{y^2}{\left(b\sqrt{1+\dfrac{h^2}{c^2}}\right)^2}=1\\ z=h\end{cases}.$$

因为 $a>b$,所以椭圆的长半轴为 $a\sqrt{1+\dfrac{h^2}{c^2}}$,短半轴为 $b\sqrt{1+\dfrac{h^2}{c^2}}$,从而椭圆的焦点坐标为

$$\begin{cases}x=\pm\sqrt{(a^2-b^2)\left(1+\dfrac{h^2}{c^2}\right)}\\ y=0\\ z=h\end{cases},$$

消去参数 $h$,得

$$\begin{cases}\dfrac{x^2}{a^2-b^2}-\dfrac{z^2}{c^2}=1,\\ y=0\end{cases}$$

即为椭圆焦点的轨迹方程.

# 4.3　抛物面

## 4.3.1　椭圆抛物面

**定义 4.3.1**　在空间直角坐标系下,由方程

$$\frac{x^2}{a^2}+\frac{y^2}{b^2}=2z \tag{4-3-1}$$

所确定的曲面叫作椭圆抛物面，方程(4-3-1)称为椭圆抛物面的标准方程，其中 $a$，$b$ 为正常数.

特别地，在方程(4-3-1)中，若 $a=b$，那么它就是旋转抛物面.

(1)曲面的对称性.

显然，把方程(4-3-1)中 $x$，$y$ 的任何一个或两个变号，方程(4-3-1)不变，所以椭圆抛物面关于 $xOz$ 平面和 $yOz$ 平面对称，并且关于 $z$ 轴对称，但它没有对称中心，它与对称轴交于(0,0,0)点，这点叫作椭圆抛物面(4-3-1)的顶点.

(2)曲面与坐标轴的交点.

在方程(4-3-1)中，若令 $x$，$y$，$z$ 中任意两个为零，则另一个也为零，所以椭圆抛物面过坐标原点，且除此之外，曲面与坐标轴没有其他交点.

(3)曲面的存在范围.

由方程(4-3-1)可知

$$z=\frac{1}{2}\left(\frac{x^2}{a^2}+\frac{y^2}{b^2}\right)\geqslant 0,$$

所以，曲面都在 $xOy$ 的一侧，即在 $x\geqslant 0$ 的一侧.

(4)被坐标面所截的曲线.

曲面被三个坐标面所截的曲线分别为

$$\begin{cases}\dfrac{x^2}{a^2}+\dfrac{y^2}{b^2}=0\\ z=0\end{cases}, \tag{4-3-2}$$

$$\begin{cases}x^2=2a^2z\\ y=0\end{cases}, \tag{4-3-3}$$

$$\begin{cases}y^2=2b^2z\\ x=0\end{cases}. \tag{4-3-4}$$

方程(4-3-2)表示一个点(0,0,0)，而方程(4-3-3)和方程(4-3-4)分别表示 $xOz$ 与 $yOz$ 平面上的抛物线，它们的顶点都为(0,0,0)，对称轴都为 $z$ 轴，并且开口方向为 $z$ 轴的正方向.抛物线(4-3-3)和抛物线(4-3-4)分别叫作椭圆抛物面的主抛物线(图4-6).

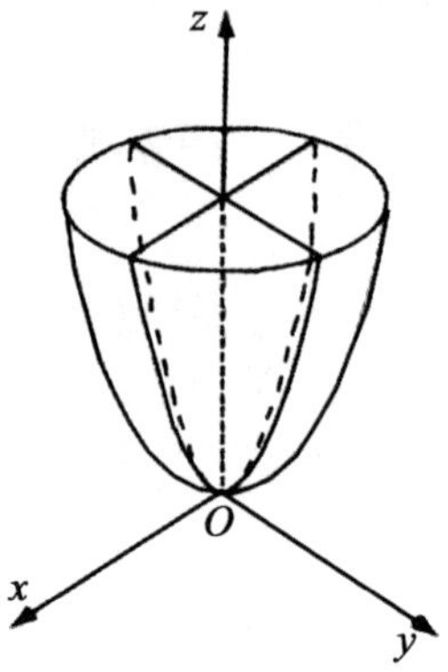


图 4-6

(5)被坐标面的平行平面所截的曲线.

用平面 $z=h(h>0)$ 去截曲面(4-3-1).所得截线为中心在 $z$ 轴上的椭圆

$$\begin{cases}\dfrac{x^2}{2a^2h}+\dfrac{y^2}{2b^2h}=1,\\ z=h\end{cases} \tag{4-3-5}$$

它的顶点为$(\pm a\sqrt{2h},0,h)$和$(0,\pm b\sqrt{2h},h)$,它们分别在主抛物线(4-3-3)和(4-3-4)上.因此,当 $h$ 变动时,方程(4-3-5)就表示一族椭圆,而椭圆抛物面(4-3-1)可以看成是由椭圆族(4-3-5)生成的,这族椭圆中的每一个椭圆所在的平面都与 $xOy$ 平面平行,两对顶点分别在主抛物线(4-3-3)和(4-3-4)上.

用平行 $xOz$ 坐标面的平面 $y=h$ 去截曲面(4-3-1),所得截线为抛物线

$$\begin{cases}x^2=2a^2\left(z-\dfrac{h^2}{2b^2}\right),\\ y=h\end{cases}$$

它的轴平行于 $z$ 轴,顶点 $M\left(0,h,\dfrac{h^2}{2b^2}\right)$在主抛物线(4-3-4)上.

同理,用平面 $x=h$ 去截这曲面时,其截线也为抛物线.

综上所述,椭圆抛物面的形状如图 4-7 所示.

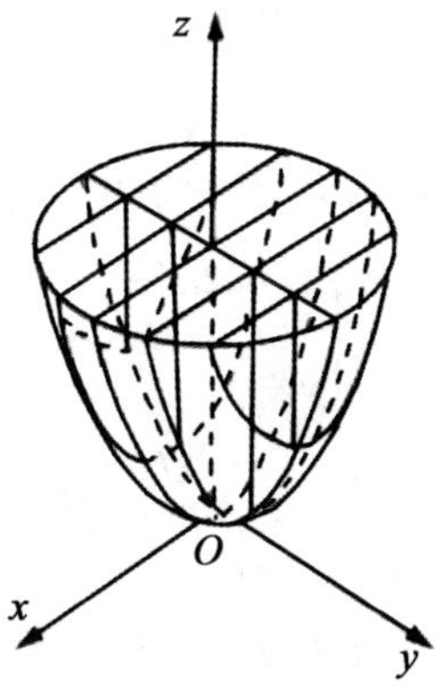


图 4-7

## 4.3.2　双曲抛物面

**定义 4.3.2**　在空间直角坐标系下，由方程

$$\frac{x^2}{a^2}-\frac{y^2}{b^2}=2z \tag{4-3-6}$$

所确定的曲面叫作双曲抛物面.方程(4-3-6)称为双曲抛物面的标准方程，其中 $a,b$ 为正常数.

(1)曲面的对称性.

显然，曲面(4-3-6)与椭圆抛物面一样，关于 $xOz$ 平面和 $yOz$ 平面对称，并且关于 $z$ 轴对称，也没有对称中心.

(2)曲面与坐标轴的交点.

在方程(4-3-6)中，若令 $x,y,z$ 中任意两个为零，则另一个也为零，所以双曲抛物面过坐标原点，且与坐标轴没有其他交点.

(3)被坐标平面所截的曲线.

曲面(4-3-6)被 $xOy$ 坐标面截的曲线为

$$\begin{cases}\dfrac{x^2}{a^2}-\dfrac{y^2}{b^2}=0\\ z=0\end{cases}, \tag{4-3-7}$$

这是一对相交于原点 $O(0,0,0)$ 的直线

$$\begin{cases}\frac{x}{a}-\frac{y}{b}=0\\ z=0\end{cases}\text{或}\begin{cases}\frac{x}{a}+\frac{y}{b}=0\\ z=0\end{cases}. \tag{4-3-8}$$

曲面(4-3-6)被 $xOz$ 平面与 $yOz$ 平面所截的曲线为抛物线

$$\begin{cases}x^2=2a^2z\\ y=0\end{cases}, \tag{4-3-9}$$

$$\begin{cases}y^2=-2b^2z\\ x=0\end{cases}. \tag{4-3-10}$$

这两个抛物线叫作双曲抛物面(4-3-6)的主抛物线,它们有相同的顶点与对称轴,但开口方向相反.

(4)被坐标面的平行平面所截的曲线.

用平行于 $xOy$ 坐标面的平面 $z=h\,(h\neq0)$ 去截曲面(4-3-6),其截线是双曲线

$$\begin{cases}\frac{x^2}{2a^2h}-\frac{y^2}{2b^2h}=1\\ z=h\end{cases}. \tag{4-3-11}$$

①当 $h>0$ 时,双曲线的实轴平行于 $x$ 轴,虚轴与 $y$ 轴平行,顶点 $(\pm a\sqrt{2h},0,h)$ 在主抛物线(4-3-9)上.

②当 $h<0$ 时,双曲线的实轴平行于 $y$ 轴,而虚轴平行于 $x$ 轴,其顶点 $(0,\pm b\sqrt{-2h},h)$ 在主抛物线(4-3-10)上.

③当 $h=0$ 时,其截线为一对相交于原点的直线

$$\begin{cases}\frac{x}{a}+\frac{y}{b}=0\\ z=0\end{cases}\text{和}\begin{cases}\frac{x}{a}-\frac{y}{b}=0\\ z=0\end{cases},$$

用平行于坐标面 $xOz$ 的平面 $y=h$ 去截曲面(4-3-6),截线方程为抛物线

$$\begin{cases}x^2=2a^2\left(z+\frac{h^2}{2b^2}\right)\\ y=h\end{cases}, \tag{4-3-12}$$

它的对称轴平行于 $z$ 轴,且开口方向与 $z$ 轴的正方向一致,顶点 $\left(0,h,-\frac{h^2}{2b^2}\right)$ 在主抛物线(4-3-10)上(图 4-8).

双曲抛物面的形状像马鞍,因此也称它为马鞍曲面.

椭圆抛物面与双曲抛物面统称为抛物面,它们都没有中心,所以又叫无心二次曲面.

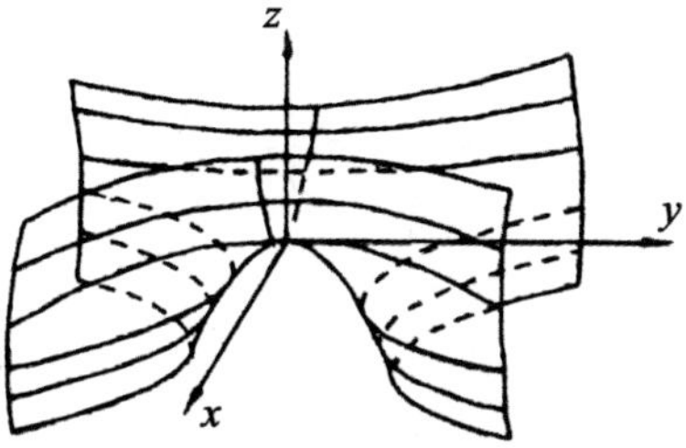


图 4-8

## 4.4　直纹曲面

**定义 4.4.1**　对于曲面 $S$,如果存在一族直线使得这一族中的每一条直线全在曲面 $S$ 上,并且曲面 $S$ 上的每一点都在这一族直线的某一条直线上,则称曲面 $S$ 为直纹面,这族直线称为曲面 $S$ 的一族直母线.

直纹面是由按照一定规律运动的直线所产生的曲面.由于椭圆面是有界的,而直线可以向两端无限延伸,所以椭球面不是直纹面.此外,双叶双曲面、椭圆抛物面都不是直纹面①.

### 4.4.1　单叶双曲面的直纹性

设单叶双曲面的方程为

$$\frac{x^2}{a^2}+\frac{y^2}{b^2}-\frac{z^2}{c^2}=1. \tag{4-4-1}$$

将方程改写为

$$\frac{x^2}{a^2}-\frac{z^2}{c^2}=1-\frac{y^2}{b^2},$$

① 秦衍,杨勤民.解析几何[M].上海:华东理工大学出版社,2010.

因式分解得

$$\left(\frac{x}{a}-\frac{z}{c}\right)\cdot\left(\frac{x}{a}+\frac{z}{c}\right)=\left(1+\frac{y}{b}\right)\cdot\left(1-\frac{y}{b}\right),$$

于是有

$$\frac{\dfrac{x}{a}+\dfrac{z}{c}}{1+\dfrac{y}{b}}=\frac{1-\dfrac{y}{b}}{\dfrac{x}{a}-\dfrac{z}{c}} \tag{4-4-2}$$

和

$$\frac{\dfrac{x}{a}+\dfrac{z}{c}}{1-\dfrac{y}{b}}=\frac{1+\dfrac{y}{b}}{\dfrac{x}{a}-\dfrac{z}{c}}. \tag{4-4-3}$$

式(4-4-2)等价于方程组

$$\begin{cases}\mu\left(\dfrac{x}{a}+\dfrac{z}{c}\right)+\nu\left(1+\dfrac{y}{b}\right)=0\\ \mu\left(1-\dfrac{y}{b}\right)+\nu\left(\dfrac{x}{a}-\dfrac{z}{c}\right)=0\end{cases}. \tag{4-4-4}$$

如果将 $\mu,\nu$ 看作常数,则式(4-4-4)表示一族直线.

如果式(4-4-4)成立,则由式(4-4-2)得到曲面方程(4-4-1).即一族直线(4-4-4)落在单叶双曲面(4-4-1)上.

反之,假设 $M_0(x_0,y_0.z_0)$ 是单叶双曲面上的任意一点,必有

$$\left(\frac{x_0}{a}-\frac{z_0}{c}\right)\cdot\left(\frac{x_0}{a}+\frac{z_0}{c}\right)=\left(1+\frac{y_0}{b}\right)\cdot\left(1-\frac{y_0}{b}\right), \tag{4-4-5}$$

将 $M_0$ 的坐标代入式(4-4-4),得

$$\begin{cases}\mu\left(\dfrac{x_0}{a}+\dfrac{z_0}{c}\right)+\nu\left(1+\dfrac{y_0}{b}\right)=0\\ \mu\left(1-\dfrac{y_0}{b}\right)+\nu\left(\dfrac{x_0}{a}-\dfrac{z_0}{c}\right)=0\end{cases}.$$

由式(4-4-5)可知,方程的系数行列式为0,因此有唯一的解 $\mu,\nu$,$M_0$ 在直线族(4-4-4)的某一条直线上,因此直线族(4-4-4)为一族直母线.

类似的,由式(4-4-3)可以得到另一族直线

$$\begin{cases}\mu'\left(\dfrac{x}{a}+\dfrac{z}{c}\right)+\nu'\left(1-\dfrac{y}{b}\right)=0\\ \mu'\left(1-\dfrac{y}{b}\right)+\nu'\left(\dfrac{x}{a}+\dfrac{z}{c}\right)=0\end{cases}. \tag{4-4-6}$$

其中，$\mu'$，$\nu'$为参数.从而式(4-4-6)为另一族直母线.

综上，单叶双曲面是直纹面，它有两族直母线，每一族都产生整个曲面，而且经过曲面上的每一点，有每族的唯一条直母线，如图 4-9 所示.

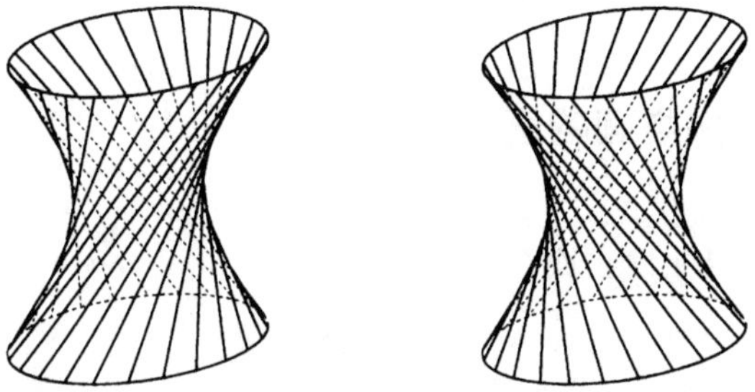

**图 4-9**

单叶双曲面的直母线有以下性质：

①异族的两直母线必共面；

②同族的两直母线必异面；

③同族的任意三条直母线，不平行于同一个平面；

④每一条直母线都与腰椭圆相交.

**例 4.4.1**　求单叶双曲面

$$\frac{x^2}{4}+y^2-\frac{z^2}{9}=1,$$

上过点(2，−1，3)的直母线方程.

**解**：设所求两条直母线的方程为

$$\begin{cases}\mu\left(\dfrac{x}{2}+\dfrac{z}{3}\right)+\nu(1+y)=0\\ \mu(1-y)+\nu\left(\dfrac{x}{2}-\dfrac{z}{3}\right)=0\end{cases}$$

与

$$\begin{cases}\mu'\left(\dfrac{x}{2}+\dfrac{z}{3}\right)+\nu'(1-y)=0\\ \mu'(1+y)+\nu'\left(\dfrac{x}{2}-\dfrac{z}{3}\right)=0\end{cases},$$

将点(2,−1,3)分别代入方程,由第一个方程求得 $\mu : \nu = 0 : -1$;由第二个方程求得 $\mu' : \nu' = 1 : -1$,从而可得所求的直母线方程为

$$\begin{cases} 1+y=0 \\ 3x-2z=0 \end{cases}$$

与

$$\begin{cases} 3x+6y+2z-6=0 \\ 3x-6y-2z-6=0 \end{cases}.$$

### 4.4.2 双曲抛物面的直纹性

给定一个双曲抛物面

$$\frac{x^2}{a^2}-\frac{y^2}{b^2}=2z, a>0, b>0,$$

仿照对单叶双曲面的讨论,双曲抛物面也是直纹面,如图 4-10 所示.其有两族直母线,方程分别为

$$\begin{cases} \left(\dfrac{x}{a}+\dfrac{y}{b}\right)+2\lambda=0 \\ z+\lambda\left(\dfrac{x}{a}-\dfrac{y}{b}\right)=0 \end{cases}$$

和

$$\begin{cases} \lambda'\left(\dfrac{x}{a}+\dfrac{y}{b}\right)+z=0 \\ 2\lambda'+\left(\dfrac{x}{a}-\dfrac{y}{b}\right)=0 \end{cases}.$$

对于双曲抛物面上任意一点,两族直母线中各有且仅有一条直母线通过该点.

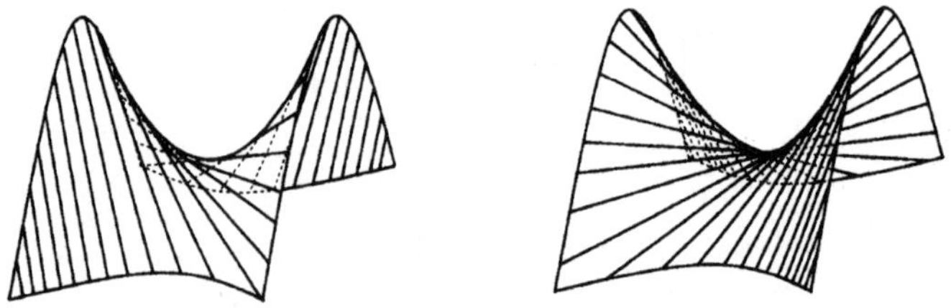

**图 4-10**

双曲抛物面的直母线有下列性质：

①异族的两条直母线必相交；

②同族的两条直母线必异面；

③同族的所有直母线都垂直于同一条直线.

单叶双曲面和双曲抛物面的直纹性，在工程中具有十分广泛的应用.例如，为了建造一座单叶双曲面形状的建筑物，可以用直钢筋按照单叶双曲面的两族直母线的分布方式制作它的骨架，这种结构既坚固耐用，又便于施工.

**例 4.4.2**　求双曲抛物面$\frac{x^2}{a^2}-\frac{y^2}{b^2}=2z$ 上互相垂直的直母线的交点轨迹.

**解**：设 $M_0(x_0,y_0.z_0)$ 为双曲抛物面上的点，先求过 $M_0$ 的两条直母线的方向.

将 $M_0$ 的坐标代入直母线方程

$$\begin{cases}\left(\frac{x}{a}+\frac{y}{b}\right)+2\lambda=0\\ z+\lambda\left(\frac{x}{a}-\frac{y}{b}\right)=0\end{cases},$$

解得

$$\lambda=-\frac{\left(\frac{x_0}{a}+\frac{y_0}{b}\right)}{2}.$$

因此，过 $M_0$ 的一条直母线的方向为$\left(a,-b,\left(\frac{x_0}{a}+\frac{y_0}{b}\right)\right)$；同样地，过 $M_0$ 的另一条直母线的方向为$\left(a,b,\left(\frac{x_0}{a}-\frac{y_0}{b}\right)\right)$.

两条直母线互相垂直的充要条件是 $a^2-b^2+\frac{x_0^2}{a^2}-\frac{y_0^2}{b^2}=0$.故 $M_0(x_0,y_0.z_0)$ 是双曲抛物面上互相垂直的直母线交点的充要条件为

$$\begin{cases}\frac{x_0^2}{a^2}-\frac{y_0^2}{b^2}=2z_0\\ a^2-b^2+\frac{x_0^2}{a^2}-\frac{y_0^2}{b^2}=0\end{cases},$$

即

$$\begin{cases}\dfrac{x^2}{a^2}-\dfrac{y^2}{b^2}=b^2-a^2\\ z=\dfrac{b^2-a^2}{2}\end{cases}.$$

当 $a\neq b$ 时,轨迹是平面 $z=\dfrac{b^2-a^2}{2}$ 上的双曲线;

当 $a=b$ 时,轨迹是两条相交直线 $\begin{cases}x+y=0\\ z=0\end{cases}$ 和 $\begin{cases}x-y=0\\ z=0\end{cases}$.

# 4.5 空间区域的简图

在有些实际问题中,常常会遇到由几个空间曲面所围成的区域,这就需要对这个区域作一个简单的图形.本节将通过几个例子给出简单的介绍.

## 4.5.1 空间曲线在坐标平面 xOy 上的射影

设给定空间曲线的一般方程是

$$\Gamma:\begin{cases}F(x,y,z)=0\\ G(x,y,z)=0\end{cases}, \tag{4-5-1}$$

若求空间曲线 $\Gamma$ 在坐标平面 $xOy$ 上射影柱面的方程,则从上式(4-5-1)中消去 $z$ 而得到方程

$$H(x,y)=0,$$

即为所求的射影柱面.从而

$$\begin{cases}H(x,y)=0\\ z=0\end{cases}$$

就是空间曲线 $\Gamma$ 在坐标平面 $xOy$ 上的射影曲线方程.

类似地,消去式(4-5-1)中的 $x$ 或 $y$,就得曲线关于 $yOz$ 和 $zOx$ 坐标平面的射影柱面方程

$$L(y,z)=0 \text{ 和 } R(x,z)=0$$

以及射影曲线方程

$$\begin{cases}L(y,z)=0\\x=0\end{cases} \text{和} \begin{cases}R(x,z)=0\\y=0\end{cases},$$

**例 4.5.1**　试求空间曲线

$$\Gamma:\begin{cases}2x+y=4\\z=4-x^2\end{cases}$$

分别在三个坐标平面上的射影柱面和射影曲线的方程.

**解:**空间曲线 $\Gamma$ 是平面 $2x+y=4$ 与抛物柱面 $z=4-x^2$ 的交线.

空间曲线 $\Gamma$ 在 $xOy$ 坐标平面上的射影柱面方程为

$$2x+y=4,$$

射影曲线方程为

$$\Gamma_1:\begin{cases}2x+y=4\\z=0\end{cases} \text{(直线)},$$

空间曲线 $\Gamma$ 在 $zOx$ 坐标平面上的射影柱面方程为

$$z=4-x^2,$$

射影曲面方程为

$$\Gamma_2:\begin{cases}x^2=-(z-4)\\y=0\end{cases} \text{(抛物线)},$$

空间曲线 $\Gamma$ 在 $yOz$ 坐标平面上的射影柱面方程为

$$(y-4)^2=-4(z-4),$$

射影曲线方程为

$$\Gamma_3:\begin{cases}(y-4)^2=-4(z-4)\\x=0\end{cases} \text{(抛物线)}.$$

## 4.5.2　两曲面交线的画法

在空间画坐标轴,通常把 $y$ 轴画为水平的,从左向右为正向,把 $z$ 轴画为垂直的,从下向上为正向,把 $x$ 轴画为向左下方且与水平线成 $45°$角.并规定 $y$ 轴和 $z$ 轴上的单位长度相等,$x$ 轴上的单位长度取为 $y$ 轴上单位长度的一半.

对于空间中的任意一点 $P$，它在三个坐标面上的射影分别为点 $P_1$，$P_2$，$P_3$，这四个点中只要知道两个点，就可以作出另两个点.例如，若知道 $P_1$，$P_2$ 两个点，则只要分别过点 $P_1$ 和点 $P_2$ 作平行于相应坐标轴（如 $z$ 轴和 $x$ 轴）的直线，它们的交点就是 $P$，再过点 $P$ 作另一个坐标轴（如 $y$ 轴）的平行线，它与该坐标平面（如 $zOx$ 面）的交点就是 $P_3$（图 4-11）.

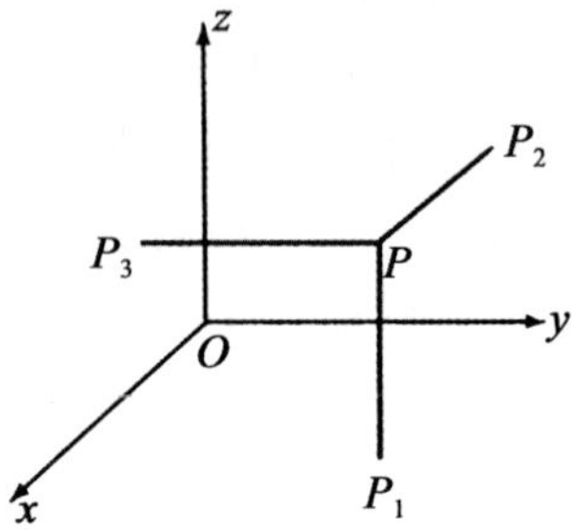


图 4-11

根据以上作法，要作出空间曲线的交线，只要知道它在三个坐标平面上的射影曲线中的两条，就可以画出曲线 $\Gamma$，而射影曲线是通过曲线的射影柱面和坐标平面相交得到的.

**例 4.5.2** 试作出空间曲线 $\Gamma$：

$$\begin{cases} 2x+y=4 \\ z=4-x^2 \end{cases}$$

在第一象限的简图.

**解**：曲线 $\Gamma$ 在坐标平面 $xOy$，$zOx$ 上的射影曲线方程分别为

$$\Gamma_1:\begin{cases} 2x+y=4 \\ z=0 \end{cases}\text{（直线）},$$

$$\Gamma_2:\begin{cases} x^2=-(z-4) \\ y=0 \end{cases}\text{（抛物线）}.$$

射影曲线 $\Gamma_2$ 是 $zOx$ 坐标平面上，顶点在点$(0,0,4)$，焦参数 $p=\dfrac{1}{2}$ 的抛物线.在 $xOy$ 和 $zOx$ 坐标平面上分别作出射影曲线 $\Gamma_1$ 和 $\Gamma_2$.

在 $x$ 轴上任取一点 $M$，过点 $M$ 作 $y$ 轴的平行线交曲线 $\Gamma_1$ 于点 $N$，过点 $M$ 作 $z$ 轴的平行线交曲线 $\Gamma_2$ 于点 $L$，再过点 $L$，$N$ 分别作 $y$ 轴 $z$ 轴的平行线交于 $P$，那么 $P$ 就是曲线 $\Gamma$ 上的点（图 4-12）.

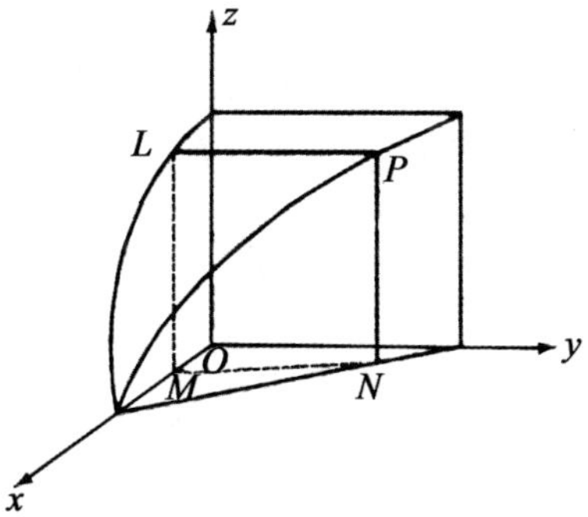


图 4-12

按这一方法在 $x$ 轴上取若干个点 $M_1, M_2, \cdots$，便可求得 $\Gamma$ 上的很多点，将这些点连接起来便得到曲线 $\Gamma$.

### 4.5.3　空间区域的简图

在空间直角坐标系中，由几个曲面或平面围成的空间区域，可用不等式组表示.在作出空间区域的简图时，关键是画出相应曲面的交线，这样才能画出空间区域的边界曲面，作出空间区域的简图.

**例 4.5.3**　试作出由不等式组

$$x \geqslant 0, y \geqslant 0, z \geqslant 0$$

$$x+y \leqslant 1, x^2+y^2 \geqslant 4z$$

所围成的空间区域的简图.

**解：**根据题意 $x \geqslant 0, y \geqslant 0, z \geqslant 0$ 知，该空间区域在第一卦限内，$x^2+y^2 \geqslant 4z$ 表明该空间区域在椭圆抛物面的下方，$x+y \leqslant 1$ 表示该区域在平面 $x+y=1$ 的包含坐标原点的一侧.分别画出椭圆抛物面 $x^2+y^2=4z$ 与三个坐标平面 $x=0, y=0, z=0$ 的交线，以及平面 $x+y=1$ 与三个坐标平面 $x=0, y=0, z=0$ 的交线.平面 $x+y=1$ 与椭圆抛物面 $x^2+y^2=4z$ 的交线

$$x+y=1$$

为

$$\begin{cases} x+y=1 \\ x^2+y^2=4z \end{cases} \text{（图 4-13）.}$$

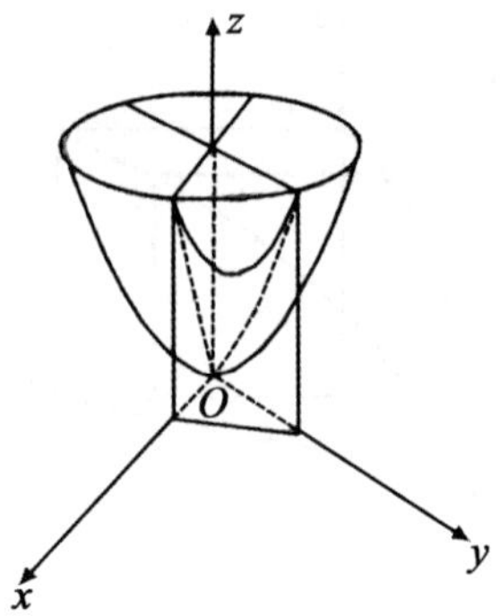


图 4-13

## 4.6 应用:天体运行的轨道问题

在火箭运行轨道平面内,以地心 $O$ 为原点建立直角坐标系(图 4-14).设质量为 $m$ 的火箭受质量为 $M$ 的地球引力的作用,在某一时刻 $t$ 运动到点 $P(x,y)$处(这里 $x,y$ 都是 $t$ 的函数,即 $x=x(t),y=y(t)$),这时火箭运动的速度 $\boldsymbol{v}=(\dot{x},\dot{y})$,加速度 $\boldsymbol{a}=(\ddot{x},\ddot{y})$.

根据牛顿万有引力定律$\left(|\boldsymbol{F}|=\dfrac{GmM}{\rho^2},\rho=|OP|\right)$和牛顿第二运动定律($\boldsymbol{F}=m\boldsymbol{a}$),因 $\boldsymbol{F}=-|\boldsymbol{F}|\dfrac{1}{\rho}\overrightarrow{OP}$,故有

$$m(\ddot{x},\ddot{y})=-\frac{GmM}{\rho^2}\left(\frac{x}{\rho},\frac{y}{\rho}\right),$$

即

$$\begin{cases}m\ddot{x}=-\dfrac{GmM}{\rho^2}\cdot\dfrac{x}{\rho}\\ m\ddot{y}=-\dfrac{GmM}{\rho^2}\cdot\dfrac{y}{\rho}\end{cases}(\rho=\sqrt{x^2+y^2}). \tag{4-6-1}$$

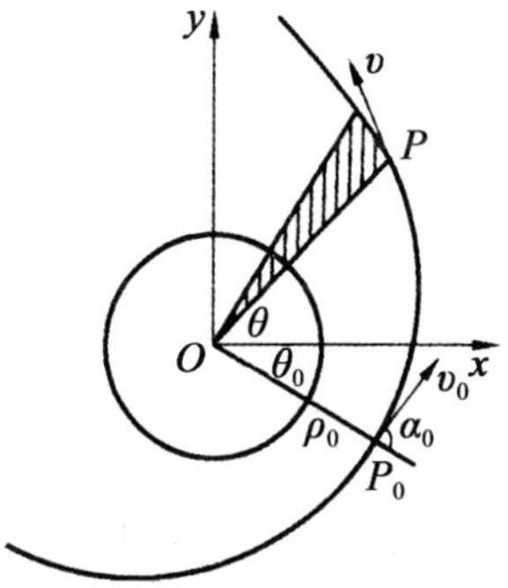


图 4-14

为了解方程组(4-6-1),先作参变量代换

$$x=\rho\cos\theta, y=\rho\sin\theta, \tag{4-6-2}$$

从几何的角度看,这相当于改用极坐标系.在极坐标系下,速度

$$\boldsymbol{v}=(\dot{x},\dot{y})=(\dot{\rho}\cos\theta-\rho\dot{\theta}\sin\theta,\dot{\rho}\sin\theta+\rho\dot{\theta}\cos\theta), \tag{4-6-3}$$

其大小

$$v=|\boldsymbol{v}|=(\dot{x}^2+\dot{y}^2)^{\frac{1}{2}}=(\dot{\rho}^2+\rho^2\dot{\theta}^2)^{\frac{1}{2}}. \tag{4-6-4}$$

故方程组(4-6-1)可改写成

$$\begin{cases}\dfrac{\mathrm{d}}{\mathrm{d}t}(x\dot{y}-y\dot{x})=-\dfrac{GM}{\rho^2}\left(x\dfrac{y}{\rho}-y\dfrac{x}{\rho}\right)\\[2ex]\dfrac{\mathrm{d}}{\mathrm{d}t}(\dot{x}^2-\dot{y}^2)=-\dfrac{2GM}{\rho^2}\left(\dot{x}\dfrac{x}{\rho}-\dot{y}\dfrac{y}{\rho}\right)\end{cases}.$$

将式(4-6-2)、式(4-6-3)代入化简为

$$\begin{cases}\dfrac{\mathrm{d}}{\mathrm{d}t}(\rho^2\dot{\theta})=0\\[2ex]\dfrac{\mathrm{d}}{\mathrm{d}t}(\dot{\rho}^2+\rho^2\dot{\theta}^2)=-\dfrac{2GM}{\rho^2}\dot{\rho}\end{cases}, \tag{4-6-5}$$

积分得

$$\begin{cases}\rho^2\dot{\theta}=h\,(4\text{-}6\text{-}5)\\[1ex]\dot{\rho}^2+\rho^2\dot{\theta}^2=\dfrac{2GM}{\rho^2}+\varepsilon\end{cases}, \tag{4-6-6}$$

其中,$h$,$\varepsilon$ 是积分常数.如果设火箭在 $t=t_0$ 时刻,极半径 $\rho=\rho_0$,速度 $v=v_0$,极半径与运动方向的夹角 $\alpha=\alpha_0$.这里 $\rho_0$,$\alpha_0$,$v_0$ 是决定火箭轨道的发射参数.

设轨道曲线的弧长微分 $\mathrm{d}s-v\mathrm{d}t$.图 4-14 中阴影部分表示极半径在时间 $\mathrm{d}t$ 内所扫过的面积

$$\mathrm{d}A=\frac{1}{2}\rho^2\mathrm{d}\theta=\frac{1}{2}\rho\mathrm{d}s\cdot\sin\alpha.$$

故式(4-6-5)中积分常数

$$h=\rho^2\ \frac{\mathrm{d}\theta}{\mathrm{d}t}=2\ \frac{\mathrm{d}A}{\mathrm{d}t}=\rho\ \frac{\mathrm{d}s}{\mathrm{d}t}\sin\alpha=pv\sin\alpha.$$

这说明$\frac{\mathrm{d}A}{\mathrm{d}t}$(称为面积速度)是常数$\frac{1}{2}h$,且 $h=\rho_0v_0\sin\alpha_0$.将式(4-6-4) $v^2=\dot{\rho}^2+\rho^2\theta^2$ 代入式(4-6-5)得

$$v^2=\frac{2GM}{\rho}+\varepsilon,$$

因此积分常数

$$\varepsilon=v^2-\frac{2GM}{\rho}=v_0^2-\frac{2GM}{\rho_0}.$$

现在继续来解方程.如果将式(4-6-5)代入式(4-6-6)消去 $\theta$,可得

$$\rho^2\dot{\rho}^2=\varepsilon\rho^2+2GM\rho-h^2,$$

解此方程需要分 $\varepsilon>0,\varepsilon=0,\varepsilon<0$ 三种情况考虑.例如,当 $\varepsilon<0$ 时,记

$$a=-\frac{GM}{\varepsilon},$$

上式即为

$$\frac{\rho\mathrm{d}\rho}{\sqrt{a^2+\frac{h^2}{\varepsilon}-(\rho-a)^2}}=\sqrt{-\varepsilon}\,\mathrm{d}t.\tag{4-6-7}$$

令代换 $\rho=a-ae\cos\varphi$(这里 $a^2e^2=a^2+\frac{h^2}{\varepsilon}$),可积分得

$$\varphi-e\sin\varphi=\frac{\sqrt{-\varepsilon}}{a}(t-t_0).$$

现在换一种更简单的解法.将式(4-6-5)和 $\rho=\frac{\mathrm{d}\rho}{\mathrm{d}\theta}\cdot\frac{\mathrm{d}\theta}{\mathrm{d}t}=\frac{d\dot{\rho}}{\mathrm{d}\theta}\theta$ 代入式(4-6-6)消去 $\theta$,得

$$\frac{h^2}{\rho^4}\left(\frac{\mathrm{d}\rho}{\mathrm{d}\theta}\right)^2+\frac{h^2}{\rho^2}=\frac{2GM}{\rho}+\varepsilon,$$

所以

$$\frac{1}{\rho^2}\cdot\frac{\mathrm{d}\rho}{\mathrm{d}\theta}=\pm\sqrt{\frac{\varepsilon}{h^2}-\frac{1}{\rho^2}+\frac{2GM}{h^2\rho}}.$$

记 $p=\frac{h^2}{GM}$，则上式可变形为

$$\frac{-\mathrm{d}\left(\frac{p}{\rho}-1\right)}{\sqrt{\frac{\varepsilon h^2}{G^2M^2}+1-\left(\frac{p}{\rho}-1\right)^2}}=\pm\mathrm{d}\theta,$$

积分得$\left(记\ e=\sqrt{1+\frac{\varepsilon h^2}{G^2M^2}}\right)$

$$\frac{\arccos\left(\frac{p}{\rho}-1\right)}{e}=\pm(\theta-\theta_0),$$

即

$$\rho=\frac{p}{1+e\cos(\theta-\theta_0)}.$$

这就证明了火箭运动的轨道为圆锥曲线.其中

$$p=\frac{h^2}{GM},h=\rho_0v_0\sin\alpha_0,$$

$\theta_0$ 是积分常数(表示火箭在近地点时的极角)，离心率

$$p=\sqrt{1+\frac{\varepsilon h^2}{G^2M^2}}=\sqrt{1+\left(v_0^2-\frac{2GM}{\rho_0}\right)\frac{h^2}{G^2M^2}}.$$

当 $\varepsilon>0$ 时，$e>1$，轨道为双曲线；

当 $\varepsilon=0$ 时，$e=1$，轨道为抛物线；

当 $\varepsilon<0$ 时，$e<1$，轨道为椭圆.

对于轨道为椭圆的情形，这时 $\varepsilon=v_0^2-\frac{2GM}{\rho_0}<0$.椭圆的半长轴长

$$a=\frac{1}{2}\left(\frac{p}{1+e}+\frac{p}{1-e}\right)=\frac{p}{1-e^2}=\frac{\frac{h^2}{GM}}{\frac{\varepsilon h^2}{G^2M^2}}=\frac{GM}{-\varepsilon}.$$

将它代入式(4-6-7)得运动速度与极半径的关系式(称为活力公式)

$$v^2=GM\left(\frac{2}{\rho}-\frac{1}{a}\right).$$

天体运行的周期

$$T=\frac{\text{椭圆面积}}{\text{面积速度}}=\frac{\pi ab}{\frac{1}{2}h}=\frac{2\pi a^2\sqrt{1-e^2}}{h}=\frac{2\pi a^2\sqrt{-\frac{\varepsilon h^2}{G^2M^2}}}{h}=2\pi a^2\sqrt{\frac{1}{aGM}}.$$

因此

$$T=\frac{2\pi}{\sqrt{GM}}a^{\frac{3}{2}}.$$

发射人造地球卫星时，有

$$a=R+\frac{1}{2}(h_{\text{近}}+h_{\text{远}}),R=6371\text{ 千米},$$

$$GM=6.685\times10^{-8}\times5.977\times10^{27}\approx3.99\times10^{2}\,(\text{厘米}^{3}/\text{秒}^{2}),$$

因此人造卫星运行的周期

$$T=\frac{2\pi R^{\frac{3}{2}}}{\sqrt{RM}}\left(1+\frac{h_{\text{近}}+h_{\text{远}}}{2R}\right)^{\frac{3}{2}}=84.5\left(1+\frac{h_{\text{近}}+h_{\text{远}}}{R}\right)^{\frac{3}{2}}(\text{分钟}).$$

如果要发射一种同步卫星（位于地球赤道上空相对于地面不动的卫星），那么由 $T=24$ 小时可算出卫星离地面的高度 $h_{\text{近}}+h_{\text{远}}=35\ 860$ 千米.

# 第 5 章　直角坐标变换与二次曲面一般理论

对二次曲面方程进行研究时，一般都先通过坐标变换化简为较简单的形式，这是本章研究的一种基本手法.二次曲面的一般理论是解析几何的一个重要研究内容.

## 5.1　空间直角坐标变换、欧拉角

### 5.1.1　空间直角坐标变换

将空间直角坐标系$\{O,i,j,k\}$平移旋转到一个新位置，得到新的坐标系$\{O',i',j,k'\}$，显然，新坐标轴也互相垂直，和原坐标系一样构成右手系，并且保持单位长度不变.已知旧坐标系的标准正交基 $\boldsymbol{i},\boldsymbol{j},\boldsymbol{k}$ 和新坐标系的标准正交基$\boldsymbol{i}',\boldsymbol{j}',\boldsymbol{k}'$之间的夹角如表 5-1 所示.

**表 5-1**

| | $\boldsymbol{i}$ | $\boldsymbol{j}$ | $\boldsymbol{k}$ |
|---|---|---|---|
| $\boldsymbol{i}'$ | $\alpha_1$ | $\beta_1$ | $\gamma_1$ |
| $\boldsymbol{j}'$ | $\alpha_1$ | $\beta_2$ | $\gamma_2$ |
| $\boldsymbol{k}'$ | $\alpha_3$ | $\beta_3$ | $\gamma_3$ |

由此可知，方向余弦$(\cos\alpha_i,\cos\beta_i,\cos\gamma_i)$ $(i=1,2,3)$依次是单位矢量 $\boldsymbol{i}',\boldsymbol{j}',\boldsymbol{k}'$的坐标(图 5-1)，即有

$$\begin{cases}\boldsymbol{i}'=\boldsymbol{i}\cos\alpha_1+\boldsymbol{j}\cos\beta_1+\boldsymbol{k}\cos\gamma_1\\ \boldsymbol{j}'=\boldsymbol{i}\cos\alpha_2+\boldsymbol{j}\cos\beta_2+\boldsymbol{k}\cos\gamma_2\\ \boldsymbol{k}'=\boldsymbol{i}\cos\alpha_3+\boldsymbol{j}\cos\beta_3+\boldsymbol{k}\cos\gamma_3\end{cases}. \tag{5-1-1}$$

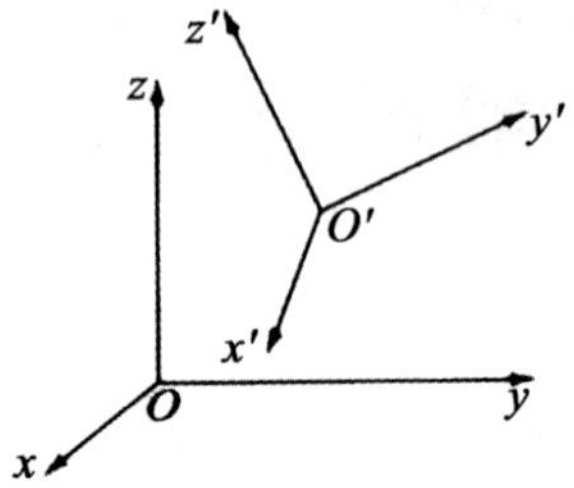


图 5-1

为书写方便起见，我们将$(\cos\alpha_i,\cos\beta_i,\cos\gamma_i)$改记成$(c_{1i},c_{2i},c_{3i})$ $(i=1,2,3)$，即式(5-1-1)可以写成

$$\begin{cases}\boldsymbol{i}'=c_{11}\boldsymbol{i}+c_{21}\boldsymbol{j}+c_{31}\boldsymbol{k}\\ \boldsymbol{j}'=c_{12}\boldsymbol{i}+c_{22}\boldsymbol{j}+c_{32}\boldsymbol{k}\\ \boldsymbol{k}'=c_{13}\boldsymbol{i}+c_{23}\boldsymbol{j}+c_{33}\boldsymbol{k}\end{cases}. \tag{5-1-1)$'$ (}$$

需要注意，这里的 9 个数 $c_{ij}$ 不是互相独立的，由于 $\boldsymbol{i}',\boldsymbol{j}',\boldsymbol{k}'$ 都是单位矢量，而且互相垂直，所以它们之间要适合下列 6 个条件①

$$\begin{cases}c_{11}^2+c_{21}^2+c_{31}^2=1\\ c_{12}^2+c_{22}^2+c_{32}^2=1\\ c_{13}^2+c_{23}^2+c_{33}^2=1\\ c_{11}c_{12}+c_{21}c_{22}+c_{31}c_{32}=0\\ c_{12}c_{13}+c_{22}c_{23}+c_{32}c_{33}=0\\ c_{11}c_{13}+c_{21}c_{23}+c_{31}c_{33}=0\end{cases}. \tag{5-1-2}$$

这组条件通常称为正交条件.所以表中 9 个方向角只有 3 个是独立的.

设空间任意一点 $M$ 的新、旧坐标分别为$(x',y',z')$和$(x,y,z)$，新原点 $O'$在旧坐标系中的坐标为$(x_0,y_0,z_0)$，即有

$$\overrightarrow{OM}=x\boldsymbol{i}+y\boldsymbol{j}+z\boldsymbol{k},$$
$$\overrightarrow{O'M}=x'\boldsymbol{i}'+y'\boldsymbol{j}'+z'\boldsymbol{k}',$$

① 左铨如.解析几何研究[M].哈尔滨:哈尔滨工业大学出版社,2015.

$$\overrightarrow{OO'}=x_0\boldsymbol{i}+y_0\boldsymbol{j}+z_0\boldsymbol{k}.$$

因为

$$\overrightarrow{OM}=\overrightarrow{OO'}+\overrightarrow{O'M},$$

将式(5-1-1)′代入得

$$x\boldsymbol{i}+y\boldsymbol{j}+z\boldsymbol{k}=x_0\boldsymbol{i}+y_0\boldsymbol{j}+z_0\boldsymbol{k}+x'(c_{11}\boldsymbol{i}+c_{21}\boldsymbol{j}+c_{31}\boldsymbol{k})$$
$$+y'(c_{12}\boldsymbol{i}+c_{22}\boldsymbol{j}+c_{32}\boldsymbol{k})+z'(c_{13}\boldsymbol{i}+c_{23}\boldsymbol{j}+c_{33}\boldsymbol{k}).$$

根据矢量分解唯一性定理，得

$$\begin{cases}x=c_{11}x'+c_{21}y'+c_{31}z'+x_0\\ y=c_{21}x'+c_{22}y'+c_{23}z'+y_0\\ z=c_{31}x'+c_{32}y'+c_{33}z'+z_0\end{cases},\tag{5-1-3}$$

其中，一次项系数 $c_{ij}$ 满足正交条件(5-1-2)，公式(5-1-3)就是空间一点相对于新、旧坐标系的坐标$(x',y',z')$与$(x,y,z)$间的关系式，称为空间直角坐标变换公式.在直角坐标变换公式(5-1-3)中，当新、旧坐标轴的方向相同，即 $\alpha_1,\beta_2,\gamma_3$ 都等于零时，则其他的方向角全为直角，从而

$$c_{ij}=\begin{cases}1,i=j\\ 0,i\neq j\end{cases}.$$

公式(5-1-3)成为

$$\begin{cases}x=x'+x_0\\ y=y'+y_0\\ z=z'+z_0\end{cases}.$$

此式称为坐标轴的平移公式，简称移轴公式.

而当新、旧坐标系的坐标原点重合在一起时，即

$$x_0=y_0=z_0=0$$

时，式(5-1-3)即为

$$\begin{cases}x=c_{11}x'+c_{21}y'+c_{31}z'\\ y=c_{21}x'+c_{22}y'+c_{23}z'\\ z=c_{31}x'+c_{32}y'+c_{33}z'\end{cases},\tag{5-1-4}$$

改用矩阵表示，即为

$$\begin{pmatrix}x\\ y\\ z\end{pmatrix}=\begin{pmatrix}c_{11}&c_{12}&c_{13}\\ c_{21}&c_{22}&c_{23}\\ c_{31}&c_{32}&c_{33}\end{pmatrix}\begin{pmatrix}x'\\ y'\\ z'\end{pmatrix}.\tag{5-1-4$'$}$$

公式(5-1-4)或公式(5-1-4)′称为坐标轴的旋转公式，简称转轴公

式.其中系数 $c_{ij}$ 所满足的正条件可以用矩阵表示成

$$\begin{pmatrix} c_{11} & c_{21} & c_{31} \\ c_{12} & c_{22} & c_{32} \\ c_{13} & c_{23} & c_{33} \end{pmatrix}\begin{pmatrix} c_{11} & c_{12} & c_{13} \\ c_{21} & c_{22} & c_{23} \\ c_{31} & c_{32} & c_{33} \end{pmatrix}=\begin{pmatrix} 1 & 0 & 0 \\ 0 & 1 & 0 \\ 0 & 0 & 1 \end{pmatrix},$$

就是

$$\boldsymbol{C}^{\tau}\cdot\boldsymbol{C}=\boldsymbol{E}.$$

这里 $\boldsymbol{C}^{\tau}$ 是矩阵 $\boldsymbol{C}=(c_{ij})$ 的转置矩阵,$\boldsymbol{E}$ 是单位阵.

据式(5-1-1)′有

$$(\boldsymbol{i}',\boldsymbol{j}',\boldsymbol{k}')=|C|(\boldsymbol{i},\boldsymbol{j},\boldsymbol{k}).$$

因为 $\boldsymbol{i},\boldsymbol{j},\boldsymbol{k}$ 和 $\boldsymbol{i}',\boldsymbol{j}',\boldsymbol{k}'$ 都是标准正交基,且构成右手系,所以它们的混合积都是 1,因此 $|\boldsymbol{C}|=1$.

显然一般的直角坐标变换(5-1-3)可以看作是移轴变换

$$\begin{cases} x=\bar{x}+x_0 \\ y=\bar{y}+y_0 \\ z=\bar{z}+z_0 \end{cases}$$

和转轴变换

$$\begin{cases} \bar{x}=c_{11}x'+c_{12}y'+c_{13}z' \\ \bar{y}=c_{21}x'+c_{22}y'+c_{23}z' \\ \bar{z}=c_{31}x'+c_{32}y'+c_{33}z' \end{cases}$$

复合的结果.

回顾我们前面讲过的空间旋转变换公式

$$\overrightarrow{P_0M'}=\overrightarrow{P_0M}\cos\theta+\boldsymbol{u}\times\overrightarrow{P_0M}\sin\theta+(1-\cos\theta)(P_0M\cdot\boldsymbol{u})\boldsymbol{u},\tag{5-1-5}$$

其中

$$\overrightarrow{P_0M'}=(x'-x_0,y'-y_0,z'-z_0),$$

$$\overrightarrow{P_0M}=(x-x_0,y-y_0,z-z_0),$$

$$\boldsymbol{u}=(u_1,u_2,u_3)\ (u_1^2+u_2^2+u_3^2=1)$$

是旋转轴的方向幺矢.公式(5-1-5)与本节讲的坐标变换公式的几何意义虽然不同,但它们的代数形式相同,都是关于 $x,y,z$ 的一次函数形式.

和转轴变换公式(5-1-3)一样,也可以用矩阵来表示旋转变换公式

(5-1-5)，为简单起见，我们就点 $P_0$ 为坐标原点 $O$(即旋转轴通过原点 $O$)的情形给出下式

$$\begin{pmatrix}x'\\y'\\z'\end{pmatrix}=\begin{pmatrix}x\\y\\z\end{pmatrix}\cos\theta+\begin{pmatrix}0&-u_3&u_2\\u_3&0&-u_1\\-u_2&u_1&0\end{pmatrix}\begin{pmatrix}x\\y\\z\end{pmatrix}\sin\theta+$$

$$(1-\cos\theta)\begin{pmatrix}u_1\\u_2\\u_3\end{pmatrix}(u_1u_2u_3)\begin{pmatrix}x\\y\\z\end{pmatrix}. \tag{5-1-5$'$}$$

若记

$$\begin{pmatrix}x'\\y'\\z'\end{pmatrix}=\boldsymbol{X}',\begin{pmatrix}x\\y\\z\end{pmatrix}=\boldsymbol{X},\boldsymbol{U}=\begin{pmatrix}0&-u_3&u_2\\u_3&0&-u_1\\-u_2&u_1&0\end{pmatrix},$$

则

$$\begin{pmatrix}u_1\\u_2\\u_3\end{pmatrix}(u_1u_2u_3)=\begin{pmatrix}u_1^2&u_1u_2&u_1u_3\\u_2u_1&u_2^2&u_2u_3\\u_3u_1&u_3u_2&u_3^2\end{pmatrix}=\boldsymbol{E}+\boldsymbol{U}^2.$$

式(5-1-5)$'$可改记为

$$\boldsymbol{X}'=\boldsymbol{X}\cos\theta+\boldsymbol{U}\boldsymbol{X}\sin\theta+(1-\cos\theta)(\boldsymbol{E}+\boldsymbol{U}^2)\boldsymbol{X},$$

即

$$\boldsymbol{X}'=[\boldsymbol{E}+\boldsymbol{U}\sin\theta+\boldsymbol{U}^2(1-\cos\theta)]\boldsymbol{X}. \tag{5-1-6}$$

这个变换的矩阵

$$\boldsymbol{E}+\boldsymbol{U}\sin\theta+\boldsymbol{U}^2(1-\cos\theta)=\boldsymbol{C}=(c_{ij}) \tag{5-1-6$'$}$$

具有性质：$\boldsymbol{C}^{\mathrm{T}}\boldsymbol{C}=\boldsymbol{E}$，且 $|\boldsymbol{C}|=1$.

读者可作为一条代数习题试证之(先证 $\boldsymbol{U}^3=-\boldsymbol{U}$).

在式(5-1-6)$'$中，若已知 9 个方向余弦 $c_{ij}$，则由它可求得旋转角度 $\theta$ 和旋转轴的方向幺矢 $u=(u_1,u_2,u_3)$，即

$$\cos\theta=\frac{1}{2}(c_{11}+c_{22}+c_{33}-1),$$

$$u_1=\frac{c_{32}-c_{23}}{2\sin\theta},u_2=\frac{c_{13}-c_{31}}{2\sin\theta},u_3=\frac{c_{21}-c_{12}}{2\sin\theta}.$$

这组公式在宇宙航行上有着重要的应用.

### 5.1.2 欧拉角

直角坐标系的变换行列式中包含 9 个元素，可是它们满足 6 个独立关系，这表明所述 9 个元素中本质上只有 3 个任意参数.

欧拉提出这 3 个参数可以用 3 个逐次转动角来表达.就是使直角三面角 $Oxyz$ 移到任意另一坐向相同的直角三面角 $Ox'y'x'$（例如都是右手系的，图 5-2），假定平面 $Ox'y'$ 和 $Oxy$ 的交线为 $O\xi$，取定 $O\xi$ 的正向使三面角 $Ozz'\xi$ 也是右手系的.现在先绕轴 $Oz$ 旋转一个角 $\varphi=\angle xO\xi$ 使 $Ox$ 与 $O\xi$ 重合；其次绕轴 $O\xi$ 旋转一个角 $\theta=\angle zOz'$ 使 $Oz$ 与 $Oz'$ 重合.这样，平面 $Oxy$ 就与 $Ox'y'$ 重合；最后，绕 $Oz'$ 旋转一个角 $\psi=\angle\xi Ox'$，它保留 $Oz'$ 不动而使 $Ox$ 和 $Ox'$ 重合.既然两个三面角的坐向是相同的，那么，$Oz$ 与 $Ox'$ 以及 $Ox$ 与 $Ox'$ 这两对轴的重合必导致第三对轴 $Oy$ 与 $Oy'$ 的重合.$\varphi$，$\psi$ 与 $\theta$ 称为欧拉角.

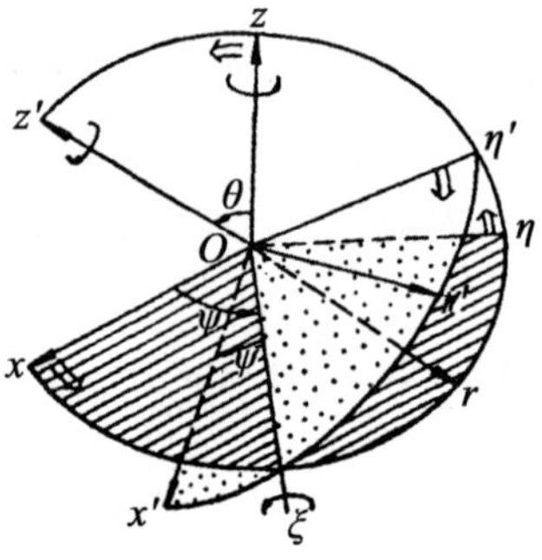


图 5-2

若第一次旋转把三面角 $Oxyz$ 转到 $O\xi\eta z$，则坐标 $z$ 不变，而 $x$，$y$ 按平面上转轴公式变为 $\xi$，$\eta$：

$$\begin{cases} x=\xi\cos\varphi-\eta\sin\varphi \\ y=\xi\sin\varphi+\eta\cos\varphi, \\ z=z \end{cases} \tag{5-1-7}$$

经过第二次旋转，$\xi$ 保留不变，而 $\eta$，$z$ 的变换公式为

$$\begin{cases}\xi=\xi \\ \eta=\eta'\cos\theta-z'\sin\theta, \\ z=\eta'\sin\theta+z'\cos\theta\end{cases} \tag{5-1-8}$$

最后一次旋转公式为

$$\begin{cases}\xi=x'\cos\psi-y'\sin\psi \\ \eta'=x'\sin\psi+y'\cos\psi. \\ z'=z'\end{cases} \tag{5-1-9}$$

从式(5-1-7)、式(5-1-8)和式(5-1-9)消去 $\zeta,\eta,\eta'$，便得

$$\begin{cases}x=x'(\cos\varphi\cos\psi-\sin\varphi\sin\psi\cos\theta) \\ \qquad -y'(\cos\varphi\sin\psi+\sin\varphi\cos\psi\cos\theta)+z'\sin\varphi\sin\theta \\ y=x'(\sin\varphi\cos\psi+\cos\varphi\sin\psi\cos\theta) \\ \qquad -y'(\sin\varphi\sin\psi-\cos\varphi\cos\psi\cos\theta)-z'\cos\varphi\sin\theta \\ z=x'\sin\psi\sin\theta+y'\cos\psi\sin\theta+z'\cos\theta\end{cases}.$$

# 5.2　二次曲面方程的化简与分类

## 5.2.1　二次曲面的分类

在二次曲面方程

$$a_{11}x^2+2a_{12}xy+2a_{13}xz+a_{22}y^2+2a_{23}yz \\ +a_{33}z^2+2a_{14}x+2a_{24}y+2a_{34}z+a_{44}=0 \tag{5-2-1}$$

中，如果对于其中某一变量仅含有它的平方项，而没有该变量与其他变量的乘积项，也没有这变量的一次项.那么曲面(5-2-1)的对称面为某一坐标平面，一般也是该曲面的一个主径面.例如方程(5-2-1)中只含有 $x$ 的平方项，没有 $xy$ 项、$xz$ 项与 $x$ 项，即

$$a_{12}=a_{13}=a_{14}=0.$$

方程(5-2-1)变为

$$a_{11}x^2+a_{22}y^2+2a_{23}yz+a_{33}z^2+2a_{24}y+2a_{34}z+a_{44}=0. \tag{5-2-2}$$

显然，当点 $(x,y,z)$ 满足式(5-2-2)时，点 $(-x,y,z)$ 也满足式(5-2-2)，

所以曲面关于 $yOz$ 坐标面对称，这时 $yOz$ 坐标面是(5-2-1)的主径面.

反过来，当 $yOz$ 坐标面是二次曲面(5-2-1)的主径面时，则它的共轭方向为 $x$ 轴的方向，从而主径面(即 $yOz$ 坐标面)的方程为

$$a_{11}x+a_{12}y+a_{13}z+a_{14}=0. \tag{5-2-3}$$

另一方面，$yOz$ 坐标面的方程为

$$x=0. \tag{5-2-4}$$

比较方程(5-2-3)与(5-2-4)，得

$$a_{12}=a_{13}=a_{14}=0, a_{11}\neq 0.$$

也就是说，曲面方程(5-2-1)中对变量 $x$ 来说只含有平方项，而没有 $xy$ 项、$xz$ 项与 $x$ 项.

因此，当取二次曲面的主径面为坐标平面时，二次曲面的方程就比较简单.

**定理 5.2.1** 选取适当的坐标系，二次曲面的方程总可以化为下列五个简化方程中的一个：

(1)$a_{11}x^2+a_{22}y^2+a_{33}z^2+a_{44}=0(a_{11}a_{22}a_{44}\neq 0)$；

(2)$a_{11}x^2+a_{22}y^2+2a_{34}z=0(a_{11}a_{22}a_{34}\neq 0)$；

(3)$a_{11}x^2+a_{22}y^2+a_{44}=0(a_{11}a_{22}\neq 0)$；

(4)$a_{11}x^2+2a_{24}y=0(a_{11}a_{24}\neq 0)$；

(5)$a_{11}x^2+a_{44}=0(a_{11}\neq 0)$.

**证明**：由于二次曲面(5-2-1)至少有一个主径面，取这个主径面为 $y'O'z'$ 坐标面，与它共轭的非奇主方向为 $x$ 轴的方向建立直角坐标系 $O'-x'y'z'$.设在这样的坐标系下曲面(5-2-1)的方程写为

$$a'_{11}x'^2+2a'_{12}x'y'+2a'_{13}x'z'+a'_{22}y'^2+2a'_{23}y'z'+a'_{33}z'^2+2a'_{14}x'+2a'_{24}y'+2a'_{34}z'+a'_{44}=0. \tag{5-2-5}$$

前面已经证明了这时有

$$a'_{12}=a'_{13}=a'_{14}=0, a'_{11}\neq 0.$$

所以，曲面(5-2-1)在坐标系 $O'-x'y'z'$ 下的方程为

$$a'_{11}x'^2+a'_{22}y'^2+2a'_{23}y'z'+a'_{33}z'^2+2a'_{24}y'+2a'_{34}z'+a'_{44}=0, a'_{11}\neq 0. \tag{5-2-6}$$

曲面(5-2-6)与 $y'O'z'$ 坐标面的交线为

$$\begin{cases} a'_{22}y'^2+2a'_{23}y'z'+a'_{33}z'^2+2a'_{24}y'+2a'_{34}z'+a'_{44}=0 \\ x'=0 \end{cases}. \tag{5-2-7}$$

为了进一步化简二次曲面的方程，把方程组(5-2-7)的第一个方程看作 $y'O'z'$ 坐标面上的曲线方程，然后再利用平面直角坐标变换把它化简.下面分三种情况讨论.

(1) $a'_{22}, a'_{33}, a'_{23}$ 中至少有一个不为零，这时曲线(5-2-7)表示一条二次曲线，那么在 $y'O'z'$ 坐标面上总能选取适当的坐标系 $y''O''z''$，即进行适当的平面直角坐标变换

$$\begin{cases} y' = y''\cos\alpha - z''\sin\alpha + y_0 \\ z' = y''\sin\alpha + z''\cos\alpha + z_0 \end{cases},$$

使二次曲线(5-2-7)化为下面三个简化方程中的一个

$$a''_{22}y''^2 + a''_{33}z''^2 + a''_{44} = 0\,(a''_{22}a''_{33} \neq 0),$$

$$a''_{22}y''^2 + 2a''_{34}z'' = 0\,(a''_{22}a''_{34} \neq 0),$$

$$a''_{22}y''^2 + a''_{44} = 0\,(a''_{22} \neq 0).$$

于是在空间只要进行相应的直角坐标变换

$$\begin{cases} x' = x'' \\ y' = y''\cos\alpha - z''\sin\alpha + y_0, \\ z' = y\sin\alpha + z''\cos\alpha + z_0 \end{cases}$$

就可以把方程(5-2-6)变为下面三个简化方程中的一个(略去″号)：

$$a_{11}x^2 + a_{22}y^2 + a_{33}z^2 + a_{44} = 0\,(a_{11}a_{22}a_{33} \neq 0),$$

$$a_{11}x^2 + a_{22}y^2 + 2a_{34}z = 0\,(a_{11}a_{22}a_{34} \neq 0),$$

$$a_{11}x^2 + a_{22}y^2 + a_{44} = 0\,(a_{11}a_{22} \neq 0).$$

(2) $a'_{22} = a'_{33} = a'_{23} = 0$，但 $a'_{24}, a'_{34}$ 不全为零，这时曲线(5-2-7)表示一条直线，取这条直线作为 $z''$ 轴，作空间直角坐标变换

$$\begin{cases} x'' = x' \\ y'' = \dfrac{2a'_{24}y' + 2a'_{34}z' + a'_{44}}{2\sqrt{a'^2_{24} + a'^2_{34}}}, \\ z'' = \dfrac{-a'_{34}y' + 2a'_{24}z'}{\sqrt{a'^2_{24} + a'^2_{34}}} \end{cases}$$

方程(5-2-6)化为下列形式(略去“″”号)：

$$a_{11}x^2 + 2a_{24}y = 0\,(a_{11}a_{24} \neq 0).$$

(3) $a'_{22} = a'_{33} = a'_{23} = a'_{24} = a'_{34} = 0$ 时，方程(5-2-6)已经是下列化简形式(略去“″”号)：

$$a_{11}x^2 + a_{44} = 0\,(a_{11} \neq 0).$$

证毕.

二次曲面可以分成五类,根据这五类曲面的简化方程系数的各种不同情况,可得下面的定理.

**定理 5.2.2** 通过选取适当的直角坐标系,二次曲面方程总可以写成下面 17 种标准方程之一(表 5-2).

**表 5-2**

| | |
|---|---|
| 椭球面 | $\frac{x^2}{a^2}+\frac{y^2}{b^2}+\frac{z^2}{c^2}=1$ |
| 虚椭球面 | $\frac{x^2}{a^2}+\frac{y^2}{b^2}+\frac{z^2}{c^2}=-1$ |
| 点或称虚母线二次锥面 | $\frac{x^2}{a^2}+\frac{y^2}{b^2}+\frac{z^2}{c^2}=0$ |
| 单叶双曲面 | $\frac{x^2}{a^2}+\frac{y^2}{b^2}-\frac{z^2}{c^2}=1$ |
| 双叶双曲面 | $\frac{x^2}{a^2}+\frac{y^2}{b^2}-\frac{z^2}{c^2}=-1$ |
| 二次锥面 | $\frac{x^2}{a^2}+\frac{y^2}{b^2}-\frac{z^2}{c^2}=0$ |
| 椭圆抛物面 | $\frac{x^2}{a^2}+\frac{y^2}{b^2}=2z$ |
| 双曲抛物面 | $\frac{x^2}{a^2}-\frac{y^2}{b^2}=2z$ |
| 椭圆柱面 | $\frac{x^2}{a^2}+\frac{y^2}{b^2}=1$ |
| 虚椭圆柱面 | $\frac{x^2}{a^2}+\frac{y^2}{b^2}=-1$ |

续表

| | |
|---|---|
| 交于一条实直线的一对共轭虚平面 | $\frac{x^2}{a^2}+\frac{y^2}{b^2}=0$ |
| 双曲柱面 | $\frac{x^2}{a^2}-\frac{y^2}{b^2}=1$ |
| 一对相交平面 | $\frac{x^2}{a^2}-\frac{y^2}{b^2}=0$ |
| 抛物柱面 | $x^2=2py$ |
| 一对平行平面 | $x^2=a^2$ |
| 一对平行的共轭虚平面 | $x^2=-a^2$ |
| 一对重合平面 | $x^2=0$ |

## 5.2.2　二次曲面的化简

本节主要讲述利用主径面的方法化简二次曲面.利用主径面化简二次曲面的步骤如下:

步骤一:先利用二次曲面的特征方程 $\lambda^3-I_1\lambda^2+I_2\lambda-I_3=0$ 求出特征根 $\lambda_1\lambda_2,\lambda_3$;

步骤二:根据特征根求出主径面,并利用主径面化简二次曲面.

(1)$I_3\neq 0$ 时,这时 $\lambda_1,\lambda_2,\lambda_3$ 都不为零,把 $\lambda_1,\lambda_2,\lambda_3$ 分别代入方程(5-2-2),求出三个特征值对应的主方向,然后将主方向代入方程(5-2-3)或(5-2-4),得到三个两两垂直的主径面.

$$\pi_i:A_ix+B_iy+C_iz+D_i=0(i=1,2,3)$$

其中,$\pi_i:A_iA_j+B_iB_j+C_iC_j=0\,(i,j=1,2,3;i\neq j)$ 取 $\pi_1$ 为新坐标的 $y'O'z'$,$\pi_2$ 为新坐标的 $x'O'z'$,$\pi_3$ 为新坐标的 $x'O'y'$.设空间任意一点 $P$ 在旧坐标系与新坐标系的坐标分别$(x,y,z)$和$(x',y',z')$,由此可以得到坐标变换公式为

$$\begin{cases}x'=\pm\dfrac{A_1x+B_1y+C_1z+D_1}{\sqrt{A_1^2+B_1^2+C_1^2}}\\ y'=\pm\dfrac{A_2x+B_2y+C_2z+D_2}{\sqrt{A_2^2+B_2^2+C_2^2}}\\ z'=\pm\dfrac{A_3x+B_3y+C_3z+D_3}{\sqrt{A_3^2+B_3^2+C_3^2}}\end{cases}.$$

为了使坐标变换从右手系变到右手系，上式正负号选取必须使它的系数行列式的值为正 1.

由上式可解出 $x,y,z$，代入原二次曲面即得二次曲面的最简形式.

(2)$I_3=0,I_2\neq0$ 时，可设 $\lambda_1,\lambda_2$ 不为零，$\lambda_3=0$，把 $\lambda_1,\lambda_2$ 分别代入方程(5-2-2)，求出两个特征值对应的主方向，然后将主方向代入方程(5-2-3)或(5-2-4)，得到与这两个主方向共轭的主径面

$$\pi_i:A_ix+B_iy+C_iz+D_i=0(i=1,2).$$

取 $\pi_1$ 为新坐标的 $y'O'z'$，$\pi_2$ 为新坐标的 $x'O'z'$，再任意取与这两个主径面都垂直的平面作为 $x'O'y'$ 平面，同样可得坐标变换公式，与(1)的步骤相同，化简二次曲面.

(3)$I_3=I_2=0,I_1\neq0$ 时，可设 $\lambda_1\neq0,\lambda_2=\lambda_3=0$，把 $\lambda_1$ 代入方程(5-2-2)，求出 $\lambda$ 这个特征值对应的主方向，然后将主方向代入方程(5-2-3)或(5-2-4)，得到与这个主方向共轭的主径面

$$\pi_1:A_1x+B_1y+C_1z+D_1=0.$$

取 $\pi_1$ 为新坐标的 $y'O'z'$，再任取两个相互垂直又都垂直 $\pi_1$ 的平面作为 $x'O'z'$ 平面和 $x'O'y'$ 平面，同上，利用坐标变换公式化简二次曲面.

**例 5.2.1** 选主方向化简二次曲面方程

$$x^2+4y^2+4z^2-4xy+4xz-8yz+6x+6z-5=0.$$

**解:**此曲面方程的系数矩阵为

$$A=\begin{pmatrix}1&-2&2&3\\-2&4&-4&0\\2&-4&4&3\\3&0&3&-5\end{pmatrix},$$

因为

$$I_1=1+4+4=9,I_2=\begin{vmatrix}1&-2\\-2&4\end{vmatrix}+\begin{vmatrix}1&2\\2&4\end{vmatrix}+\begin{vmatrix}4&-4\\-4&4\end{vmatrix}=0,$$

$$I_3=\begin{vmatrix}1 & -2 & 2\\ -2 & 4 & -4\\ 2 & -4 & 4\end{vmatrix}=0.$$

所以特征方程为

$$\lambda^3-9\lambda^2=0,$$

解得特征根

$$\lambda_1=9,\lambda_2=\lambda_3=0.$$

$\lambda_1=9$ 所对应的主方向方程组为

$$\begin{cases}-8X-2Y+2Z=0\\ -2X-5Y-4Z=0.\\ 2X-4Y-5Z=0\end{cases}$$

解得

$$X:Y:Z=1:(-2):2.$$

$\lambda_2=\lambda_3=0$ 所对应的主方向(奇向)由方程

$$X-2Y+2Z=0$$

确定.在这无穷多个主方向中任取一个方向$\{2,2,1\}\perp\{1,-2,2\}$,取

$$\boldsymbol{e}_1'=\left\{\frac{1}{3},-\frac{2}{3},\frac{2}{3}\right\},$$

$$\boldsymbol{e}_2'=\left\{\frac{2}{3},\frac{2}{3},\frac{1}{3}\right\},$$

$$\boldsymbol{e}_3'=\boldsymbol{e}_1'\times\boldsymbol{e}_2'=\left\{-\frac{2}{3},\frac{1}{3},\frac{2}{3}\right\}$$

为新坐标系的坐标向量,作旋转变换

$$\begin{cases}x=\dfrac{1}{3}x'+\dfrac{2}{3}y'-\dfrac{2}{3}z'\\ y=-\dfrac{2}{3}x'+\dfrac{2}{3}y'+\dfrac{1}{3}z',\\ z=\dfrac{2}{3}x'+\dfrac{1}{3}y'+\dfrac{2}{3}z'\end{cases}$$

代入二次曲面原方程,并化简得

$$9x'^2+6x'+6y'-5=0.$$

再配方得

$$9\left(x'+\frac{1}{3}\right)^2=-6(y'-1).$$

作平移

$$\begin{cases} x'=x''-\dfrac{1}{3} \\ y'=y''+1 \\ z'=z'' \end{cases},$$

得

$$9x''^2=-6y'',$$

它仍是一个抛物柱面.

**例 5.2.2** 化简二次曲面方程

$$x^2+y^2+5z^2-6xy-2xz+2yz-6x+6y-6z+10=0.$$

**解:** 二次曲面的矩阵为

$$A=\begin{pmatrix} 1 & -3 & -1 & -3 \\ -3 & 1 & 1 & 3 \\ -1 & 1 & 2 & -3 \\ -3 & 3 & -3 & 10 \end{pmatrix},$$

因为

$$I_1=7, I_2=0, I_3=-36.$$

所以曲面的特征方程为

$$-\lambda^3+7\lambda^2-36=0,$$

即

$$(\lambda-6)(\lambda-3)(\lambda+2)=0,$$

解得特征根

$$\lambda_1=6, \lambda_2=3, \lambda_3=-2.$$

(1)与特征根 $\lambda_1=6$ 对应的主方向 $X:Y:Z$ 由方程组

$$\begin{cases} -5X-3Y-Z=0 \\ -3X-5Y+Z=0, \\ -X+Y-Z=0 \end{cases}$$

决定,所以对应于特征根 $\lambda_1=6$ 的主方向为

$$X:Y:Z=\begin{vmatrix} -3 & -1 \\ -5 & 1 \end{vmatrix}:\begin{vmatrix} -1 & -5 \\ 1 & -3 \end{vmatrix}:\begin{vmatrix} -5 & -3 \\ -3 & -5 \end{vmatrix}$$

$$=-8:8:16=-1:1:2.$$

与它共轭的主径面为

$$-X+Y+2Z=0.$$

(2)与特征根 $\lambda_2=3$ 对应的主方向 $X:Y:Z$ 由方程组

$$\begin{cases}-2X-3Y-Z=0\\-3X-2Y+Z=0,\\-X+Y+2Z=0\end{cases}$$

决定,所以对应于特征根 $\lambda_2=3$ 的主方向为

$$X:Y:Z=\begin{vmatrix}-3 & -1\\-2 & 1\end{vmatrix}:\begin{vmatrix}-1 & -2\\1 & -3\end{vmatrix}:\begin{vmatrix}-2 & -3\\-3 & -2\end{vmatrix}$$

$$=-5:5:(-5)=1:(-1):1.$$

与它共轭的主径面为

$$X-Y+Z-3=0.$$

(3)与特征根 $\lambda_3=-2$ 对应的主方向 $X:Y:Z$ 由方程组

$$\begin{cases}3X-3Y-Z=0\\-3X+Y+Z=0,\\-X+Y+7Z=0\end{cases}$$

决定,所以主方向为

$$X:Y:Z=\begin{vmatrix}3 & 1\\1 & 7\end{vmatrix}:\begin{vmatrix}1 & -3\\7 & -1\end{vmatrix}:\begin{vmatrix}-3 & 3\\-1 & 1\end{vmatrix}$$

$$=20:20:0=1:1:0.$$

与它共轭的主径面为

$$X+Y=0.$$

取这三主径面为新坐标平面作坐标变换,得变换公式为

$$\begin{cases}x'=\dfrac{(-x+y+2z)}{\sqrt{6}}\\y'=\dfrac{(x-y+z-3)}{\sqrt{3}}.\\z'=\dfrac{x+y}{\sqrt{2}}\end{cases}$$

解出 $x,y$ 与 $z$ 得

$$\begin{cases}x=-\dfrac{\sqrt{6}}{6}x'+\dfrac{\sqrt{3}}{3}y'+\dfrac{\sqrt{2}}{2}z'+1\\y=\dfrac{\sqrt{6}}{6}x'-\dfrac{\sqrt{3}}{3}y'+\dfrac{\sqrt{2}}{2}z'-1\quad,\\z=\dfrac{\sqrt{6}}{3}x'+\dfrac{\sqrt{3}}{3}y'+1\end{cases}$$

代入原方程得曲面的简化方程为

$$6x'^2+3y'^2-2z'^2+1=0,$$

曲面的标准方程为

$$\frac{x'^2}{\frac{1}{6}}+\frac{y'^2}{\frac{1}{3}}-\frac{z'^2}{\frac{1}{2}}=-1.$$

这是一个双叶双曲面.

由定理 5.2.1 知,二次曲面 $\Sigma$ 通过坐标变换总可以化成五个简化方程中的一个.由于二次曲面的类型完全由定理 5.2.1 的五种类型决定,根据不变量的性质,我们可以应用二次曲面的不变量来化简二次曲面.

**定理 5.2.3** 如果给出了二次曲面 $\Sigma$,那么它为定理 5.2.1 五种类型之一的充要条件是:

Ⅰ.$I_3\neq0$;

Ⅱ.$I_3=0,I_4\neq0$;

Ⅲ.$I_3=0,I_4=0,I_2\neq0$;

Ⅳ.$I_3=0,I_4=0,I_2=0,K_2\neq0$;

Ⅴ.$I_3=0,I_4=0,I_2=0,K_2=0$.

(1)$I_3\neq0$,这时二次曲面 $\Sigma$ 是第Ⅰ类曲面,它的简化方程为

$$a'_{11}x'^2+a'_{22}y'^2+a'_{33}z'^2+a'_{44}=0,a'_{11}a'_{22}a'_{33}\neq0,$$

所以

$$I_1=I'_1=a'_{11}+a'_{22}+a'_{33},$$

$$I_2=I'_2=\begin{vmatrix}a'_{11}&0\\0&a'_{22}\end{vmatrix}+\begin{vmatrix}a'_{11}&0\\0&a'_{33}\end{vmatrix}+\begin{vmatrix}a'_{22}&0\\0&a'_{33}\end{vmatrix}$$

$$=a'_{11}a'_{22}+a'_{11}a'_{33}+a'_{22}a'_{33},$$

$$I_3=I'_3=\begin{vmatrix}a'_{11}&0&0\\0&a'_{22}&0\\0&0&a'_{33}\end{vmatrix}=a'_{11}a'_{22}a'_{33}.$$

因为二次曲面 $\Sigma$ 的特征方程是

$$-\lambda^3+I_1\lambda^2-I_2\lambda+I_3=0,$$

所以根据根与系数关系立刻知道二次曲面的三个特征根为

$$\lambda_1=a'_{11},\lambda_2=a'_{22},\lambda_3=a'_{33}.$$

又因为

$$I_4=I_4'=\begin{vmatrix} a_{11}' & 0 & 0 & 0 \\ 0 & a_{22}' & 0 & 0 \\ 0 & 0 & a_{33}' & 0 \\ 0 & 0 & 0 & a_{44}' \end{vmatrix}=a_{11}'a_{22}'a_{33}'a_{44}'=I_3a_{44}',$$

所以

$$a_{44}'=\frac{I_4}{I_3},$$

因此,第Ⅰ类曲面的简化方程可以写成

$$\lambda_1x'^2+\lambda_2y'^2+\lambda_3z'^2+\frac{I_4}{I_3}=0.$$

这里 $\lambda_1,\lambda_2,\lambda_3$ 为二次曲面 $\Sigma$ 的三个特征根.

(2)当 $I_3=0,I_4\neq0$,这时二次曲面 $\Sigma$ 是第Ⅱ类曲面,它的简化方程为

$$a_{11}'x'^2+a_{22}'y'^2+2a_{34}'z'=0,a_{11}'a_{22}'a_{34}'\neq0,$$

所以

$$I_1=I_1'=a_{11}'+a_{22}',$$

$$I_2=I_2'=\begin{vmatrix} a_{11}' & 0 \\ 0 & a_{22}' \end{vmatrix}+\begin{vmatrix} a_{11}' & 0 \\ 0 & 0 \end{vmatrix}+\begin{vmatrix} a_{22}' & 0 \\ 0 & 0 \end{vmatrix}=a_{11}'a_{22}',$$

$$I_3=0,$$

这时,二次曲面 $\Sigma$ 的特征方程是

$$-\lambda^3+I_1\lambda^2-I_2\lambda=0,$$

所以

$$\lambda=0 \text{ 或 } \lambda^2-I_1\lambda+I_2=0,$$

从而知二次曲面 $\Sigma$ 的三个特征根为

$$\lambda_1=a_{11}',\lambda_2=a_{22}',\lambda_3=0.$$

此外,由于

$$I_4=I_4'=\begin{vmatrix} a_{11}' & 0 & 0 & 0 \\ 0 & a_{22}' & 0 & 0 \\ 0 & 0 & 0 & a_{34}' \\ 0 & 0 & a_{34}' & 0 \end{vmatrix}=-a_{11}'a_{22}'a_{34}'^2=-I_2a_{34}'^2,$$

所以

$$a_{34}'=\pm\sqrt{\frac{-I_4}{I_2}},$$

因此，第Ⅱ类曲面的简化方程可以写成

$$\lambda_1 x'^2+\lambda_2 y'^2\pm 2\sqrt{\frac{-I_4}{I_2}}z'=0,$$

这里 $\lambda_1,\lambda_2$ 为二次曲面 $\Sigma$ 的两个不为零的特征根.

(3) $I_3=0,I_4=0,I_2\neq 0$，这时二次曲面 $\Sigma$ 是第Ⅲ类曲面，它的简化方程为

$$a'_{11}x'^2+a'_{22}y'^2+a'_{44}=0, a'_{11}a'_{22}\neq 0.$$

和情形(2)一样，这里 $a'_{11}$ 与 $a'_{22}$ 分别是二次曲面 $\Sigma$ 的两个非零的特征根 $\lambda_1$ 与 $\lambda_2$，并且

$$I_2=a'_{11}a'_{22}, K_2=a'_{11}a'_{22}a'_{44}=I_2a'_{44},$$

所以

$$a'_{44}=\frac{K_2}{I_2},$$

因此，第Ⅲ类曲面的简化方程可以写成

$$\lambda_1 x'^2+\lambda_2 y'^2+\frac{K_2}{I_2}=0,$$

这里 $\lambda_1,\lambda_2$ 为二次曲面 $\Sigma$ 的两个不为零的特征根.

(4) $I_3=0,I_4=0,I_2=0,K_2\neq 0$，这时二次曲面 $\Sigma$ 是第Ⅳ类曲面，它的简化方程为

$$a'_{11}x'^2+2a'_{24}y'=0, a'_{11}a'_{24}\neq 0.$$

所以

$$I_1=a'_{11}, I_2=I_3=0,$$

而特征方程是

$$-\lambda^3+I_1\lambda^2=0,$$

所以特征根为

$$\lambda_1=I_1=a'_{11}, \lambda_2=\lambda_3=0,$$

又因为

$$K_2=K'_2=\begin{vmatrix} a'_{11} & 0 & 0 \\ 0 & 0 & a'_{24} \\ 0 & a'_{24} & 0 \end{vmatrix}+\begin{vmatrix} a'_{11} & 0 & 0 \\ 0 & 0 & 0 \\ 0 & 0 & 0 \end{vmatrix}+\begin{vmatrix} 0 & 0 & a'_{24} \\ 0 & 0 & 0 \\ a'_{24} & 0 & 0 \end{vmatrix}$$

$$=-a'_{11}a'^2_{24}=-I_1a'^2_{24},$$

所以

$$a'_{24}=\pm\sqrt{-\frac{K_2}{I_1}},$$

因此,第Ⅳ类曲面的简化方程可以写成

$$\lambda_1 x'^2 \pm 2\sqrt{-\frac{K_2}{I_1}}\,y'=0.$$

(5)$I_3=0,I_4=0,I_2=0,K_2=0$,这时二次曲面 Σ 是第Ⅴ类曲面,它的简化方程为

$$a'_{11}x'^2+a'_{44}=0,a'_{11}\neq 0.$$

像情形(4)一样,这时二次曲面 Σ 有唯一的非零特征根

$$\lambda_1=I_1=a'_{11}.$$

其次又有

$$K_1=\begin{vmatrix} a'_{11} & 0 \\ 0 & a'_{44} \end{vmatrix}+\begin{vmatrix} 0 & 0 \\ 0 & a'_{44} \end{vmatrix}+\begin{vmatrix} 0 & 0 \\ 0 & a'_{44} \end{vmatrix}=a'_{11}a'_{44}=I_1a'_{44}.$$

于是

$$a'_{44}=\frac{K_1}{I_1},$$

因此,第Ⅴ类曲面的简化方程可以写成

$$\lambda_1 x'^2+\frac{K_1}{I_1}=0.$$

**例 5.2.3**　利用不变量化简方程

$$x^2+7y^2+z^2+10xy+10yz+2xz+8x+4y+8z-6=0,$$

并指出它是什么曲面.

**解:**二次曲面的矩阵

$$A=\begin{pmatrix} 1 & 5 & 1 & 4 \\ 5 & 7 & 5 & 2 \\ 1 & 5 & 1 & 4 \\ 4 & 2 & 4 & -6 \end{pmatrix},$$

计算不变量

$$I_1=9,I_2=-36,I_3=I_4=0,$$

$$K_2=\begin{vmatrix} 1 & 5 & 4 \\ 5 & 7 & 2 \\ 4 & 2 & -6 \end{vmatrix}+\begin{vmatrix} 1 & 1 & 4 \\ 1 & 1 & 4 \\ 4 & 4 & -6 \end{vmatrix}+\begin{vmatrix} 7 & 5 & 2 \\ 5 & 1 & 4 \\ 2 & 4 & -6 \end{vmatrix}=144.$$

特征方程为

$$-\lambda^3+9\lambda^2+36\lambda=0,$$

特征根为

$$\lambda_1=12,\lambda_2=-3,\lambda_3=0.$$

又

$$\frac{K_2}{I_2}=\frac{144}{-36}=-4,$$

所以曲面的简化方程为

$$12x'^2-3y'^2-4=0,$$

该曲面是双曲柱面.

# 5.3 二次曲面的基本不变量与半不变量

## 5.3.1 二次曲面的不变量

**定义 5.3.1** 关于二次曲面 $C$：

$$\boldsymbol{x}^{\mathrm{T}}\boldsymbol{A}\boldsymbol{x}=0 \tag{5-3-1}$$

$$\boldsymbol{A}=\begin{pmatrix} a & h & g & p \\ h & b & f & q \\ g & f & c & r \\ p & q & r & d \end{pmatrix}$$

由 $\boldsymbol{A}$ 的元素构成的

$$\left.\begin{aligned} & I_1=a+b+c \\ & I_2=\begin{vmatrix} a & h \\ h & b \end{vmatrix}+\begin{vmatrix} a & g \\ g & c \end{vmatrix}+\begin{vmatrix} b & f \\ f & c \end{vmatrix} \\ & I_3=\begin{vmatrix} a & h & g \\ h & b & f \\ g & f & c \end{vmatrix} \\ & I_4=\det\boldsymbol{A} \end{aligned}\right\} \tag{5-3-2}$$

称为 $C$ 的不变量，而

$$\left.\begin{aligned}J_2&=\begin{vmatrix}a&p\\p&d\end{vmatrix}+\begin{vmatrix}b&q\\q&d\end{vmatrix}+\begin{vmatrix}c&r\\r&d\end{vmatrix}\\J_3&=\begin{vmatrix}a&h&p\\h&b&q\\p&q&d\end{vmatrix}+\begin{vmatrix}a&g&p\\g&c&r\\p&r&d\end{vmatrix}+\begin{vmatrix}b&f&q\\f&c&r\\q&r&d\end{vmatrix}\end{aligned}\right\}\tag{5-3-3}$$

称为 $C$ 的条件(半)不变量.

**定理 5.3.1**　在一般空间直角坐标变换下,二次曲面(5-3-1)按式(5-3-2)、式(5-3-3)确定的各量满足

(1) $I_1,I_2,I_3,I_4$ 是不变的;

(2)当 $I_3=I_4=0$ 时,$J_3$ 是不变的;当 $I_2=I_3=I_4=0$ 时,$J_2$ 是不变的.

**定义 5.3.2**　关于二次曲面 $C$ 用不变量所作的三次方程

$$\lambda^3-I_1\lambda^2+I_2\lambda-I_3=0\tag{5-3-4}$$

称为 $C$ 的特征方程,它的根称为 $C$ 的特征根.

**定理 5.3.2**　二次曲面 $C$ 的 3 个特征根都是实的.

**定理 5.3.3**　二次曲面 $C$ 在 $OXYZ$ 系中的标准方程可用其不变量及特征根给出如下:

Ⅰ.当 $I_3\neq0$ 时,$C$ 为中心型曲面:

$$\lambda_1X^2+\lambda_2Y^2+\lambda_3Z^2+\frac{I_4}{I_3}=0;$$

Ⅱ.当 $I_3=0,I_4\neq0$ 时,$C$ 为抛物面:

$$\lambda_1X^2+\lambda_2Y^2+2\sqrt{-\frac{I_4}{I_2}}Z=0,\lambda_2=0;$$

Ⅲ.当 $I_3=I_4=0,I_2\neq0$ 时,

$$\lambda_1X^2+\lambda_2Y^2+\frac{J_2}{I_2}=0,\lambda_3=0;$$

Ⅳ.当 $I_2=I_3=I_4=0,J_3\neq0$ 时,

$$\lambda_1X^2\pm2\sqrt{-\frac{J_3}{I_1}}Y=0,\lambda_2=\lambda_3=0;$$

Ⅴ.当 $I_2=I_3=I_4=0,J_3=0$ 时,

$$\lambda_1X^2+\frac{J_2}{I_1}=0,\lambda_2=\lambda_3=0.$$

**例 5.3.1** 求二次曲面

$$3x^2+5y^2+3z^2+2yz+2zx+2xy-4x-8z+5=0$$

的标准方程,并指出它是什么曲面.

**解:**先写出它的系数矩阵:

$$\boldsymbol{A}=\begin{pmatrix}3 & 1 & 1 & -2\\ 1 & 5 & 1 & 0\\ 1 & 1 & 3 & -4\\ -2 & 0 & -4 & 5\end{pmatrix},$$

再计算它的不变量:

$$I_1=3+5+3=11,$$

$$I_2=\begin{vmatrix}3 & 1\\ 1 & 5\end{vmatrix}+\begin{vmatrix}5 & 1\\ 1 & 3\end{vmatrix}+\begin{vmatrix}3 & 1\\ 1 & 3\end{vmatrix}=36,$$

$$I_3=\begin{vmatrix}3 & 1 & 1\\ 1 & 5 & 1\\ 1 & 1 & 3\end{vmatrix}=36,$$

$$I_4=\begin{vmatrix}3 & 1 & 1 & -2\\ 1 & 5 & 1 & 0\\ 1 & 1 & 3 & -4\\ -2 & 0 & -4 & 5\end{vmatrix}=-36,$$

其特征方程为 $\lambda^3-11\lambda^2+36\lambda-36=0$,即

$$(\lambda-2)(\lambda-3)(\lambda-6)=0.$$

解得特征根为 $\lambda_1=2,\lambda_2=3,\lambda_3=6$,最后得标准方程

$$2X^2+3Y^2+6Z^2-1=0,$$

可见二次曲面为椭球面.

**例 5.3.2** 求二次曲面

$$x^2+3y^2+z^2+2yz+2zx+2xy-2x+4y+2z+12=0$$

的标准方程,并指出它是什么曲面.

**解:**其系数矩阵

$$\boldsymbol{A}=\begin{pmatrix}1 & 1 & 1 & -1\\ 1 & 3 & 1 & 2\\ 1 & 1 & 1 & 1\\ -1 & 2 & 1 & 12\end{pmatrix}$$

不变量为

$$I_1=1+3+1=5,$$

$$I_2=\begin{vmatrix}1&1\\1&3\end{vmatrix}+\begin{vmatrix}3&1\\1&1\end{vmatrix}+\begin{vmatrix}1&1\\1&1\end{vmatrix}=4,$$

$$I_3=\begin{vmatrix}1&1&1\\1&3&1\\1&1&1\end{vmatrix}=0,$$

$$I_4=\begin{vmatrix}1&1&1&-1\\1&3&1&2\\1&1&1&1\\-1&2&1&12\end{vmatrix}=-8.$$

特征方程为

$$\lambda^3-5\lambda^2+4\lambda=0.$$

解得特征根为 $\lambda_1=1,\lambda_2=4,\lambda_3=0$.所以标准方程为

$$X^2+4Y^2\pm2\sqrt{2}Z=0$$

这是椭圆抛物面.

**例 5.3.3**　求二次曲面

$$x^2+7y^2+z^2+10yz+2zx+10xy+8x+4y+8z-6=0$$

的标准方程,并指出它是什么曲面.

**解:**先计算

$$\boldsymbol{A}=\begin{pmatrix}1&5&1&4\\5&7&5&2\\1&5&1&4\\4&2&4&-6\end{pmatrix},$$

$$I_1=9,I_2=-36,I_3=I_4=-0,$$

$$J_2=-90,J_3=144,$$

特征方程为

$$\lambda^3-9\lambda^2-36\lambda=0,$$

特征根为 $\lambda_1=12,\lambda_2=-3,\lambda_3=0$,标准方程是 $12X^2-3Y^2-4=0$,这是双曲柱面.

### 5.3.2 半不变量

下面再引入两个量,令

$$K_1=\begin{vmatrix}a_{11}&a_{14}\\a_{14}&a_{44}\end{vmatrix}+\begin{vmatrix}a_{22}&a_{24}\\a_{24}&a_{44}\end{vmatrix}+\begin{vmatrix}a_{33}&a_{34}\\a_{34}&a_{44}\end{vmatrix},$$

$$K_2=\begin{vmatrix}a_{11}&a_{12}&a_{14}\\a_{12}&a_{22}&a_{24}\\a_{13}&a_{23}&a_{34}\end{vmatrix}+\begin{vmatrix}a_{11}&a_{13}&a_{14}\\a_{13}&a_{33}&a_{34}\\a_{14}&a_{34}&a_{44}\end{vmatrix}+\begin{vmatrix}a_{22}&a_{23}&a_{24}\\a_{23}&a_{33}&a_{34}\\a_{24}&a_{34}&a_{44}\end{vmatrix}.$$

$K_1$ 的三项是 $I_1$ 的三项添上两条“边”而成的三个 2 阶行列式,$K_2$ 的三项是 $I_2$ 的三项(均为 2 阶行列式)添上两条“边”而成的三个 3 阶行列式.以上添加的两条“边”的元素是矩阵 $\boldsymbol{A}$ 中的第四行和第四列的对应元素.

**定理 5.3.4** $K_1$ 与 $K_2$ 在转轴变换下不变,称为半不变量.

**证明:**设二次曲面方程

$$F(x,y,z)=(\boldsymbol{x}^{\mathrm{T}}\quad 1)\boldsymbol{A}\begin{pmatrix}\boldsymbol{x}\\1\end{pmatrix}=0$$

经转轴变换 $\boldsymbol{x}=T\boldsymbol{x}'$变为

$$F'(x',y',z')=(\boldsymbol{x}'^{\mathrm{T}}\quad 1)\boldsymbol{A}'\begin{pmatrix}\boldsymbol{x}'\\1\end{pmatrix}=0,$$

需证 $K_1'=K_1,K_2'=K_2$.我们构作新的二次曲面方程

$$G(x,y,z)=F(x,y,z)-\lambda(x^2+y^2+z^2)=0,$$

其中 $\lambda$ 为任意实数.注意在转轴变换下,

$$x^2+y^2+z^2=x'^2+y'^2+z'^2,$$

因此 $G(x,y,z)=0$ 经转轴变为

$$G'(x',y',z')=F'(x',y',z')-\lambda(x'^2+y'^2+z'^2)=0.$$

据定理 5.3.4,$I_4$ 是不变量,故

$$I_4(G')=I_4(G),$$

即

$$\begin{vmatrix}a_{11}'-\lambda&a_{12}'&a_{13}'&a_{14}'\\a_{12}'&a_{22}'-\lambda&a_{23}'&a_{24}'\\a_{13}'&a_{23}'&a_{33}'-\lambda&a_{34}'\\a_{14}'&a_{24}'&a_{34}'&a_{44}'\end{vmatrix}=\begin{vmatrix}a_{11}-\lambda&a_{12}&a_{13}&a_{14}\\a_{12}&a_{22}-\lambda&a_{23}&a_{24}\\a_{13}&a_{23}&a_{33}-\lambda&a_{34}\\a_{14}&a_{24}&a_{34}&a_{44}\end{vmatrix}.$$

将上式两边展开,经计算得

$$-a'_{44}\lambda^3+K'_1\lambda^2-K'_2\lambda+|A'|=-a_{44}\lambda^3+K_1\lambda^2-K_2\lambda+|A|,$$

这是关于 $\lambda$ 的恒等式.已知 $a'_{44}=a_{44}$,$|A'|=|A|$.比较 $\lambda$ 的一次项和二次项系数,便得到

$$K'_1=K_1,K'_2=K_2.$$

**定义 5.3.3**　关于二次曲面 $\Sigma$ 用不变量所作的三次方程

$$\lambda^3-I_1\lambda^2+I_2\lambda+I_3=0$$

称为 $\Sigma$ 的特征方程,它的根称为 $\Sigma$ 的特征根.

**定理 5.3.5**　二次曲面 $\Sigma$ 的 3 个特征根都是实的.

**定理 5.3.6**　二次曲面 $\Sigma$ 在 $Oxyz$ 系中的标准方程可用其不变量及特征根给出如下:

(1)当 $I_3\neq 0$ 时,$\Sigma$ 为中心型曲面:

$$\lambda_1x^2+\lambda_2y^2+\lambda_3z^2+\frac{I_4}{I_3}=0;$$

(2)当 $I_3=0,I_4\neq 0$ 时,$\Sigma$ 为抛物面:

$$\lambda_1x^2+\lambda_2y^2\pm 2\sqrt{-\frac{I_4}{I_2}}z=0,\lambda_3=0;$$

(3)当 $I_3=I_4=0,I_2\neq 0$ 时,

$$\lambda_1x^2+\lambda_2y^2+\frac{I_3}{2}=0,\lambda_3=0;$$

(4)当 $I_2=I_3=I_4=0,K_2\neq 0$ 时,

$$\lambda_1x^2\pm 2\sqrt{-\frac{K_2}{I_1}}y=0,\lambda_2=\lambda_3=0;$$

(5)当 $I_2=I_3=I_4=0,K_2=0$ 时,

$$I_1x^2+\frac{K_1}{I_1}=0,\lambda_2=\lambda_3=0.$$

**例 5.3.4**　求二次曲面

$$3x^2+5y^2+3z^2+2yz+2zx+2xy-4x-8z+5=0$$

的标准方程,并指出它是什么曲面.

**解:**先写出它的系数矩阵:

$$A=\begin{vmatrix}3&1&1&-2\\1&5&1&0\\1&1&3&-4\\-2&0&-4&5\end{vmatrix}.$$

再计算它的不变量：

$$I_1=3+5+3=11,$$

$$I_2=\begin{vmatrix}3&1\\1&5\end{vmatrix}+\begin{vmatrix}5&1\\1&3\end{vmatrix}+\begin{vmatrix}3&1\\1&3\end{vmatrix}=36,$$

$$I_3=\begin{vmatrix}3&1&1\\1&5&1\\1&1&3\end{vmatrix}=36,$$

$$I_4=\begin{vmatrix}3&1&1&-2\\1&5&1&0\\1&1&3&-4\\-2&0&-4&5\end{vmatrix}.$$

其特征方程为

$$\lambda^3-11\lambda^2+36\lambda-36=0,$$

即

$$\lambda^3-11\lambda^2+36\lambda-36=0,$$

解得特征根为

$$\lambda_1=2,\lambda_2=3,\lambda_3=6.$$

最后得标准方程

$$2x^2+3y^2+6z^2-1=0,$$

可见二次曲面为椭球面.

## 5.4 二次曲面的中心与渐近方向

### 5.4.1 二次曲面的渐近方向

**定义 5.4.1** 满足条件 $\Phi(X,Y,Z)=0$ 的方向 $X:Y:Z$ 叫作二次曲面的渐近方向，否则叫作非渐近方向.

根据这个定义，如果给定二次曲面 $\Sigma$：

$$\Sigma:F(x,y,z)=a_{11}x^2+a_{22}y^2+a_{33}z^2+2a_{12}xy+2a_{13}xz+2a_{23}yz+2a_{14}x+2a_{24}y+2a_{34}z+a_{44}=0 \tag{5-4-1}$$

与直线 $L$：

$$L:\begin{cases}x=x_0+Xt,\\ y=y_0+Yt,\\ z=z_0+Zt,\end{cases}\tag{5-4-2}$$

那么当 $X:Y:Z$ 为曲面 $\Sigma$ 的非渐近方向时，直线 $L$ 与曲面 $\Sigma$ 总有两个交点；当 $X:Y:Z$ 为曲面 $\Sigma$ 的渐近方向时，直线 $L$ 与曲面 $\Sigma$ 或者只有一交点，或者没有交点，或者整条直线在曲面上.

现在我们考虑通过任意给定的点 $(x_0,y_0,z_0)$ 且以曲面 $\Sigma$ 的任意渐近方向 $X:Y:Z$ 为方向的直线 $L$，因为渐近方向 $X:Y:Z$ 满足条件

$$\Phi(X,Y,Z)=0,\tag{5-4-3}$$

所以过点 $(x_0,y_0,z_0)$ 且以渐近方向 $X:Y:Z$ 为方向的一切直线上的点的轨迹是曲面

$$\Phi(x-x_0,y-y_0,z-z_0)=0,$$

即

$$\begin{aligned}a_{11}(x-x_0)^2&+a_{22}(y-y_0)^2+a_{33}(z-z_0)^2+2a_{12}(x-x_0)(y-y_0)\\&+2a_{13}(x-x_0)(z-z_0)+2a_{23}(y-y_0)(z-z_0)\\&+2a_{14}(x-x_0)+2a_{24}(y-y_0)+2a_{34}(z-z_0)+a_{44}=0.\end{aligned}$$

这是一个关于 $x-x_0,y-y_0,z-z_0$ 的二次齐次方程，所以它是一个以 $(x_0,y_0,z_0)$ 为顶点的锥面，锥面上每一条母线的方向，都是二次曲面的渐近方向. 显然，过锥面顶点的非母线的方向都是二次曲面的非渐近方向.

## 5.4.2　二次曲面的中心

**定义 5.4.2**　点 $C$ 叫作二次曲面 $S$ 的中心，如果 $S$ 上任意点 $M_1$ 关于点 $C$ 的对称点 $M_2$ 仍在曲面 $S$ 上.

**定理 5.4.1**　设二次曲面 $S$ 的方程为式(5-4-1)，则点 $C(x_0,y_0,z_0)$ 是曲面 $S$ 的中心当且仅当

$$\begin{cases}F_1(x_0,y_0,z_0)=a_{11}x_0+a_{12}y_0+a_{13}z_0+a_{14}=0\\ F_2(x_0,y_0,z_0)=a_{12}x_0+a_{22}y_0+a_{23}z_0+a_{24}=0.\\ F_3(x_0,y_0,z_0)=a_{13}x_0+a_{23}y_0+a_{33}z_0+a_{34}=0\end{cases}$$

**证明:**设点 $C(x_0,y_0,z_0)$ 是二次曲面 $S$ 的中心,则过点 $C$,以任意非渐近方向 $X:Y:Z$ 为方向的直线(5-4-2)与曲面 $S$ 交于两点 $M_1$ 和 $M_2$.设 $M_i$ 对应的参数为 $t_i$,$i=1,2$.因为 $C$ 为 $S$ 的中心,所以 $C$ 为线段 $M_1M_2$ 的中点,于是 $t_1+t_2=0$.由方程(5-4-3)及韦达定理便得到

$$XF_1(x_0,y_0,z_0)+YF_2(x_0,y_0,z_0)+ZF_3(x_0,y_0,z_0)=0. \tag{5-4-4}$$

因为式(5-4-1)对曲面 $S$ 的任意非渐近方向 $X:Y:Z$ 皆成立,故有

$$F_1(x_0,y_0,z_0)=0,F_2(x_0,y_0,z_0)=0,F_3(x_0,y_0,z_0)=0.$$

反之,适合上面三式的点 $(x_0,y_0,z_0)$ 必为曲面 $S$ 的一个中心.特别注意的是,坐标原点是二次曲面中心的充要条件是曲面方程不含 $x$,$y$ 及 $z$ 的一次项.

由定理 5.4.1,二次曲面 $S$ 的中心坐标是下列方程组

$$\begin{cases}F_1(x,y,z)=a_{11}x+a_{12}y+a_{13}z+a_{14}=0\\F_2(x,y,z)=a_{12}x+a_{22}y+a_{23}z+a_{24}=0\\F_3(x,y,z)=a_{13}x+a_{23}y+a_{33}z+a_{34}=0\end{cases} \tag{5-4-5}$$

的解,该方程组叫作二次曲面 $S$ 的中心方程组.它的系数矩阵与增广矩阵分别为 $\boldsymbol{A}^*=(a_{ij})_{1\leqslant i,j\leqslant 3}$ 和 $\boldsymbol{B}=(\boldsymbol{A}^*\ -\boldsymbol{a})$,这里 $\boldsymbol{a}^{\mathrm{T}}=(a_{14},a_{24},a_{34})$.记它们的秩分别为 $r(\boldsymbol{A}^*)$ 与 $r(\boldsymbol{B})$,那么

(1)当 $r(\boldsymbol{A}^*)=r(\boldsymbol{B})=3$,即 $I_3\neq 0$ 时,方程组(5-4-5)有唯一解,因而曲面 $S$ 有唯一中心,称为中心二次曲面.

(2)当 $r(\boldsymbol{A}^*)=r(\boldsymbol{B})=2$ 时,方程组(5-4-5)的解组成一条直线,这条直线上的点都是曲面 $S$ 的中心.该直线称为 $S$ 的中心直线,$S$ 叫作线心二次曲面.

(3)当 $r(\boldsymbol{A}^*)=r(\boldsymbol{B})=1$ 时,方程组(5-4-5)的解构成一个平面,此平面上的每一个点都是 $S$ 的中心,因此这一平面叫作 $S$ 的中心平面,$S$ 叫作面心二次曲面.

(4)当 $r(\boldsymbol{A}^*)\neq r(\boldsymbol{B})$ 时,方程组(5-4-5)无解,曲面 $S$ 没有中心,称它为无心二次曲面.

二次曲面中的线心曲面、面心曲面及无心曲面统称为非中心二次曲面.

**推论 5.4.1**　二次曲面为中心曲面的充要条件是 $I_3\neq 0$；二次曲面为非中心曲面的充要条件是 $I_3=0$.

不难看出椭球面

$$\frac{x^2}{a^2}+\frac{y^2}{b^2}+\frac{z^2}{c^2}=1$$

单叶及双叶双曲面

$$\frac{x^2}{a^2}+\frac{y^2}{b^2}-\frac{z^2}{c^2}=\pm 1$$

都是中心二次曲面，而且中心均为点 $O(0,0,0)$.椭圆与双曲抛物面

$$\frac{x^2}{a^2}\pm\frac{y^2}{b^2}=2z$$

是非中心曲面，因 $I_3=0$.又因为 $F_3(x,y,z)=-1\neq 0$，所以抛物面没有中心，属于无心曲面.椭圆与双曲柱面

$$\frac{x^2}{a^2}\pm\frac{y^2}{b^2}=c^2,c\neq 0,$$

显然 $I_3=0$.中心方程组的解为 $x=0,y=0$，因此中心构成直线，即 $z$ 轴，故这两种柱面都是线心曲面.

**定义 5.4.3**　通过中心二次曲面的中心并具有渐近方向的直线称为渐近线.以二次曲面的中心为顶点的渐近方向锥面叫作二次曲面的渐近锥面.

**例 5.4.1**　设

$$F(x,y,z)=a_{11}x^2+a_{22}y^2+a_{33}z^2+2a_{12}xy+2a_{13}xz+2a_{23}yz$$
$$+2a_{14}x+2a_{24}y+2a_{34}z+a_{44}=0 \qquad (5\text{-}4\text{-}6)$$

为中心二次曲面，则以中心 $C(x_0,y_0,z_0)$ 为新原点作移轴变换，方程(5-4-6)可以化为

$$\Phi(x',y',z')+\frac{I_4}{I_3}=0,$$

这里 $\Phi(x',y',z')$ 为 $F(x,y,z)$ 的二次项部分.

**证明：**以 $C(x_0,y_0,z_0)$ 为新原点作平移

$$\begin{cases}x=x'+x_0\\ y=y'+y_0\\ z=z'+z_0\end{cases}$$

将 $F(x,y,z)=0$ 变为 $F(x',y',z')=0$.在移轴变换下，二次项系数不

变，一次项系数 $a_{14}, a_{24}, a_{34}$ 分别变为 $F_1(x_0,y_0,z_0), F_2(x_0,y_0,z_0)$，$F_3(x_0,y_0,z_0)$，常数项 $a_{44}$ 变为 $F(x_0,y_0,z_0)$.由于 $(x_0,y_0,z_0)$ 为曲面的中心，所以

$$\begin{cases} F_1(x_0,y_0,z_0)=a_{11}x_0+a_{12}y_0+a_{13}z_0+a_{14}=0, \\ F_2(x_0,y_0,z_0)=a_{12}x_0+a_{22}y_0+a_{23}z_0+a_{24}=0, \\ F_3(x_0,y_0,z_0)=a_{13}x_0+a_{23}y_0+a_{33}z_0+a_{34}=0. \end{cases} \tag{5-4-7}$$

又

$$\begin{aligned} F(x_0,y_0,z_0) &= x_0F_1(x_0,y_0,z_0)+y_0F_2(x_0,y_0,z_0) \\ &\quad +z_0F_3(x_0,y_0,z_0)+F_4(x_0,y_0,z_0) \\ &= a_{14}x_0+a_{24}y_0+a_{34}z_0+a_{44}, \end{aligned}$$

所以

$$F(x',y',z')=\Phi(x',y',z')+a_{14}x_0+a_{24}y_0+a_{34}z_0+a_{44}=0. \tag{5-4-8}$$

由式(5-4-7)与式(5-4-8)消去 $x_0, y_0, z_0$，得到

$$\begin{vmatrix} a_{11} & a_{12} & a_{13} & a_{14} \\ a_{12} & a_{22} & a_{23} & a_{24} \\ a_{13} & a_{23} & a_{33} & a_{34} \\ a_{14} & a_{24} & a_{34} & \Phi(x',y',z')+a_{44} \end{vmatrix}=0,$$

即

$$\begin{vmatrix} a_{11} & a_{12} & a_{13} & 0 \\ a_{12} & a_{22} & a_{23} & 0 \\ a_{13} & a_{23} & a_{33} & 0 \\ a_{14} & a_{24} & a_{34} & \Phi(x',y',z') \end{vmatrix}+\begin{vmatrix} a_{11} & a_{12} & a_{13} & a_{14} \\ a_{12} & a_{22} & a_{23} & a_{24} \\ a_{13} & a_{23} & a_{33} & a_{34} \\ a_{14} & a_{24} & a_{34} & a_{44} \end{vmatrix}=0.$$

因为 $F(x,y,z)=0$ 表中心二次曲面，$I_3\neq 0$，因此方程(5-4-6)通过移轴化简成

$$\Phi(x',y',z')+\frac{I_4}{I_3}=0.$$

由此立即得到：$F(x,y,z)=0$ 表二次锥面(实或虚)的充要条件是，$I_3\neq 0$，$I_4=0$.

注：对于中心二次曲面，可以中心为新原点，先作平移消去一次项，再作转轴消去交叉项.按此法实施坐标变换来化简方程可减少计算量.

# 5.5　二次曲面的径面、主径面与主方向

## 5.5.1　二次曲面的径面与奇向

像二次曲线的直径一样，现在我们来讨论二次曲面 $\Sigma$

$$\Sigma: F(x,y,z)=a_{11}x^2+a_{22}y^2+a_{33}z^2+2a_{12}xy+2a_{13}xz+2a_{23}yz$$
$$+2a_{14}x+2a_{24}y+2a_{34}z+a_{44}=0$$

的平行弦的中点轨迹.

**定理 5.5.1**　二次曲面一族平行弦的中点轨迹是一个平面.

**证明**：设 $X:Y:Z$ 为二次曲面的任意一个非渐近方向，而 $(x_0,y_0,z_0)$ 为平行于方向 $X:Y:Z$ 的任意弦的中点，那么弦的方程可以写成

$$\begin{cases}x=x_0+Xt,\\ y=y_0+Yt,\\ z=z_0+Zt,\end{cases}$$

而弦的两端点是由二次方程

$$\Phi(x,y,z)t^2+2[XF_1(x_0,y_0,z_0)+YF_2(x_0,y_0,z_0)$$
$$+ZF_3(x_0,y_0,z_0)]+F(x_0,y_0,z_0)=0$$

的两根 $t_1$ 与 $t_2$ 所决定，因为 $(x_0,y_0,z_0)$ 为弦的中点的充要条件是

$$t_1+t_2=0,$$

即

$$XF_1(x_0,y_0,z_0)+YF_2(x_0,y_0,z_0)+ZF_3(x_0,y_0,z_0)=0,$$

所以把上式的 $(x_0,y_0,z_0)$ 改写成 $(x,y,z)$，便得平行弦中点的轨迹方程为

$$XF_1(x,y,z)+YF_2(x,y,z)+ZF_3(x,y,z)=0,\quad (5\text{-}5\text{-}1)$$

即

$$X(a_{11}x+a_{12}y+a_{13}z+a_{14})+Y(a_{12}x+a_{22}y+a_{23}z+a_{24})$$
$$+Z(a_{13}x+a_{23}y+a_{33}z+a_{34})=0,$$

或

$$(a_{11}X+a_{12}Y+a_{13}Z)x+(a_{12}X+a_{22}Y+a_{23}Z)y+(a_{13}X+a_{23}Y+a_{13}Z)z$$
$$+(a_{14}X+a_{24}Y+a_{34}Z)=0,$$

即

$$\Phi_1(X,Y,Z)x+\Phi_2(X,Y,Z)y+\Phi_3(X,Y,Z)z+\Phi_4(X,Y,Z)=0. \quad (5\text{-}5\text{-}2)$$

因为 $X:Y:Z$ 为非渐近方向,所以有

$$\Phi(X,Y,Z)=X\Phi_1(X,Y,Z)+Y\Phi_2(X,Y,Z)+Z\Phi_3(X,Y,Z)\neq 0,$$

因此 $\Phi_1(X,Y,Z)$,$\Phi_2(X,Y,Z)$,$\Phi_3(X,Y,Z)$ 不全为零,所以式(5-5-1)或式(5-5-2)为一个三元一次方程,它代表一个平面.

**定义 5.5.1** 二次曲面的平行弦的中点轨迹,就是式(5-5-1)或式(5-5-2)所代表的平面,叫作共轭于平行弦的径面,而平行弦叫作这个径面的共轭弦,平行弦的方向叫作这个径面的共轭方向.

从二次曲面 $\Sigma$ 的径面方程(5-5-1)容易看出,如果二次曲面有中心,那么它一定在任何一个径面上,所以有:

**定理 5.5.2** 二次曲面的任何径面一定通过它的中心(假如曲面的中心存在的话).

**推论 5.5.1** 线心二次曲面的任何径面通过它的中心线.

**推论 5.5.2** 面心二次曲面的径面与它的中心平面重合.

如果方向 $X:Y:Z$ 为二次曲面的渐近方向,那么平行于它的弦不存在.假若 $\Phi_i(X,Y,Z)\,(i=1,2,3)$ 不全为零,那么方程(5-5-2)仍表示一个平面.为方便起见,我们把这个平面叫作共轭于渐近方向 $X:Y:Z$ 的径面.

**定义 5.5.2** 假如二次曲面的渐近方向 $X:Y:Z$ 满足条件

$$\begin{cases}\Phi_1(X,Y,Z)=0,\\ \Phi_2(X,Y,Z)=0,\\ \Phi_3(X,Y,Z)=0,\end{cases} \quad (5\text{-}5\text{-}3)$$

那么 $X:Y:Z$ 叫作二次曲面的奇异方向,简称为奇向.为了方便起见,我们把奇向也叫作主方向.

这时,方程(5-5-2)不表示任何平面,因此无共轭于奇向的径面可言.

由(5-5-3)式以及齐次线性方程组有非零解的条件易得下列命题.

**推论 5.5.3** 二次曲面有奇向的充要条件是 $I_3=0$.由此可知,只有

中心二次曲面才没有奇向.

**推论 5.5.4**　二次曲面 $S$ 的奇向平行于 $S$ 的任意径面.

**证明**:设 $X_0:Y_0:Z_0$ 是 $S$ 的奇向,则 $\Phi_i(X_0,Y_0,Z_0)=0(i=1,2,3)$. 任取 $S$ 的一个径面

$\pi$: $\Phi_1(X,Y,Z)x+\Phi_2(X,Y,Z)y+\Phi_3(X,Y,Z)z+\Phi_4(X,Y,Z)=0$.

因为

$$\begin{aligned}&X_0\Phi_1(X,Y,Z)+Y_0\Phi_2(X,Y,Z)+Z_0\Phi_3(X,Y,Z)\neq 0\\=&X_0(a_{11}X+a_{12}Y+a_{13}Z)+Y_0(a_{12}X+a_{22}Y+a_{23}Z)\\&+Z_0(a_{13}X+a_{23}Y+a_{13}Z)\\=&X(a_{11}X_0+a_{12}Y_0+a_{13}Z_0)+Y(a_{12}X_0+a_{22}Y_0+a_{23}Z_0)\\&+Z(a_{13}X_0+a_{23}Y_0+a_{13}Z_0)\\=&X\Phi_1(X_0,Y_0,Z_0)+Y\Phi_2(X_0,Y_0,Z_0)+Z\Phi_3(X_0,Y_0,Z_0)=0,\end{aligned}$$

所以二次曲面的奇向平行于 $S$ 的任意径面.

**例 5.5.1**　求椭圆抛物面$\frac{x^2}{a^2}\pm\frac{y^2}{b^2}=2z$ 的径面.

**解**:椭圆抛物面是无心曲面,所以它有奇向.因为

$$\Phi_1(X,Y,Z)=\frac{X}{a^2},\Phi_2(X,Y,Z)=\frac{Y}{b^2},\Phi_3(X,Y,Z)=0,$$

因此奇向为 $0:0:1$.任取非奇方向 $X:Y:Z$.由于函 $\Phi_4(X,Y,Z)=-Z$,所以共轭于方向 $X:Y:Z$ 的径面方程为

$$\frac{X}{a^2}x+\frac{Y}{b^2}y-Z=0,$$

显然它平行于奇向 $0:0:1$.

现在我们来讨论一类重要的径面.

**定义 5.5.2**　如果二次曲面的径面垂直于它所共轭的方向,那么这个径面就叫作二次曲面的主径面.

显然主径面是二次曲面的对称平面.下面介绍如何求二次曲面的主径面.

假设平面 $\pi$ 是二次曲面 $S$ 的主径面,它所共轭的方向为 $X:Y:Z$. 依式(5-5-2),$\pi$ 的方程为

$$\Phi_1(X,Y,Z)x+\Phi_2(X,Y,Z)y+\Phi_3(X,Y,Z)z+\Phi_4(X,Y,Z)=0.$$

因为 $X:Y:Z$ 与平面 $\pi$ 垂直,因而与 $\pi$ 的法向$(\Phi_1(X,Y,Z),\Phi_2(X,Y,Z),\Phi_3(X,Y,Z))$共线,于是有

$$\frac{\Phi_1(X,Y,Z)}{X}=\frac{\Phi_2(X,Y,Z)}{Y}=\frac{\Phi_3(X,Y,Z)}{Z},$$

令比值为 $\lambda$，则

$$\begin{cases}\Phi_1(X,Y,Z)=\lambda X,\\ \Phi_2(X,Y,Z)=\lambda Y,\\ \Phi_3(X,Y,Z)=\lambda Z,\end{cases}$$

写成矩阵形式，有

$$A^*\begin{pmatrix}X\\Y\\Z\end{pmatrix}=\lambda\begin{pmatrix}X\\Y\\Z\end{pmatrix}.$$

注意 $\Phi_i(X_0,Y_0,Z_0)(i=1,2,3)$ 不全为零，因此 $\lambda\neq0$. 由此可知，$X:Y:Z$ 是对应于二次曲面非零特征根 $\lambda$ 的一个主方向，并且 $X:Y:Z$ 还是曲面 $S$ 的一个非渐近方向，这是因为

$$\begin{aligned}\Phi(X,Y,Z)&=X\Phi_1(X,Y,Z)+Y\Phi_2(X,Y,Z)+Z\Phi_3(X,Y,Z)\\&=\lambda(X^2+Y^2+Z^2)\neq0.\end{aligned}$$

由于二次曲面的三个特征根不全为零，因此我们有：

**推论 5.5.5** 二次曲面至少有一个主径面.

实际上，二次曲面的奇向是对应于特征根为零的主方向. 于是我们可以给出二次曲面主方向这一概念的一个等价说法：二次曲面的主方向或为二次曲面的主径面的法向，或为二次曲面的奇向.

## 5.5.2 二次曲面的主径面与主方向

**定义 5.5.3** 如果二次曲面的径面垂直于它所共轭的方向，那么这个径面就叫作二次曲面的主径面.

实际上，主径面垂直于所平分的一组弦，是二次曲面的对称平面.

设 $X:Y:Z$ 为二次曲面(5-5-1)的非渐近方向，与它共轭的径面是(5-5-2)，如果它是主径面，必须 $X:Y:Z$ 与径面(5-5-2)垂直，也就是与径面方程中 $X,Y,Z$ 的系数 $\Phi_1(X,Y,Z)$，$\Phi_2(X,Y,Z)$，$\Phi_3(X,Y,Z)$ 成比例，即存在不为零的数 $\lambda$，使

$$\begin{cases}a_{11}X+a_{12}Y+a_{13}Z=\lambda X\\ a_{12}X+a_{22}Y+a_{23}Z=\lambda Y\\ a_{13}X+a_{23}Y+a_{33}Z=\lambda Z\end{cases}\tag{5-5-4}$$

或写成

$$\begin{cases}(a_{11}-\lambda)X+a_{12}Y+a_{13}Z=0\\a_{12}X+(a_{22}-\lambda)Y+a_{23}Z=0\\a_{13}X+a_{23}Y+(a_{33}-\lambda)Z=0\end{cases}\tag{5-5-5}$$

这是一个关于 $X,Y,Z$ 的齐次线性方程组,有非零解的充要条件是

$$\begin{vmatrix}a_{11}-\lambda & a_{12} & a_{13}\\a_{21} & a_{22}-\lambda & a_{23}\\a_{13} & a_{23} & a_{33}-\lambda\end{vmatrix}=0\tag{5-5-6}$$

即

$$\lambda^3-I_1\lambda^2+I_2\lambda-I_3=0\tag{5-5-7}$$

这里 $I_1,I_2,I_3$ 是我们本章引进的记号.方程(5-5-6)或(5-5-7)叫作二次曲面的特征方程,特征方程的根叫作二次曲面的特征根.对应于特征根 $\lambda$,由方程组(5-5-5)解得的非零解 $X,Y,Z$ 所确定的向量,它的方向叫作主方向.

因此,整个问题变成讨论特征方程中有没有不为零的实根.当 $\lambda=0$ 时,与它相应的主方向为二次曲面的奇向;当 $\lambda\neq0$ 时,与它对应的主方向为非奇主方向,将非奇主方向 $X:Y:Z$ 代入方程组(5-5-4)或(5-5-5)就得到共轭于这个非奇主方向的主径面.

**例 5.5.2**　求二次曲面

$$2x^2+10y^2-2z^2+12xy+8y+12x+4y+8z-1=0$$

的主方向与主径面.

**解:**这个二次曲面的矩阵是

$$\begin{pmatrix}2 & 6 & 0 & 6\\6 & 10 & 4 & 2\\0 & 4 & -2 & 4\\6 & 2 & 4 & -1\end{pmatrix}$$

$$I_1=10,I_2=-56,I_3=0$$

故二次曲面的特征方程为 $\lambda^3-10\lambda^2+56\lambda=0$,解得特征根为 $\lambda=0,14,-4$.

(1)将 $\lambda=0$ 代入方程组(5-5-5),得

$$\begin{cases}2X+6Y=0\\6X+10Y+4Z=0\\4Y-2Z=0\end{cases}$$

解得相应的主方向 $X:Y:Z=-3:1:2$.这一主方向是奇向,它没有共轭主径面.

(2)将 $\lambda=14$ 代入方程组(5-5-5),得

$$\begin{cases}-12X+6Y=0\\6X-4Y+4Z=0\\4Y-16Z=0\end{cases}$$

解得相应的主方向 $X:Y:Z=2:4:1$,与之共轭的主径面方程为 $14X+28Y+7Z+12=0$.

(3)将 $\lambda=-4$ 代入(5-5-5)得.

$$\begin{cases}6X+6Y=0\\6X+14Y+4Z=0\\4Y+2Z=0\end{cases}$$

解得相应的主方向 $X:Y:Z=1:(-1):2$ 与之共轭的主径面方程为 $x-y+2z-3=0$.

下面介绍二次曲面特征根的几个重要性质.

**定理 5.5.3** 任意二次曲 面都有非零特征根,因而二次曲面总有一个非奇主方向.

**证明:**如果特征方程(5-5-7)的三个特征根为零,则 $I_1=0,I_2=0,I_3=0$.从而有

$$I_1^2-2I_2=a_{11}^2+a_{22}^2+a_{33}^2+a_{12}^2+a_{13}^2+a_{23}^2=0$$

因而得

$$a_{11}=a_{22}=a_{33}=a_{12}=a_{13}=a_{23}=0$$

于是二次曲面(5-5-1)将不含二次项而变成

$$2a_{14}x+2a_{24}y+2a_{34}z+a_{44}=0$$

这样便不成为二次方程与二次曲面定义矛盾.故所证成立.

**定理 5.5.4** 二次曲面的特征根都是实数.

**证明:**设 $\lambda=a+bi$ 是特征方程(5-5-7)的一特征根.因为式(5-5-7)的系数都是实数,两边取共轭复数,则得

$$\bar{\lambda}^3-I_1\bar{\lambda}^2+I_2\bar{\lambda}-I_3=0$$

所以共轭复数 $\bar{\lambda}=a-bi$ 也为一特征根.

设 $X,Y,Z$ 是对应于 $\lambda$ 的方程组(5-5-4)的任一组非零解,即适合

$$\begin{cases}\Phi_1(X,Y,Z)=\lambda X\\ \Phi_2(X,Y,Z)=\lambda Y\\ \Phi_3(X,Y,Z)=\lambda Z\end{cases} \tag{5-5-8}$$

而共轭复数 $\bar{\lambda}$ 对应的主方向 $X,Y,Z$,显然适合

$$\begin{cases}\Phi_1(\bar{X},\bar{Y},\bar{Z})=\bar{\lambda}\bar{X}\\ \Phi_2(\bar{X},\bar{Y},\bar{Z})=\bar{\lambda}\bar{Y}\\ \Phi_3(\bar{X},\bar{Y},\bar{Z})=\bar{\lambda}\bar{Z}\end{cases} \tag{5-5-9}$$

把方程组(5-5-8)中各式分别乘以 $\bar{X},\bar{Y},\bar{Z}$,并相加得

$$\Phi_1(X,Y,Z)\bar{X}+\Phi_2(X,Y,Z)\bar{Y}+\Phi_3(X,Y,Z)\bar{Z}=\lambda(X\bar{X}+Y\bar{Y}+Z\bar{Z})$$

同样把方程组(5-4-6)中各式分别乘,$X,Y,Z$,并相加得

$$\Phi_1(\bar{X},\bar{Y},\bar{Z})X+\Phi_2(\bar{X},\bar{Y},\bar{Z})Y+\Phi_3(\bar{X},\bar{Y},\bar{Z})Z=\bar{\lambda}(X\bar{X}+Y\bar{Y}+Z\bar{Z})$$

由定理5-5-4的证明过程知上两式左边完全一样,故把两等式相减得

$$(\lambda-\bar{\lambda})(X\bar{X}+Y\bar{Y}+Z\bar{Z})=0 \tag{5-5-10}$$

因

$$X\bar{X}+Y\bar{Y}+Z\bar{Z}>0$$

所以

$$\lambda-\bar{\lambda}=(a+bi)-(a-bi)=2bi=0$$

即 $b=0$,所以 $\lambda$ 应为实数.

**推论 5.5.6** 二次曲面至少有一实的主径面.

**例 5.5.3** 求二次曲面 $x^2+y^2-2xy+2x-4y-2z+3=0$ 的主方向和主径面.

**解:**这个二次曲面的矩阵是

$$\begin{pmatrix}1&-1&0&1\\-1&1&0&-2\\0&0&0&-1\\1&-2&-1&3\end{pmatrix}$$

$$I_1=2,I_2=0,I_3=0$$

二次曲面的特征方程为

$$\lambda^3-2\lambda^2=0$$

所以特征根为 $\lambda_1=2,\lambda_2=\lambda_3=0$.

(1)对于 $\lambda_1=2$ 所对应的主方向,满足方程组

$$\begin{cases}-X-Y=0\\-X-Y=0\\-2Z=0\end{cases}$$

故得主方向为 1∶−1∶0.与之共轭的主径面为 $2x-2y+3=0$.

(2)$\lambda_2=\lambda_3=0$ 是重根,对应的主方向,由方程组

$$\begin{cases}X-Y=0\\-X+Y=0\end{cases}$$

所确定,凡平行于平面 $x-y=0$ 的方向,都是主方向(奇向).它没有共轭主径面.

## 5.6 二次曲面的切线和切平面

本节对二次曲面与直线的相关位置中的两种情形继续讨论.

假定二次曲面 $S$ 的方程为

$$F(x,y,z)=a_{11}x^2+a_{22}y^2+a_{33}z^2+2a_{12}xy+2a_{13}xz+2a_{23}yz+2a_{14}x+2a_{24}y+2a_{34}z+a_{44}=0,$$

过点 $P_0(x_0,y_0,z_0)\in S$,以 $X:Y:Z$ 为方向的直线 $l$ 的方程为

$$\begin{cases}x=x_0+Xt\\y=y_0+Yt\\z=z_0+Zt\end{cases}\tag{5-6-1}$$

如果直线 $l$ 与曲面 $S$ 有两个相重的实交点,我们把 $l$ 叫作 $S$ 的一条切线,重合交点 $P_0$ 称为切点.此时 $X:Y:Z$ 为曲面 $S$ 的非渐近方向.倘若 $X:Y:l$ 为 $S$ 的渐近方向,且 $l$ 整个在曲面 $S$ 上,即 $l$ 为 $S$ 的一条母线,这时也把直线 $l$ 叫作曲面 $S$ 的一条切线,$l$ 上的每一点都可看作切点.而 $z$ 与 $S$ 有两个重合实交点当且仅当

$$\Phi(X,Y,Z)\neq0,XF_1(x_0,y_0,z_0)+XF_2(x_0,y_0,z_0)+XF_3(x_0,y_0,z_0)=0,$$

$l$ 在 $S$ 上当且仅当

$$\Phi(X,Y,Z)=0,XF_1(x_0,y_0,z_0)+XF_2(x_0,y_0,z_0)+XF_3(x_0,y_0,z_0)=0,$$

因此过点 $P_0\in S$ 的直线 $l$ 是曲面 $S$ 的切线当且仅当

$$XF_1(x_0,y_0,z_0)+XF_2(x_0,y_0,z_0)+XF_3(x_0,y_0,z_0)=0 \tag{5-6-2}$$

下面假定 $F_i(x_0,y_0,z_0)(i=1,2,3)$不全为零.为方便起见,给出如下定义.

**定义 5.6.1**　设点 $P_0(x_0,y_0,z_0)$在二次曲面 $S$ 上,因而 $F(x_0,y_0,z_0)=0$.

如果 $F_i(x_0,y_0,z_0)(i=1,2,3)$不全为 0,那么点 $P_0(x_0,y_0,z_0)$叫作二次曲面 $S$ 的正常点,否则叫奇异点(简称奇点).

由直线 $l$ 的方程(5-6-1)立即得到

$$X:Y:Z=(x-x_0):(y-y_0):(z-z_0)$$

代入(5-6-2)式,得

$$(x-x_0)F_1(x_0,y_0,z_0)+(y-y_0)F_2(x_0,y_0,z_0)+(z-z_0)F_3(x_0,y_0,z_0)=0. \tag{5-6-3}$$

假定 $P_0(x_0,y_0,z_0)$是曲面 $S$ 的正常点,那么 $F_i(x_0,y_0,z_0)(i=1,2,3)$不全为零,式(5-6-3)是一个三元一次方程,这表示通过曲面 $S$ 上的点 $P_0(x_0,y_0,z_0)$的所有切线构成一个平面.

**定义 5.6.2**　通过二次曲面 $S$ 上的正常点 $P_0$ 的所有切线组成的平面叫作曲面 $S$ 在点 $P_0$ 处的切平面,点 $P_0$ 叫作切点.并把过点 $P_0$ 且与该点处的切平面垂直的直线叫作二次曲面在点 $P_0$ 处的法线.

**命题 5.6.1**　如果点 $P_0(x_0,y_0,z_0)$是二次曲面 $S$ 的正常点,则 $S$ 在点 $P_0$ 处的切平面方程为(5-6-3).

利用等式

$$F(x,y,z)=xF_1(x,y,z)+yF_2(x,y,z)+zF_3(x,y,z)+F_4(x,y,z)$$

还可以把(5-6-3)式改写成

$$xF_1(x_0,y_0,z_0)+yF_2(x_0,y_0,z_0)+zF_3(x_0,y_0,z_0)+F_4(x_0,y_0,z_0)=0.$$

**推论 5.6.1**　二次曲面 $S$ 在正常点 $P_0(x_0,y_0,z_0)$处的切平面方程为

$$\begin{aligned}a_{11}x_0x&+a_{22}y_0y+a_{33}z_0z+a_{12}(x_0y+y_0x)+a_{13}(x_0z+z_0x)\\&+a_{23}(y_0z+z_0y)\\&+a_{14}(x_0+x)+a_{24}(y_0+y)+a_{34}(z_0+z)+a_{44}=0,\end{aligned}$$

或

$$(x,y,z,1)A\begin{pmatrix}x_0\\y_0\\z_0\\1\end{pmatrix}=1.$$

**例 5.6.1** 椭球面或双曲面 $ax^2+by^2+cz^2=1(abc\neq0)$ 上 $N$ 点 $P_0(x_0,y_0,z_0)$ 处的切平面和法线方程分别为

$$ax_0x+by_0y+cz_0z=1$$

与

$$\frac{x-x_0}{ax_0}=\frac{y-y_0}{by_0}=\frac{z-z_0}{cz_0}.$$

**例 5.6.2** 求平面 $\pi$: $lx+my+nz=p$ 与椭球面或双曲面 $ax^2+by^2+cz^2=1(abc\neq0)$ 相切的充要条件.

**解**:设平面 $\pi$ 与已知曲面相切,切点为 $P_0(x_0,y_0,z_0)$.由例 5.6.1 知,曲面在点 $P_0$ 的切平面为

$$ax_0x+by_0y+cz_0z=1,$$

它与平面 $\pi$ 重合的充要条件是

$$\frac{l}{ax_0}=\frac{m}{by_0}=\frac{n}{cz_0}=\frac{p}{1},$$

即

$$x_0=\frac{l}{ap},y_0=\frac{m}{bp},z_0=\frac{n}{cp}.$$

而点 $P_0$ 在已知曲面上,故

$$a\left(\frac{l}{ap}\right)^2+b\left(\frac{m}{bp}\right)^2+c\left(\frac{n}{cp}\right)^2=1,$$

即

$$\frac{l^2}{a},+\frac{m^2}{b}+\frac{n^2}{c}=p^2.$$

这就是所要求的条件.

下面讨论点 $P_0$ 不在曲面 $S$ 上的情形,这时过点 $P_0$ 的切线不可能在 $S$ 上,因此过点 $P_0(x_0,y_0,z_0)$ 的直线 $l$ 为曲面 $S$ 的切线的充要条件是

$$\begin{cases}\Phi(X,Y,Z)\neq0\\ [XF_1(x_0,y_0,z_0)+YF_2(x_0,y_0,z_0)+ZF_3(x_0,y_0,z_0)]^2,\\ -\Phi(X,Y,Z)\cdot F(x_0,y_0,z_0)=0\end{cases}$$

因对 $l$ 上的任意点 $(x,y,z)$，均有

$$(x-x_0):(y-y_0):(z-z_0)=X:Y:Z.$$

代入上式中得

$$[(x-x_0)F_1(x_0,y_0,z_0)+(y-y_0)F_2(x_0,y_0,z_0)+(z-z_0)F_3(x_0,y_0,z_0)]^2$$
$$-\Phi(x-x_0,y-y_0,z-z_0)\cdot F(x_0,y_0,z_0)=0. \tag{5-6-5}$$

这是关于 $x-x_0,y-y_0,z-z_0$ 的二次齐次方程，表示以 $P_0$ 为顶点的二次锥面(可能是虚锥面)，称为二次曲面 $S$ 的切锥面.

**例 5.6.3**　已知球面 $x^2+y^2+z^2=4$，求以(0,0,3)为顶点的切锥面方程.

**解**：设过点(0,0,3)的直线为

$$\begin{cases} x=Xt \\ y=Yt \\ z=3+Zt \end{cases}, \tag{5-6-6}$$

代入球面方程，得

$$(X^2+Y^2+Z^2)t^2+6Zt+5=0. \tag{5-6-7}$$

直线(5-6-6)与球面相切的条件是方程(5-6-7)有重根，于是

$$(3Z)^2-5(X^2+Y^2+Z^2)=0.$$

即

$$5X^2+5Y^2-4Z^2=0.$$

从式(5-6-6)及式(5-6-8)中消去 $X,Y,Z$，得

$$5x^2+5y^2-4(z-3)^2=0,$$

这就是所求的切锥面方程.

注本题可直接利用切锥面方程(5-6-5)来作.

# 5.7　应用：圆的渐伸线与齿轮问题

## 5.7.1　圆的渐伸线的应用

动直线 $l$ 沿着一个定圆 $O(R)$(称为基圆)的圆周无滑动地滚动，动直线 $l$ 上一点 $M$ 的轨迹称为圆的渐伸线或渐开线.换句话说，把一条没

有弹性的细绳绕在一个固定的圆盘的侧面上，将笔系在绳的外端，把绳拉紧逐渐地展开（这个绳的拉直部分和圆保持相切），笔尖所画出的曲线就是圆的渐伸线，根据渐伸线产生的方法，容易看出它有下列性质①：

（1）基圆以内无渐伸线.

（2）同大的基圆，其所有的渐伸线完全相同；而不同大小的基圆的渐伸线则否.基圆愈大，其渐伸线愈平直.

（3）渐伸线上任一点 $M$ 处的法线就是基圆的切线 $CM$（图 5-3）；点 $M$ 处的曲率半径为 $|CM|$，且 $|CM|=\overset{\frown}{AC}$.

下面来求圆的渐伸线的方程.

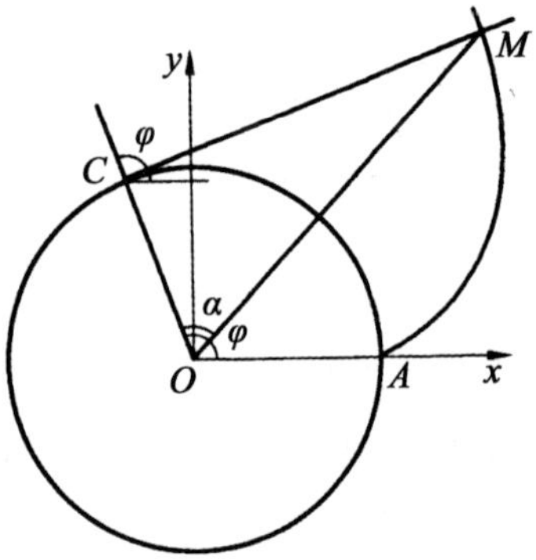


图 5-3

建立如图 5-3 所示的直角坐标系 $xOy$.设动直线 $CM$ 与基圆 $O$ 的切点 $C$ 的坐标为 $(R\cos\varphi, R\sin\varphi)$，则

$$|CM|=R\varphi, \overrightarrow{CM}=R\varphi\left[\cos\left(\varphi-\frac{\pi}{2}\right), \sin\left(\varphi-\frac{\pi}{2}\right)\right],$$

因 $\overrightarrow{OM}=\overrightarrow{OC}+\overrightarrow{CM}$.故

$$\begin{cases} x=R\cos\varphi+R\varphi\sin\varphi \\ y=R\sin\varphi-R\varphi\cos\varphi \end{cases}.$$

这就是所求圆的渐伸线的参数方程.

如果采用极坐标系，设点 $M$ 的极坐标为 $(\rho, \theta)$，取 $\angle MOC=\alpha$ 为参数，则

① 左铨如.解析几何研究[M].哈尔滨：哈尔滨工业大学出版社，2015.

$$|CM| = \widehat{AC} = R(\theta+\alpha),\tan\theta = \frac{|CM|}{|OC|} = \theta+\alpha,\cos\alpha = \frac{|OC|}{|OM|} = \frac{R}{\rho},$$

于是圆的渐伸线的极坐标参数方程为

$$\begin{cases}\rho = \dfrac{R}{\cos\alpha} \\ \theta = \tan\alpha - \alpha\end{cases}.$$

其中，$\alpha$ 称为压力角，函数 $\theta = \tan\alpha - \alpha$ 称为角 $\alpha$ 的渐伸线函数.工程上常用 inv $\alpha$ 来表示它.

## 5.7.2　圆的渐伸线在齿轮上的应用

齿轮是机械传动的一个重要组成部分.机械传动常见的有皮带传动、链条传动、摩擦传动、齿轮传动等.当需要传递的动力较大，且速比必须恒定时，通常采用齿轮传动.因为如果采用皮带传动或摩擦传动，会有打滑的现象，也就是传动速比不是常数，传动不平稳，会产生振动、噪音，采用齿轮传动，不论齿廓的形状如何，齿轮传动的转数之比保持不变，与两轮的齿数成反比.如果主动轮匀速转动，要被动轮也匀速转动，则齿轮的齿廓必须采用一定形状的曲线或曲面才行.17 世纪，人们开始用摆线作为齿轮的齿廓曲线(这种齿轮最早用在机械时钟上，比较耐磨)，到 1765 年欧拉建议用渐伸线作为齿轮的齿廓(图 5-4).为什么用它可以保证齿轮的传动瞬时速比为常数呢?

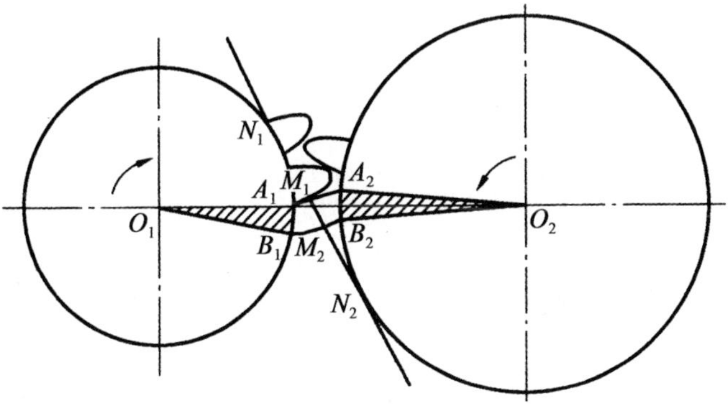


图 5-4

因为两齿奔在啮合点处相切，它们的公法线恰巧是两轮基圆的内公切线 $N_1N_2$.公法线与连心线 $O_1O_2$ 的交点 $P$ 是定点，当主动轮从 $O_1A_1$ 转到 $O_1B_1$ 时，被动轮从 $O_2A_2$ 转到 $O_2B_2$，在同一时间内，两轮转过的基圆弧长相等(因为$\overset{\frown}{A_1B_1}=\overset{\frown}{N_1B_1}-\overset{\frown}{N_1A_1}=|N_1M_2|-|M_1M_2|$，同理$\overset{\frown}{A_2B_2}=|M_1M_2|$，故$\overset{\frown}{A_1B_1}=\overset{\frown}{A_2B_2}$.因此瞬时转速比与两轮的基圆半径成反比，是个定值.所以采用圆的渐伸线作为齿轮的齿廓曲线，可以传动平稳，适于高速传动，不仅如此，渐伸线齿轮加工方便、精度高、成本低，两轮中心距略有改变也不影响传动质量，易装配，所以我们看到的齿轮绝大多数都是渐伸线齿轮.

# 第 6 章　球面几何

平面作为二维欧氏空间它处处都不弯曲，球面作为二维球面空间它处处都是均匀弯曲的.球面作为三维欧氏空间中的曲面，它是最完美、最对称的曲面.在天文、航海、大地测量直至宇宙航行等方面都有广泛应用的球面几何，又称为双重椭圆几何.它是研究球面空间(本章限于二维)的子集的几何性质的.在一定意义下，它和双曲几何、欧氏几何(又称抛物几何)三者具有同等地位，有许多类似之处.所以，有些类似的概念如多边形等就不再详述其定义了.

## 6.1　球面几何简介

### 6.1.1　球面几何的有关概念

**定义 6.1.1**　三维空间中与一个定点 $O$ 距离等于 $r$ 的点的轨迹叫作球面，记为 $S_r^2$.定点 $O$ 叫作球心，等距离的长度 $r$ 叫作球的半径(或者半径为 $r$ 的半圆绕直径旋转一周所得旋转面叫球面)①.

**定义 6.1.2**　过球心的直线与球面交于两点，这两点是关于球心中心对称的，我们把它们叫作球面的对径点.

**定义 6.1.3**　设球面三角形 $ABC$ 各边 $a$，$b$，$c$ 的极分别为 $A'$，$B'$，$C''$(图 6-1)，并设弧$\overset{\frown}{AA'}$，$\overset{\frown}{BB'}$，$\overset{\frown}{CC'}$都小于 $90°$，则由通过 $A'$，$B'$，$C'$的大圆弧构成的球面三角形 $A'B'C'$叫作原球面三角形的极三角形.

---

① 郑文晶.解析几何[M].哈尔滨：哈尔滨工业大学出版社，2008.

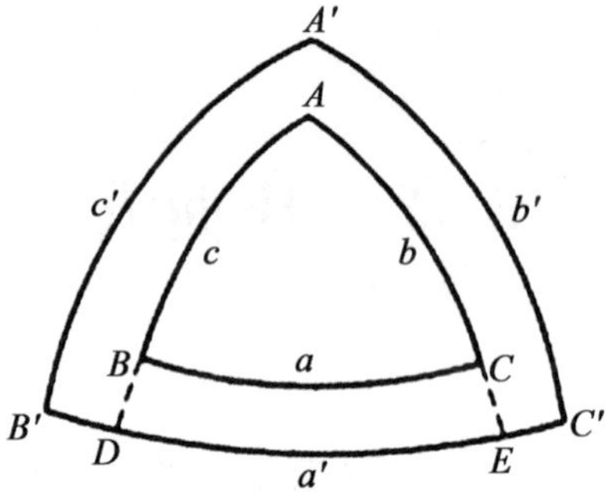


图 6-1

极三角形和原三角形有着非常密切的关系,这种关系存在着两条定理.

**定理 6.1.1** 如果一球面三角形为另一球面三角形的极三角形,则另一球面三角形也为这一球面三角形的极三角形.

**定理 6.1.2** 极三角形的边和原三角形的对应角互补;极三角形的角和原三角形的对应边互补.

**证明:** $B'$是 $b$ 的极,$C'$是 $c$ 的极,所以有

$$\overset{\frown}{B'E}=\overset{\frown}{C'D}=90^\circ$$

$$\overset{\frown}{B'E}+\overset{\frown}{C'D}=180^\circ$$

即

$$\overset{\frown}{B'C'}+\overset{\frown}{DE}=180^\circ$$

但由定理 6.1.1,点 $A$ 是$\overset{\frown}{B'C'}$的极,故有$\overset{\frown}{DE}=A$,将此式以及$\overset{\frown}{B'C'}=a'$代入上式,便得到

$$a'+A=180^\circ$$

定理 6.1.2 的后半部分不需证明,因为实际上,它只是定理 6.1.1 和定理 6.1.2 的前半部分的一个推论①.

我们知道,平面三角形的两边之和大于第三边,两边之差小于第三边,那么球面三角形是否有类似的性质呢?

如图 6-2 所示,设球面三角形 $ABC$ 的三条边为 $a,b,c$,球心为 $O$,那么 $O-ABC$ 是一个三面角,因为

① 李颐黎,北京空间机电研究所.航天器返回与进入的轨道设计[M].西安:西北工业大学出版社,2015.

$$a=\overset{\frown}{BC}=\angle BOC$$
$$b=\overset{\frown}{CA}=\angle COA$$
$$c=\overset{\frown}{AB}=\angle AOB$$

根据三面角的面角性质，有

$$a+b>c, a-b<c$$
$$b+c>a, b-c<a$$
$$c+a>b, c-a<b$$

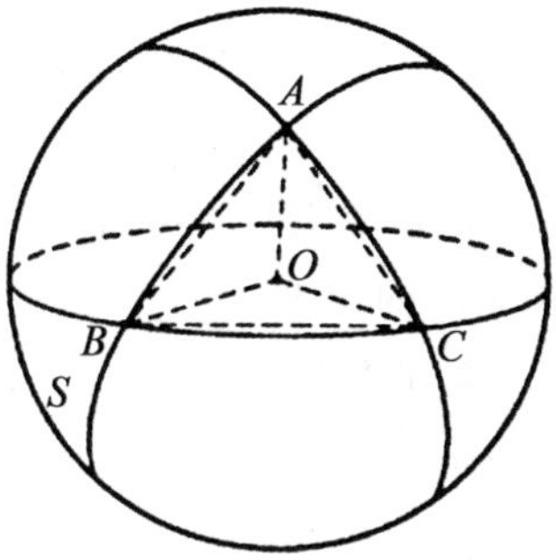


图 6-2

## 6.1.2　球面方程

**定义 6.1.4**　与定点的距离为常数的点的轨迹称为球面.下面来建立球心在点 $P_0(x_0, y_0, z_0)$、半径为 $R$ 的球面方程.

空间中任一点 $P(x, y, z)$ 在球面上，当且仅当 $|\overrightarrow{P_0P}|=R$，所以该球面方程为

$$(x-x_0)^2+(y-y_0)^2+(z-z_0)^2=R^2.$$

若球心在坐标原点，则球面方程为

$$x^2+y^2+z^2=R^2.$$

将上述方程展开得

$$x^2+y^2+z^2-2x_0x-2y_0y-2z_0z+x_0^2+y_0^2+z_0^2=R^2,$$

即

$$x^2+y^2+z^2+2ax+2by+2cz+d=0.$$

其中，$a=-x_0, b=-y_0, c=-z_0, d=x_0^2+y_0^2+z_0^2-R^2$.

这个方程的特点为：

(1)它是三元二次方程.

(2)平方项的系数都相等且不为零(可设为1).

(3)不含有交叉项 $xy$、$yz$、$zx$.

一般来说，具有上述3个条件的方程，其图形总是一个球面.事实上，通过配方法，每一个这样的方程都可以化为

$$(x-x_0)^2+(y-y_0)^2+(z-z_0)^2=k.$$

当 $k>0$ 时，上式表示球心在点 $P_0(x_0,y_0,z_0)$、半径为 $k$ 的球面方程；当 $k=0$ 时，球面收缩为一点(点球面)；当 $k<0$ 时，无图形(通常称其为虚球面)①.

如图6-3所示，如果球心在原点，半径为 $R$，在球面上任取一点 $M(x,y,z)$，从 $M$ 作 $xOy$ 面的垂线，垂足为 $N$，连接 $OM$，$ON$.设 $x$ 轴到 $\overrightarrow{ON}$ 的角度为 $\varphi$，$\overrightarrow{ON}$ 到 $\overrightarrow{OM}$ 的角度为 $\theta$，则有

$$\begin{cases} x=R\cos\theta\cos\varphi & 0\leqslant\varphi\leqslant 2\pi \\ y=R\cos\theta\sin\varphi & -\dfrac{\pi}{2}\leqslant\theta\leqslant\dfrac{\pi}{2}, \\ z=R\sin\theta \end{cases}$$

称为球心在原点、半径为 $R$ 的球面的参数方程，有两个参数 $\varphi$，$\theta$，其中 $\varphi$ 称为经度，$\theta$ 称为纬度.球面上的每一个点(除去它与 $z$ 轴的交点)对应唯一的对实数 $(\theta,\varphi)$，因此 $(\theta,\varphi)$ 称为球面上点的曲纹坐标.

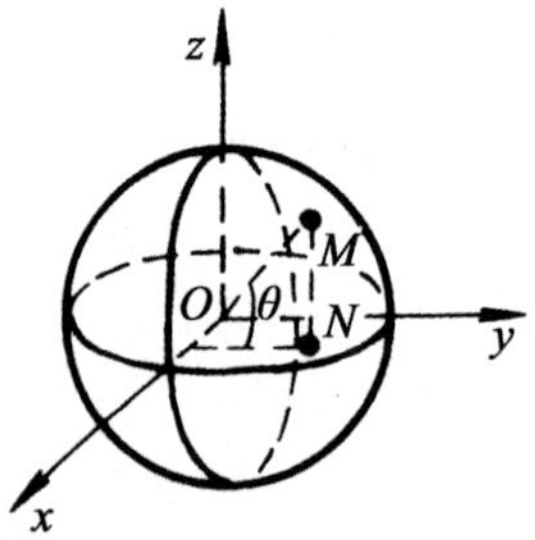


**图 6-3**

① 陈东升.线性代数与空间解析几何案例教程[M].北京：科学出版社，2014.

因为空间中任一点 $M(x,y,z)$ 必在以原点为球心，以 $R=|\overrightarrow{OM}|$ 为半径的球面上，而球面上的点又由它的曲纹坐标 $(\theta,\varphi)$ 唯一确定，因此，除去 $z$ 轴外，空间中的点 $M$ 由有序三元实数组 $(R,\theta,\varphi)$ 唯一确定.我们把 $(R,\theta,\varphi)$ 称为空间中点 $M$ 的球面坐标(或空间极坐标)，其中 $R\geqslant 0$，$-\frac{\pi}{2}\leqslant\theta\leqslant\frac{\pi}{2}$，$0\leqslant\varphi\leqslant 2\pi$.点 $M$ 的球面坐标 $(R,\theta,\varphi)$ 与 $M$ 的直角坐标 $(x,y,z)$ 的关系为

$$\begin{cases} x=R\cos\theta\cos\varphi & R\geqslant 0 \\ y=R\cos\theta\sin\varphi & 0\leqslant\varphi\leqslant 2\pi \\ z=R\sin\theta & -\frac{\pi}{2}\leqslant\theta\leqslant\frac{\pi}{2} \end{cases}.$$

**例 6.1.1** 试求通过点 $(a,0,0)$，$(0,b,0)$，$(0,0,c)$ $(abc\neq 0)$ 的球面的方程.

**解**:通过已知三点的平面方程易得为

$$\frac{x}{a}+\frac{y}{b}+\frac{z}{c}=1,$$

设经过已知三点的球面方程是

$$x^2+y^2+z^2+Ax+By+Cz+D=0,$$

则有

$$\begin{cases} a^2+Aa+D=0 \\ b^2+By+D=0. \\ c^2+Cz+D=0 \end{cases}$$

不妨再取与已知三点不共面的一点 $O(0,0,0)$，使球面通过 $O(0,0,0)$ 点，则有

$$D=0,$$

那么

$$\begin{cases} A=-a \\ B=-b, \\ C=-c \end{cases}$$

所以所求的球面方程是

$$\begin{cases} \frac{x}{a}+\frac{y}{b}+\frac{z}{c}=1 \\ x^2+y^2+z^2-ax-by-cz=0 \end{cases}.$$

### 6.1.3 球面的几何条件

除上面所述空间动点与一定点等距离的运动轨迹确定一球面外，下面再描述几种由空间几何元素构成球面的情况.

(1)包含过三点的圆可以作若干不同半径的球面.球心的轨迹是一条过该圆心并垂直于圆所在平面的直线.

(2)具有两个公共点但不共面的两圆决定一球面。

(3)在空间相切但不共面的两圆决定一球面.其球心在过切点 $A$ 的两圆公切线的垂直平面上.

(4)一圆及其所在平面外的一点决定一球面，即不共面的四点决定一球面①.

(5)以直角三角形斜边为直径的空间直角顶点的轨迹也为一球面.由平面几何知道，圆心角是所对应圆周角的两倍，圆周上任一点与其直径的两端点必构成一直角三角形.因此，球面又可认为是平面圆绕其直径旋转而成的.

### 6.1.4 四面体中的球

#### 6.1.4.1 外接球

四面体的六条棱的中垂面交于一点 $O$，为四面体的外心，到各顶点的距离等于球的半径.

#### 6.1.4.2 内切球

四面体的六个二面角的平分面交于一点 $I$，为四面体的内心，到各面的距离等于球的半径.

注意内切球与四面体的各面相切，而不是与各棱相切.对于任意的四面体，不一定有与各棱都相切的球.

---

① 宋宝和.现代数学课程的学科基础[M].济南：山东大学出版社，2006.

#### 6.1.4.3　旁切球

在四面体外与其一个侧面相切，并且与其余侧面的延展面都相切的球称为四面体的旁切球.

### 6.1.5　球面上的圆与其极

#### 6.1.5.1　球面上的圆

(1)空间任一平面与球面的交线恒为圆.

(2)过球面上不在同一直径上的两点，有唯一的一个大圆.由于球面上的点 $A$、$B$ 与球心 $O$ 不共线，因此过 $A$、$B$ 与 $O$ 确定一径面 $\pi$，径面与球面的交线为一大圆，且此大圆是唯一的.

(3)当过球面上一直径的两个端点，则可有若干个大圆.因过球面一直径有若干个径面，必有若干个大圆与之对应.反之，同一球面上两大圆恒交于两点，该两点则为球面一直径的两个端点，即对径点.

(4)距球面上两点等远的点的球面轨迹是一个大圆.此轨迹圆必过联接两已知点 $A$、$B$ 的大圆弧的中点 $E$，且是与圆弧面 $AOB$ 相垂直的大圆.

(5)球面上两点间的最短球面距离是在小于 $180°$ 的大圆弧上.球面距离通常用角度来表示.在空间 $A$、$B$ 两点间的直线段为最短路线，其他路线则是折线或曲线，比直线段长.

#### 6.1.5.2　球面上的极

(1)垂直于球面上任一圆所在平面的球面直径的端点，称作该圆的极.

(2)若同一球面上两大圆互相垂直，则其中一圆必包含另一圆的极.

(3)球面上一圆的极到该圆周上任一点的球面距离相等，且有大圆的极距离等于 $90°$.反之，若球面上一点 $P$ 至其他两点 $A$、$B$ 的极距离均为 $90°$，则点 $P$ 必为过 $A$、$B$ 两点大圆的极.

(4)过球面上任意两点的大圆之极，是分别以该两点为极的两极平面圆的交点①.

## 6.1.6 球面上的几何图形

球面上的圆是一种最基本的图形,除此之外还有球面二角形、球面三角形、球面多边形及球面封闭曲线图形等.

### 6.1.6.1 球面二角形

同一球面上两大圆恒交于两个对径点 $P$ 与 $P1$,即两大圆平面的交线与球面的交点.两大圆之间的球面图形称球面二角形,其交点 $P$、$P1$ 叫作球面二角形的顶点.两大圆弧所在平面之间的夹角称球面角,用顶点 $P$ 与 $P1$ 来表示,显然球面二角形中的球面角 $P=P1$.两大圆弧叫球面二角形的边,边长等于大圆弧所对应的平面圆心角,必有球面二角形的边等于 180°.

### 6.1.6.2 球面三角形

球面上相交于 $A$、$B$、$C$ 三点的三大圆弧所围成的图形,称作球面三角形.三段大圆弧叫球面三角形的边,各边均小于 180°,通常用小写字母 $a$、$b$、$c$ 来表示.其三大圆弧两两相交即构成了球面三角形的角,通常用大写字母 $A$、$B$、$C$ 来表示,且同一字母角与边的位置相互对应.

在球面三角形中至少有一个球面角等于 90°时,称该三角形为球面直角三角形.而当球面三角形中至少有一个边等于 90°时,称球面直边三角形.既无直角也无直边的球面三角形,称作球面任意三角形.球面三角形的边角关系及其性质和计算,将在后面详细讨论.

### 6.1.6.3 球面多边形

球面多边形是由多个大圆弧围成的球面图形,其大圆弧长度均小于半圆周,并以它们的交点为界.球面多边形的任一边小于其他各边之和.如果一球面多边形位于每一边所在大圆的一侧,就称该球面多边形为凸

① 孙培先.球面图学与空间角度计算[M].东营:石油大学出版社,1991.

的.一个凸球面多边形的周长小于大圆周.球面三角形则是最简单的球面多边形.当空间一点在球面上运动,又可形成有规则或无规则的球面曲线,或封闭的球面曲线图形.

## 6.2　球面上的向量运算

**定义 6.2.1**　设在中心为 $O$,半径为 $R$ 的球面上,有不在同一大圆弧上的三点 $A,B,C$.分别连接其中两点的大圆弧 $\alpha=\overset{\frown}{BC},\beta=\overset{\frown}{CA},\gamma=\overset{\frown}{AB}$ 围成一个区域,称为球面三角形(图 6-4),其中 $A,B,C$ 是它的顶点;$\alpha,\beta,\gamma$ 是它的边,用边所在的大圆弧的弧度来量度.边 $\beta$ 与 $\gamma$ 所夹的角是由 $\beta$ 与 $\gamma$ 分别所在的平面组成的二面角,仍记作 $A$,称为球面三角形的内角.

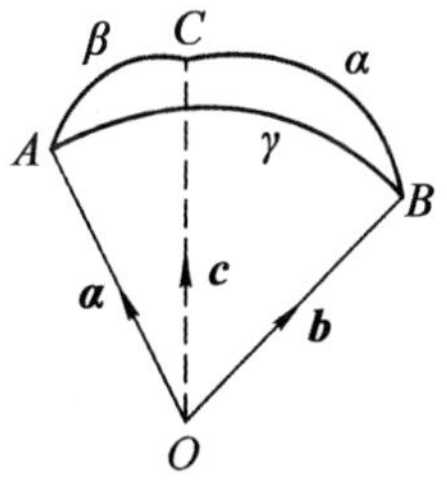


图 6-4

可以用向量法证明球面三角的下述公式:

(1) $\cos\alpha=\cos\beta\cos\gamma+\sin\beta\sin\gamma\cos A$(余弦公式);

(2) $\dfrac{\sin\alpha}{\sin A}=\dfrac{\sin\beta}{\sin B}=\dfrac{\sin\gamma}{\sin C}$(正弦公式).

**证明:**(1)设 $a,b,c$ 分别是 $\overrightarrow{OA},\overrightarrow{OB},\overrightarrow{OC}$ 方向的单位向量.显然,$\angle A$ 是 $a\times b$ 与 $a\times c$ 的夹角.根据拉格朗日恒等式,有

$$\begin{aligned}(\boldsymbol{a}\times\boldsymbol{b})\cdot(\boldsymbol{a}\times\boldsymbol{c})&=\begin{vmatrix}\boldsymbol{a}\cdot\boldsymbol{a} & \boldsymbol{a}\cdot\boldsymbol{c}\\ \boldsymbol{b}\cdot\boldsymbol{a} & \boldsymbol{b}\cdot\boldsymbol{c}\end{vmatrix}\\&=|\boldsymbol{a}|^2(\boldsymbol{b}\cdot\boldsymbol{c})-(\boldsymbol{a}\cdot\boldsymbol{c})(\boldsymbol{b}\cdot\boldsymbol{a})\\&=\cos\alpha-\cos\beta\cos\gamma,\end{aligned}$$

又有

$$
\begin{aligned}
(\boldsymbol{a}\times\boldsymbol{b})\cdot(\boldsymbol{a}\times\boldsymbol{c}) &= |\boldsymbol{a}\times\boldsymbol{b}|\,|\boldsymbol{a}\times\boldsymbol{c}|\cos[\boldsymbol{a}\times\boldsymbol{b},\boldsymbol{a}\times\boldsymbol{c}] \\
&= \sin[\boldsymbol{a},\boldsymbol{b}]\sin[\boldsymbol{a},\boldsymbol{c}]\cos A \\
&= \sin\gamma\sin\beta\cos A,
\end{aligned}
$$

所以

$$\cos\alpha = \cos\beta\cos\gamma + \sin\beta\sin\gamma\cos A.$$

(2)由二重外积公式得

$$
\begin{aligned}
&(\boldsymbol{a}\times\boldsymbol{b})\times(\boldsymbol{a}\times\boldsymbol{c}) = (\boldsymbol{a}\times\boldsymbol{b}\cdot\boldsymbol{c})\boldsymbol{a} \\
&(\boldsymbol{a}\times\boldsymbol{b})\times(\boldsymbol{b}\times\boldsymbol{c}) = (\boldsymbol{a}\times\boldsymbol{b}\cdot\boldsymbol{c})\boldsymbol{b} \\
&(\boldsymbol{a}\times\boldsymbol{c})\times(\boldsymbol{b}\times\boldsymbol{c}) = -(\boldsymbol{a}\times\boldsymbol{c}\cdot\boldsymbol{b})\boldsymbol{c} = (\boldsymbol{a}\times\boldsymbol{b}\cdot\boldsymbol{c})\boldsymbol{c},
\end{aligned}
$$

所以

$$
\begin{aligned}
|(\boldsymbol{a}\times\boldsymbol{b})\times(\boldsymbol{a}\times\boldsymbol{c})| &= |(\boldsymbol{a}\times\boldsymbol{b})\times(\boldsymbol{b}\times\boldsymbol{c})| \\
&= |(\boldsymbol{a}\times\boldsymbol{c})\times(\boldsymbol{b}\times\boldsymbol{c})|.
\end{aligned}
$$

由外积的定义可得

$$
\begin{aligned}
\sin[\boldsymbol{a},\boldsymbol{b}]\sin[\boldsymbol{a},\boldsymbol{c}]\cos A &= \sin[\boldsymbol{a},\boldsymbol{b}]\sin[\boldsymbol{b},\boldsymbol{c}]\cos B \\
&= \sin[\boldsymbol{a},\boldsymbol{c}]\sin[\boldsymbol{b},\boldsymbol{c}]\cos C,
\end{aligned}
$$

即

$$\sin\gamma\sin\beta\sin A = \sin\gamma\sin\alpha\sin B = \sin\beta\sin\alpha\sin C.$$

由此即得到正弦公式.

# 6.3 球面三角形的基本公式

对于一个球面三角形,也有六个元素——三条边和三个角.这六个元素之间也不是独立的,它们之间也存在某种依赖关系.但是要注意它们与平面三角形的重要区别:球面三角形的三个内角的和大于常数 $\pi$.

在下面的讨论中,球面三角形 $ABC$ 的三条边和对应的内角分别是 $a,b,c$ 和 $A,B,C$.

## 6.3.1 球面三角形边的余弦定理

**定理 6.3.1** (球面三角形边的余弦定理)

$$\cos a = \cos b\cos c + \sin b\sin c\cos A,$$

$$\cos b = \cos c \cos a + \sin c \sin a \cos B,$$

$$\cos c = \cos a \cos b + \sin a \sin b \cos C.$$

**证明**：如图 6-5 所示，设球心为 $O$，连接 $OA$，$OB$，$OC$，则

$$\angle AOB = c, \angle AOC = b, \angle BOC = a,$$

过点 $A$ 作$\overparen{AB}$的切线交直线 $OB$ 于 $D$，过点 $A$ 作$\overparen{AC}$的切线，交直线 $OC$ 于 $E$，连接 $DE$.

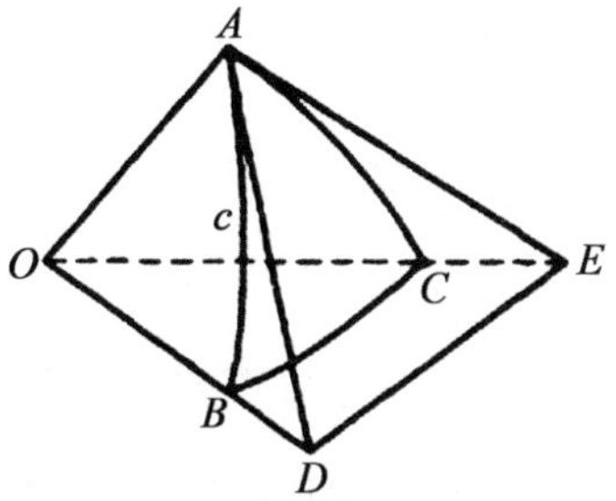


图 6-5

显然，$AD \perp AO$，$AE \perp AO$，在直角三角形 $OAD$ 中

$$AO = 1,$$

$$AD = \tan\angle AOD = \tan c,$$

$$OD = \frac{1}{\cos\angle AOB} = \frac{1}{\cos c}.$$

在直角三角形 $OAE$ 中

$$AE = \tan\angle AOC = \tan b,$$

$$OE = \frac{1}{\cos\angle AOC} = \frac{1}{\cos b}.$$

注意$\angle A = \angle EAD$，在三角形 $ODE$ 中，利用平面三角形的余弦定理

$$\begin{aligned} DE^2 &= OD^2 + OE^2 - 2OD \cdot OE \cos\angle BOC \\ &= \frac{1}{\cos^2 c} + \frac{1}{\cos^2 b} - \frac{2}{\cos c \cdot \cos b}\cos a, \end{aligned} \tag{6-3-1}$$

在三角形 $ADE$ 中

$$\begin{aligned} DE^2 &= AD^2 + AE^2 - 2AD \cdot AE \cos A \\ &= \tan^2 c + \tan^2 b - 2\tan c \cdot \tan b \cos A, \end{aligned} \tag{6-3-2}$$

因为式(6-3-1)与式(6-3-2)左端相等，所以右端也相等，经化简整理，

即得

$$\cos a=\cos b\cos c+\sin b\sin c\cos A.$$

类似地可以得到另外两式.

利用向量简单运算也可得到上述结论.事实上

$$\cos A=\cos\angle CAB=\frac{A\times C}{|A\times C|}\cdot\frac{A\times B}{|A\times B|}=\frac{1}{\sin\widehat{AC}\sin\widehat{AB}}\begin{vmatrix}A\cdot A & A\cdot B\\ C\cdot A & C\cdot B\end{vmatrix}$$

$$=\frac{1}{\sin b\sin c}\begin{vmatrix}1 & \cos c\\ \cos b & \cos a\end{vmatrix},$$

即 $\sin b\sin c\cos A=\cos a-\cos b\cos c$.

同法可证其余两式.

当球面三角形 $ABC$ 中,$\angle A=\frac{\pi}{2}$时,构成球面直角三角形.这时三条边所满足公式就是球面直角三角形的“勾股定理”,即

$$\cos a=\cos b\cos c.$$

在球面三角形的三条边与三个角中,如果已知其中的三个元素,来求另外三个未知元素,就是解球面三角形的问题.由三边的余弦定理,就可以解决其中一部分问题①.

## 6.3.2 球面三角形角的余弦定理和正弦定理

我们知道,在球面三角形 $ABC$ 和它的极三角形 $A'B'C'$之间,存在如下关系

$$a'=\pi-\angle A$$
$$b'=\pi-\angle B$$
$$c'=\pi-\angle C$$

如果把定理 6.3.1 用到极三角形 $A'B'C'$上,必然得到球面三角形 $ABC$ 的一个边角关系.

**定理 6.3.2** (球面三角形角的余弦定理)

$$\cos A=-\cos B\cos C+\sin B\sin C\cos a,$$

① 严士健,王尚志.普通高中课程标准实验教科书 数学 选修 3-3 球面上的几何[M].北京:北京师范大学出版社,2005.

$$\cos B = -\cos C\cos A + \sin C\sin A\cos b,$$

$$\cos C = -\cos A\cos B + \sin A\sin B\cos c.$$

**定理 6.3.3**　（球面三角形的正弦定理）

$$\frac{\sin A}{\sin a} = \frac{\sin B}{\sin b} = \frac{\sin C}{\sin c}.$$

**证明**：如图 6-6 所示，设球心是 $O$，连接 $OA$，$OB$，$OC$，过点 $A$ 作平面 $OBC$ 的垂线，垂足是 $D$.作 $DE \perp OB$，$DF \perp OC$，垂足分别是 $E$，$F$.连接 $AE$，$AF$，于是得到四个直角三角形：$\triangle AEO$，$\triangle AFO$，$\triangle ADE$，$\triangle ADF$，在这些三角形中

$$\angle AOE = c, \angle AOF = b,$$

$$\angle AED = \angle B, \angle AFD = \angle C,$$

所以

$$\frac{\sin b}{\sin B} = \frac{AF}{\dfrac{AD}{AE}} = \frac{AF \cdot AE}{AD},$$

$$\frac{\sin c}{\sin C} = \frac{AE}{\dfrac{AD}{AF}} = \frac{AF \cdot AE}{AD},$$

则有

$$\frac{\sin B}{\sin b} = \frac{\sin C}{\sin c}.$$

同理

$$\frac{\sin A}{\sin a} = \frac{\sin B}{\sin b}.$$

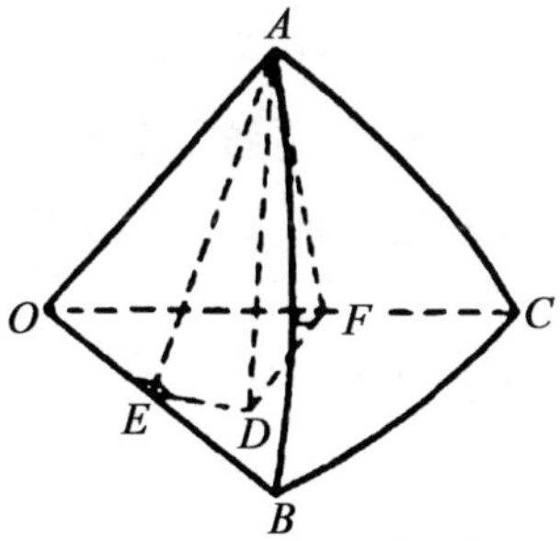


图 6-6

由上述定理可以看出,如果已知球面三角形的三个角可以用余弦定理求出三边.如果已知两角及夹边,可以利用角的余弦定理先求出第三角,再用正弦定理求出另两边.也可以继续使用角的余弦定理求出另两边.

**推论 6.3.1** 对于球面直角三角形$\left(\angle C=\frac{\pi}{2}\right)$有:

(Ⅰ)$\cos c=\cos a\cos b$;

(Ⅱ)$\sin A=\frac{\sin a}{\sin c}$;

(Ⅲ)$\cos A=\frac{\tan b}{\tan c}$;

(Ⅳ)$\tan A=\frac{\tan a}{\sin b}$.

利用上述公式也可以证明球面三角形的基本性质①.

## 6.3.3 三角形的面积

我们知道,若球面半径为 $R$,则球面面积为 $S=4\pi R^2$,现在考虑球面上的一个小区域:球面上由两个大圆的半周所围成的较小部分叫作一个球面二角形.

如图 6-7 所示,大圆半周$\overparen{PAP'}$和$\overparen{PBP'}'$所围成的阴影部分就是一个球面二角形.显然 $P$ 和 $P'$是对径点,大圆半周$\overparen{PAP'}$和$\overparen{PBP'}$称为球面二角形的边.球面角$\angle P=\angle P'$称为球面二角形的夹角.如果大圆弧$\overparen{AB}$以 $P$ 和 $P'$为极点,$\overparen{AB}$所对的球心角为 $\alpha$,则$\angle P=\angle P'=\alpha$.

如何计算球面二角形的面积(不妨设定所研究的是单位球面 $S_1^2$)?

(1)二角形的夹角 $\alpha$,就是平面 $PAP'$与 $PBP'$所夹的二面角的平面角.

(2)这个二角形可以看成半个大圆$\overparen{PAP'}$绕直径 $PP'$旋转 $\alpha$ 角所生成.

(3)球面二角形的面积与其夹角成比例.

① 郑文晶.解析几何[M].哈尔滨:哈尔滨工业大学出版社,2008

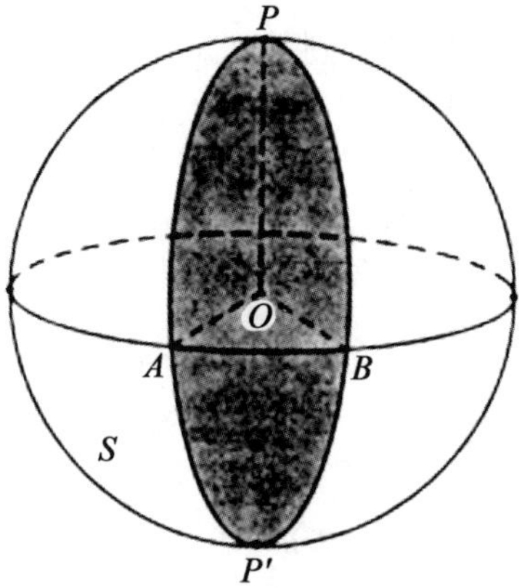


图 6-7

设这个二角形的面积为 $U$，则

$$\frac{U}{4\pi}=\frac{\alpha}{2\pi},$$

即

$$U=2\alpha.$$

因此得结论：球面上，夹角为 $\alpha$ 的二角形的面积为 $U=2\alpha$.（一般球面二角形的面积 $\frac{U}{4\pi R^2}=\frac{\alpha}{2\pi}$，$U=2\alpha R^2$，相差 $R^2$ 倍）

如何计算球面三角形的面积？

设 $S(ABC)$ 表示球面三角形 $ABC$ 的面积（图 6-8）.

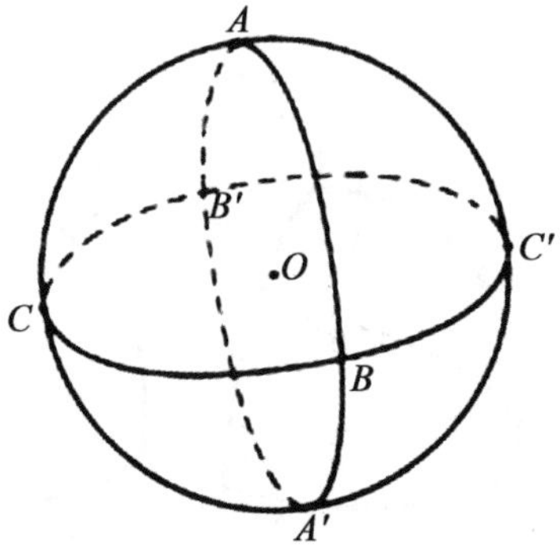


图 6-8

(1)对球面三角形 $ABC$,分别画出三条边所在的大圆.

(2)设 $A,B,C$ 的对径点分别是 $A',B',C'$(图 6-9),则

$$S(ABC)+S(A'BC)=2\angle A.$$

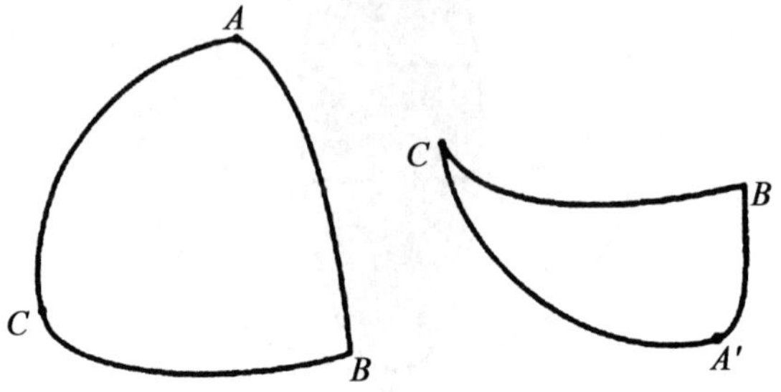


图 6-9

(3)如图 6-10 所示,球面三角形 $ABC$+球面三角形 $A'BC$+球面三角形 $ABC'$+球面三角形 $A'BC'$构成半个球面,所以

$$S(ABC)+S(A'BC)+S(ABC')+S(A'BC')=2\pi. \quad (6\text{-}3\text{-}3)$$

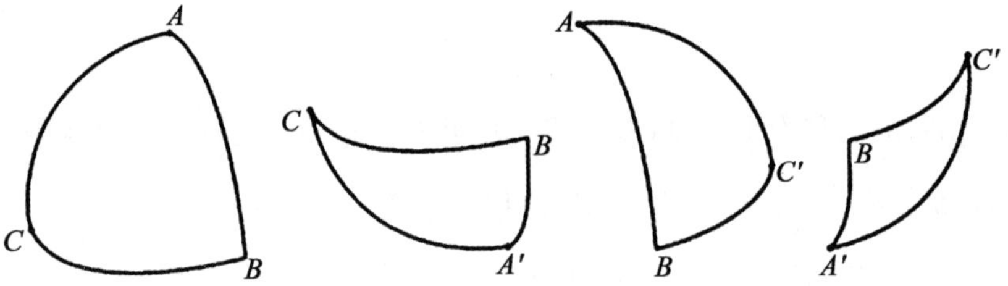


图 6-10

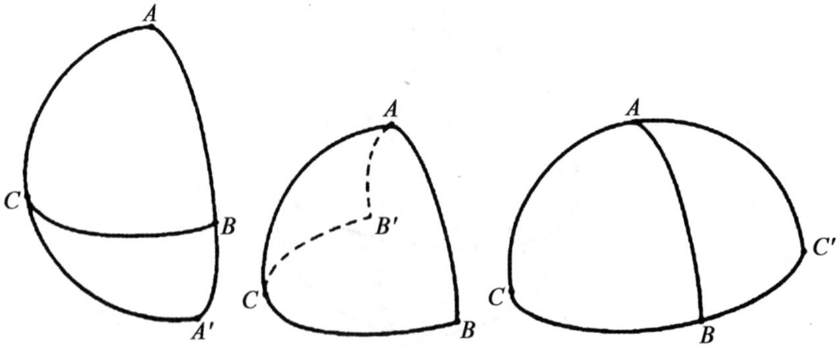


图 6-11

如图 6-11 可知

$$\begin{cases} S(ABC)+S(A'BC)=2\angle A \\ S(ABC)+S(AB'C)=2\angle B, \\ S(ABC)+S(ABC')=2\angle C \end{cases} \tag{6-3-4}$$

所以式(6-3-4)－(6-3-3)得到

$$2S(ABC)=2(A+B+C)-2\pi.$$

**定理 6.3.4** 单位球面三角形的面积等于其内角和减去 π.球面三角形的三个内角和大于 π.

即单位球面三角形 $ABC$ 的面积 $S=\angle A+\angle B+\angle C-\pi$，其中 $\angle A$，$\angle B$，$\angle C$ 是球面三角形 $ABC$ 的内角.

因此可知，半径为 $R$ 的球面上，球面三角形 $ABC$ 的面积 $S=(\angle A+\angle B+\angle C-\pi)R^2$.

## 6.4 球面三角形的全等

在平面几何中关于三角形唯一性的研究是一个十分重要的问题.平面上三角形三条边和三个角这六个元素，用其中哪几个元素就可以唯一地确定三角形的形状呢？这就是三角形全等的条件问题，实际上也就是三角形边角之间的关系问题.同样，在球面几何学中三角形全等问题也是一个十分重要的问题，本节专门讨论球面三角形全等条件.

### 6.4.1 球面三角形全等的定义

在同球面或等球面上，两个球面三角形的对应边和对应角分别相等，则称这两个球面三角形全等.如果两个平面三角形关于一条平面中的直线成镜面反射，那么它们是全等三角形.在球面上是否有类似的性质呢①？

设在同一个球面上两个三角形 $ABC$ 和 $A'B'C'$ 关于大圆 $l$ 对称，那么大圆弧 $\overset{\frown}{AA'}$ 被大圆 $l$ 垂直平分.

① 郑文晶.解析几何[M].哈尔滨：哈尔滨工业大学出版社，2008

设球心 $O,A,A'$ 三点所确定的平面与 $l$ 所在平面交于直线 $OE$，不难看出：$A$ 和 $A'$ 关于 $l$ 所在平面成镜面反射.同样地，$B$ 和 $B'$，$C$ 和 $C'$ 都关于 $l$ 所在平面成镜面反射.

因此，三面角 $O-ABC$ 与三面角 $O-A'B'C'$ 关于 $l$ 所在平面成镜面反射.所以，它们的三面角分别相等(图 6-12).即

$$\angle AOB=\angle A'OB',$$
$$\angle COA=\angle C'OA',$$
$$\angle BOC=\angle B'OC',$$

由此得到

$$a=a',b=b',c=c'.$$

这两个三面角的三个二面角分别相等，由此得到

$$\angle A=\angle A',\angle B=\angle B',\angle C=\angle C'.$$

因此，球面三角形 $ABC\cong$ 球面三角形 $A'B'C'$.

得到结论：在同一个球面上，对称的两个球面三角形全等.

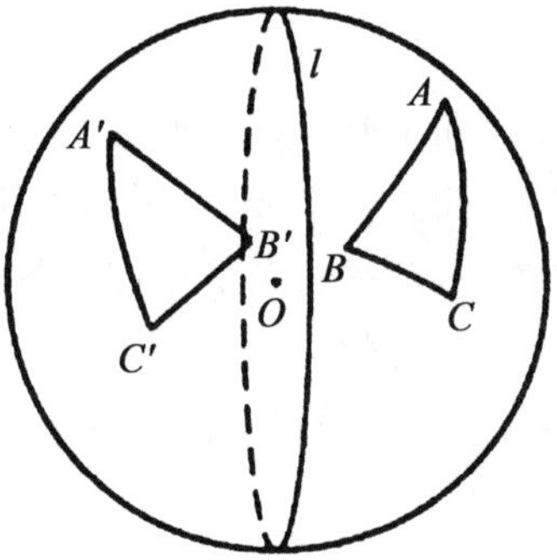


图 6-12

## 6.4.2 球面三角形全等的判定

在平面几何中，如果两个三角形的三对对应边相等，则这两个三角形全等.

在同球面或等球面上，如果两个球面三角形的三对对应边相等，这两个球面三角形全等吗？

设在同球面或等球面上，有两个球面三角形 $ABC$ 与 $A'B'C'$，它们

的三对对应边相等，即

$$a=a',b=b',c=c''$$

（1）如果 $ABC$ 与 $A'B'C'$ 方向相同，这时，由于它们在同球面或等球面上，所以可以通过移动使 $A$ 与 $A'$ 重合，$C$ 与 $C'$ 重合，自然 $B$ 与 $B'$ 重合.由于 $a=a'$，$b=b'$，所以 $C$ 与 $C'$ 一定重合.因此，这两个球面三角形可以完全重合（图 6-13）.

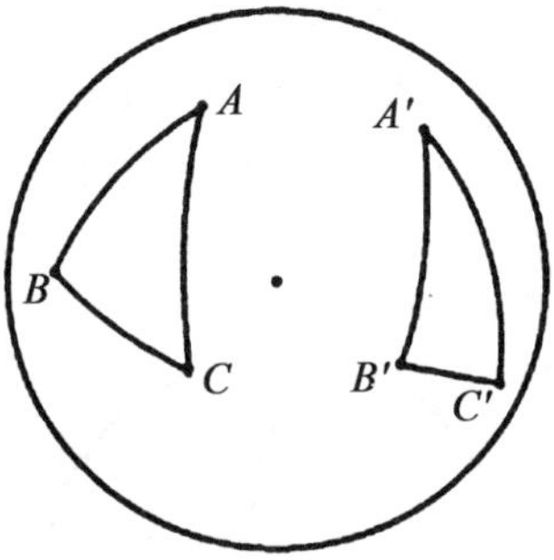


**图 6-13**

（2）如 $ABC$ 与 $A'B'C'$ 方向不相同，这时，先作 $ABC$ 的对称球面三角形 $A''B''C''$，由对称球面三角形的性质，有

$$\text{球面三角形 } ABC \cong \text{球面三角形 } A''B''C'',$$

这时，$A''B''C''$ 与 $A'B'C'$ 方向相同且对应边相等（图 6-14），所以，球面三角形 $A''B''C'' \cong$ 球面三角形 $A'B'C'$，即

$$\text{球面三角形 } ABC \cong \text{球面三角形 } A'B'C'.$$

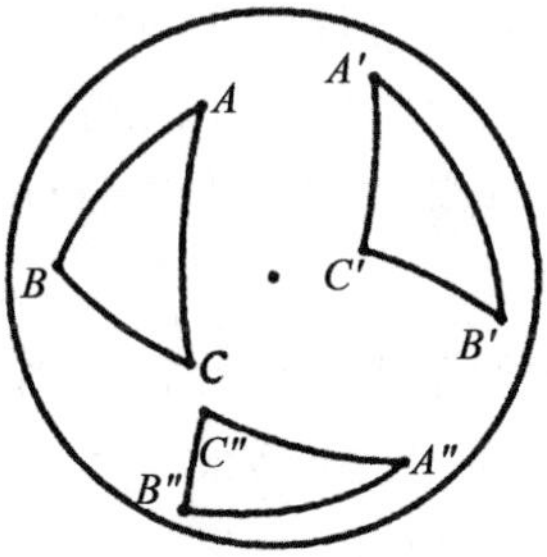


**图 6-14**

**定理 6.4.1**　在同球面或等球面上，如果两个球面三角形的三对对应边相等，那么这两个球面三角形全等.

我们把这个定理叫作球面三角形全等的“边边边”判定定理，简记为“SSS”.

**例 6.4.1** 如果一个球面三角形的三条边相等，那么它的三个角也相等.

**证明**：如图 6-15 所示，设球面三角形 $ABC$ 的三边相等，$D$ 为 $BC$ 边的中点，连接 $AD$，因为 $AB=AC$，$AD=AD$，$BD=DC$，所以根据“SSS”，球面三角形 $ABD\cong$球面三角形 $ACD$，因此，$\angle B=\angle C$，同理可证$\angle A=\angle C$，所以，等边三角形的三个内角也相等.

在平面几何中，如果两个三角形的两对对应边和它们的夹角对应相等，则这两个三角形全等.

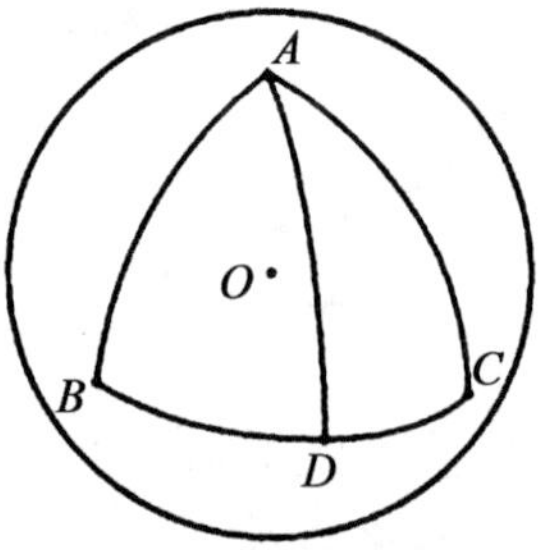

图 6-15

**定理 6.4.2** 在同球面或等球面上，如果两个球面三角形的两对对应边和它们的夹角对应相等，那我们把这个定理叫作球面三角形全等的“边角边”判定定理，简记为“SAS”.

**定理 6.4.3** 在同球面或等球面上，如果两个球面三角形的两对对应角和它们的夹边对应相等，那么这两个球面三角形全等①.

我们把这个定理叫作球面三角形全等的“角边角”判定定理，简记为“ASA”.

**例 6.4.2** 如果球面两条线段互相平分，那么以这两条线段的 4 个端点为顶点的球面四边形的对边相等.

**证明**：如图 6-16 所示，设线段 $AC$ 与线段 $BD$ 互相平分，连接 $AB$，$BC$，$CD$，$DA$ 得到球面四边形 $ABCD$，在球面三角形 $ABE$ 和球面三角

① 严士健，王尚志.普通高中课程标准实验教科书 数学 选修 3-3 球面上的几何[M].北京：北京师范大学出版社，2005.

形 $DCE$ 中，$AE=CE$，$BE=DE$，$\angle AEB=\angle DEC$，根据“SAS”，球面三角形 $ABE\cong$球面三角形 $DCE$，所以 $AB=DC$，同理可证，$AD=BC$.

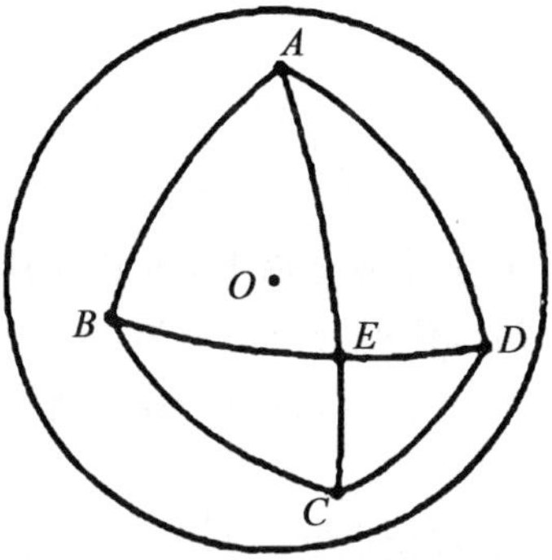


图 6-16

在平面几何中，如果两个三角形的三对对应角对应相等，则这两个三角形相似，即它们的对应边长度成比例.

在同球面或等球面上，如果两个球面三角形的三对对应角对应相等，那么这两个球面三角形的对应边有什么样的关系？

假设在同球面或等球面上，有两个球面三角形 $ABC$ 和 $DEF$，已知它们的对应角相等，即

$$\angle A=\angle D, \angle B=\angle E, \angle C=\angle F,$$

如果能证明它们的对应边相等，也就证明了它们是全等球面三角形.

设球面三角形 $ABC$ 和 $DEF$ 的极三角形分别是 $A'B'C'$和 $D'E'F'$，那么根据球面三角形与它的极三角形之间的关系，有

$$a'=\pi-\angle A, d'=\pi-\angle D,$$

$$b'=\pi-\angle B, e'=\pi-\angle E,$$

$$c'=\pi-\angle C, f'=\pi-\angle F,$$

所以

$$a'=d', b'=e', c'=f'.$$

根据“SSS”有，球面三角形 $A'B'C'\cong D'E'F'$，所以

$$\angle A'=\angle D', \angle B'=\angle E', \angle C'=\angle F'.$$

又根据球面三角形与它的极三角形之间的关系，有

$$a=\pi-\angle A',d=\pi-\angle D',$$
$$b=\pi-\angle B',e=\pi-\angle E',$$
$$c=\pi-\angle C',f=\pi-\angle F',$$

所以

$$a=d,b=e,c=f.$$

则球面三角形 $ABC\cong$球面三角形 $A'B'C'$.

**定理 6.4.4** 在同球面或等球面上,如果两个球面三角形的三对对应角对应相等,那么这两个球面三角形全等.

我们把这个定理叫作球面三角形全等的“角角角”判定定理,简记为“AAA”.

从这个定理又可以看到球面几何与平面几何的差异.在同球面或等球面上,不存在相似的概念.

**定理 6.4.5** 在同球面或等球面上,如果两个球面三角形的三对对应边相等(两对对应角和它们的夹边对应相等,两对对应边和它们的夹角对应相等,三对对应角对应相等),那么这两个球面三角形全等.

# 6.5 地理坐标与天球坐标

## 6.5.1 地理坐标

**定义 6.5.1** 从球面的参数方程

$$\begin{cases}x=r\cos\theta\cos\varphi \\ y=r\cos\theta\sin\varphi \\ z=r\sin\theta\end{cases}\left(\begin{matrix}-\pi<\varphi\leqslant\pi \\ -\dfrac{\pi}{2}<\theta\leqslant\dfrac{\pi}{2}\end{matrix}\right)$$

引出了经、纬度制的地理坐标,即当 $\varphi,\theta$ 一定,点 $M$ 在取定半径为 $r$ 的球面上的位置也就一定,$\varphi,\theta$ 即为点 $M$ 的地理坐标,记作 $M(\varphi,\theta)$,这种坐标是一般的曲纹坐标的特例.

当我们取定曲面的参数方程

$$r=r(u,v) \tag{6-5-1}$$

中的一个参数,比如 $u=u_1=$常数,得单参数向量函数 $r=r(u_1,v)$,它表示一条在曲面(6-5-1)上的曲线.

当 $u$ 取一切可以取的数值时,我们得到一族曲线,叫作 $v$ 族曲线,这族曲线构成了曲面(6-5-1).同样如果我们取定 $v=v_1=$常数,那么只考虑向量函数 $r=r(u,v_1)$ 也表示曲面(6-5-1)上的曲线,当 $v$ 取一切可以取的值时,得到另一族曲线,叫作 $u$ 族曲线,这族曲线同样构成曲面(6-5-1).这样两族曲线构成一张曲纹坐标网.如果同时取定 $u,v$ 的值,比如 $u=u_0,v=v_0$,那么就确定了唯一的向径 $r_0=r(u_0,v_0)$,即唯一确定了曲面(6-5-1)上的点 $M_0$,这点就是 $u$ 族中的曲线 $r=r(u,v_0)$ 与 $v$ 族中的曲线 $r=r(u_0,v)$ 的交点.因此通过参数方程(6-5-1),曲面上的点完全可由一对有序实数$(u,v)$来确定,因此$(u,v)$可以看成曲面上点的坐标,通常把它叫作曲面上的曲纹坐标.

地球(即球)上的经线族与纬线族构成了一张坐标网,地球上的点的位置完全可由经度和纬度来决定,这就是地理坐标.

### 6.5.2　球坐标和柱坐标

球坐标系与柱坐标系是空间另外两种点与有序三数组的一种对应关系,它们都与直角、坐标系有密切的关系.直角标架决定直角坐标系,球坐标系与柱坐标系实际上也是由直角标架决定的,只不过它们在形式上是通过直角坐标系中的球面与柱面而建立起来的.因此,如果球坐标系与柱坐标系都是由同一个直角标架决定的话,那么空间点的球坐标或柱坐标不仅与直角坐标可以相互转换,而且球坐标与柱坐标通过直角坐标也可以相互转换,从而它们的轨迹方程也可以相互转换.

当建立了球坐标系后,空间中点的直角坐标$(x,y,z)$与球坐标$(\rho,\varphi,\theta)$之间就有了下面的关系:

$$\begin{cases}x=\rho\cos\theta\cos\varphi,\\ y=\rho\cos\theta\sin\varphi,\\ z=\rho\sin\theta,\end{cases}\left(\begin{array}{l}\rho\geqslant 0\\ -\pi<\varphi\leqslant\pi\\ -\dfrac{\pi}{2}<\theta\leqslant\dfrac{\pi}{2}\end{array}\right)$$

反过来,又有关系

$$\begin{cases}\rho=\sqrt{x^2+y^2+z^2}\\ \cos\varphi=\dfrac{x}{\sqrt{x^2+y^2}}\sin\varphi=\dfrac{y}{\sqrt{x^2+y^2}},\\ \theta=\arcsin\dfrac{z}{\sqrt{x^2+y^2+z^2}}\end{cases} \tag{6-5-2}$$

空间中点的直角坐标$(x,y,z)$与柱坐标$(\rho,\varphi,\theta)$之间就有了下面的关系:

$$\begin{cases}x=\rho\cos\varphi\\ y=\rho\sin\varphi\\ z=u\end{cases},\begin{pmatrix}\rho\geqslant 0\\ -\pi<\varphi\leqslant\pi\\ -\infty<u\leqslant+\infty\end{pmatrix}$$

反过来,又有关系

$$\begin{cases}\rho=\sqrt{x^2+y^2}\\ \cos\varphi=\dfrac{x}{\sqrt{x^2+y^2}}\sin\varphi=\dfrac{y}{\sqrt{x^2+y^2}},\\ u=z\end{cases} \tag{6-5-3}$$

**例 6.5.1** 点 $A$ 的直角坐标是$\left(-\dfrac{\sqrt{3}}{4},-\dfrac{3}{4},\dfrac{1}{2}\right)$,求它的球面坐标与柱面坐标.

**解:**由(6-5-2)式可知

$$\begin{cases}\rho=1\\ \cos\varphi=-\dfrac{1}{2}\sin\varphi=-\dfrac{\sqrt{3}}{2},\\ \theta=\arcsin\dfrac{1}{2}=\dfrac{\pi}{6}\end{cases}$$

即

$$\begin{cases}\rho=1\\ \varphi=-\dfrac{2\pi}{3}.\\ \theta=\dfrac{\pi}{6}\end{cases}$$

所以球面坐标为$\left(1,-\dfrac{2\pi}{3},\dfrac{\pi}{6}\right)$.

由式(6-5-3)可知

$$\begin{cases}\rho=\dfrac{\sqrt{3}}{2}\\ \varphi=-\dfrac{2\pi}{3},\\ u=\dfrac{1}{2}\end{cases}$$

所以柱面坐标为$\left(\dfrac{\sqrt{3}}{2},-\dfrac{2\pi}{3},\dfrac{1}{2}\right)$.

**例 6.5.2**　在球坐标系中，下列方程表示什么图形？

(1)$\rho=3$；　(2)$\varphi=\dfrac{\pi}{2}$；　(3)$\theta=\dfrac{\pi}{3}$.

**解：**(1)表示以原点为圆心、半径为 3 的球面；

(2)表示 $yOz$ 平面中 $y\geqslant 0$ 的半平面(以 $z$ 轴为界)；

(3)顶点在原点、轴重合于 $z$ 轴、圆锥角的一半为$\dfrac{\pi}{6}$的圆锥面的上半腔(半锥面).

**例 6.5.3**　在柱坐标系中，下列方程代表何种图形？

(1)$\rho=3$；　(2)$\varphi=\dfrac{\pi}{4}$；　(3)$u=-1$.

**解：**(1)表示半径为 2、以 $z$ 轴为界的圆柱面；

(2)表示以 $z$ 轴为界且过点$\left(1,\dfrac{\pi}{4},0\right)$的半平面；

(3)平行于 $xOy$ 坐标面且通过点(0,0,−1)的平面.

# 第 7 章　变换群与几何学

解析几何的主要思想是借助坐标将几何图形(如点、线、面、体等)与各种量联系起来,并用代数的知识和方法去研究几何图形的性质,解决几何问题.前面章节所讨论的几乎都是各种静止不动的图形的坐标表示和它们的一些度量性质,即静态图形的性质.这些性质当然是进一步研究几何学的基础.现实生活中,静止只是相对的,所有物体都是不断运动和变化的,当一个几何体被“搬动”了,或者是发生变形时,我们仍需借助代数的方法去定量分析这样的变化过程或者找出变化前后两个图形的共性.从本章开始,我们研究图形在几何变换下的性质(这里的几何变换是指从一个图形到另一个图形的映射,如图形的平移、旋转、反射、缩放、变形等).按照德国数学家克莱因的说法,几何学主要研究图形在各种变换群下保持不变的性质和保持不变的量,不同的变换群便引出了不同的几何学分支.本章和下一章先介绍点变换和变换群的概念,然后介绍正交变换群.仿射变换群和射影变换群这三种最典型的几何变换群,以及图形在这些变换群下保持不变的几何性质和几何量①.

用变换群来研究几何学的观点是由德国数学家克莱因(Klein,1849—1925),于 1872 年在德国 Erlangen 大学所作的题为“近世几何学研究的比较评论”的报告中首先提出来的.它揭示了几何学的实质在于一个几何变换群,任何一门几何都是在相应变换群中求不变量或不变性的.克莱因的群论观点把各种不同的几何用统一的方法来处理,从而在这个层面上建立了不同几何体系之间的联系.现在我们规定,集合 S 叫作空间,它的元素叫作点,它的子集叫作图形.给定空间 S 上的一个变换群,空间内的图形对此群的不变性质的命题系统的研究称为这个空间的几何学,而空间的维度数称为几何学的维数.

---

① 秦衍,杨勤民.解析几何[M].上海:华东理工大学出版社,2010.

# 7.1 变换与变换群

图形是由点组成的集合，其基本元素是点，因此对图形的运动或变形的讨论可转化为对点的变化的讨论.点的变化是由点变换来描述的，就像量的变化由函数来描述一样.点变换在几何学中的地位类似于数学分析中的函数.映射是变换和点变换的更一般情形，我们从映射的概念开始介绍.

**定义 7.1.1** 设 $S$ 和 $S'$是两个集合，$\sigma$ 是一个对应法则，如果对于 $S$ 中的每一个元素 $X$，按照对应法则 $\sigma$.在 $S'$内有且只有一个元素 $X'$与 $X$ 对应.则称 $\sigma$ 为从集合 $S$ 到集合 $S'$的一个映射，称 $X'$为 $X$ 在映射 $\sigma$ 下的像，记作 $X'=\sigma(X)$.称 $X$ 为 $X'$在 $\sigma$ 下的原像.将 $\sigma$ 记为 $\sigma: S\to S'$，$X\to X'$.或者记作 $X'=\sigma(X)$，$X\in S$.

若对任意相异的两元素 $X_1, X_2\in S$ 有 $\sigma(X_1)\neq\sigma(X_2)$，则称 $\sigma$ 为单射；若对任意的 $X'\in S'$，在 $S$ 中至少存在一个 $X$ 使 $\sigma(X)=X'$，则称 $\sigma$ 为满射；若 $\sigma$ 既是单射又是满射，则称 $\sigma$ 为双射.称集合 $S$ 到自身的映射为 $S$ 的一个变换.

类似于恒等函数、复合函数和反函数，分别定义恒等变换，变换的乘积和逆变换如下：

**定义 7.1.2** 如果集合 $S$ 的一个变换 $\sigma$ 把 $S$ 的每个元素 $X$ 对应到它自身，即对任意 $X\in S$ 有 $\sigma(X)=X$.则称 $\sigma$ 是 $S$ 的恒等变换或单位变换.

**定义 7.1.3** 设 $\tau$ 和 $\sigma$ 是集合 $S$ 的两个变换，对于 $S$ 的任何一个元素 $X$，将其对应到 $S$ 的一个唯一确定的元素 $\tau(\sigma(X))$(即先对 $X$ 施行变换 $\sigma$ 得到 $\sigma(X)$，然后对变换后的结果 $\sigma(X)$施行变换 $\tau$)，称这个对应法则为变换 $\tau$ 乘以变换 $\sigma$ 的乘积，记作 $\tau\sigma$，即

$$\tau\sigma(X)=\tau(\sigma(X)).$$

有时我们也把变换的乘积称作变换的复合.一般而言，$\tau\sigma(X)\neq\sigma\tau(X)$，即变换的乘积不满足交换律，但可以证明它满足结合律.

**定理 7.1.1** 变换的乘积满足结合律，即设 $\sigma_1, \sigma_2, \sigma_3$ 是集合 $S$ 上的任意三个变换，则对于 $S$ 的任意一个元素 $X$ 有：

$$\sigma_1(\sigma_2\sigma_3)(X)=(\sigma_1\sigma_2)\sigma_3(X),$$

**证明**:因为

$$\sigma_1(\sigma_2\sigma_3)(X)=\sigma_1(\sigma_2\sigma_3(X))=\sigma_1(\sigma_2(\sigma_3(X))),$$

$$(\sigma_1\sigma_2)\sigma_3(X)=\sigma_1\sigma_2(\sigma_3(X))=\sigma_1(\sigma_2(\sigma_3(X))),$$

所以 $\sigma_1(\sigma_2\sigma_3)(X)=(\sigma_1\sigma_2)\sigma_3(X)$.
于是我们可以把变换 $\sigma_1(\sigma_2\sigma_3)$ 和 $(\sigma_1\sigma_2)\sigma_3$ 都记作 $\sigma_1\sigma_2\sigma_3$.

**定义 7.1.4** 设 $\sigma$ 是集合 $S$ 中的一个变换,如果对于 $S$ 中的任意一个元素 $Y$,$Y$ 在 $\sigma$ 下的原像存在且唯一,则称变换 $\sigma$ 是可逆的,称把 $Y$ 对应到 $Y$ 在 $\sigma$ 下的原像的对应法则为 $\sigma$ 的逆变换,记作 $\sigma^{-1}$.

显然,$\sigma^{-1}\sigma$ 和 $\sigma\sigma^{-1}$ 都是 $S$ 中的恒等变换.

**例 7.1.1** 设 $\sigma$ 是平面中的一个点变换,它的公式为

$$\begin{cases}x'=2x+y+1\\ y'=x-y+2\end{cases},$$

求它的逆变换 $\sigma$.

**解**:若 $\sigma$ 把点 $P=(x,y)$ 对应到点 $P'=(x',y')$,则 $\sigma^{-1}$ 把点 $P'=(x',y)$ 对应到点 $P=(x,y)$,因此为了得到 $\sigma^{-l}$ 的公式,只要从 $\sigma$ 的公式中反解出 $x,y$:

$$\begin{cases}x=\dfrac{1}{3}x'+\dfrac{1}{3}y'-1\\ y=\dfrac{1}{3}x'-\dfrac{2}{3}y'+1\end{cases},$$

为了统一起见,对于每一个变换的公式,都把原像的坐标写成 $(x,y)$,把像的坐标写成 $(x',y')$,因此 $\sigma^{-1}$ 的公式为

$$\begin{cases}x'=\dfrac{1}{3}x+\dfrac{1}{3}y-1\\ y'=\dfrac{1}{3}x-\dfrac{2}{3}y+1\end{cases}.$$

点变换就是把点映射成点的变换.平面或空间中的一个点变换把平面或空间中的一个图形映射到这个平面或空间中的另外一个图形,因此平面和空间中的点变换也称为图形的几何变换.常见的点变换举例如下:

**例 7.1.2(平移变换)** 在平面 $S$ 上取定一个坐标系 $[O;\boldsymbol{e}_1,\boldsymbol{e}_2]$,给定一个向量 $t(t_1,t_2)$.

令 $\sigma$ 是 $S$ 中的一个变换，使得对于每一个 $X\in S$ 有 $\overrightarrow{X\sigma(X)}=t$ 即若 $X$ 的坐标为 $(x,y)$，则 $\sigma(X)$ 的坐标为

$$\begin{cases}x'=x+t_1\\ y'=y+t_2\end{cases} \text{或写为} \begin{pmatrix}x'\\ y'\end{pmatrix}=\begin{pmatrix}x\\ y\end{pmatrix}+\begin{pmatrix}t_1\\ t_2\end{pmatrix}, \tag{7-1-1}$$

称 $\sigma$ 为向量 $t$ 决定的平移变换，称式(7-1-1)为向量 $l$ 决定的平移公式.$\sigma$ 使平面上每个点 $X$ 都沿着方向 $t$ 移动了长为 $|t|$ 的一段距离.

**例 7.1.3(旋转变换)**　在平面 $S$ 上取定一个直角坐标系 $[O;\boldsymbol{e}_1,\boldsymbol{e}_2]$，给定一个角度 $\theta$.令 $\sigma$ 是 $S$ 中的一个变换，使得对于每一个 $X\in S$.有 $\overrightarrow{O\sigma(X)}=|\overrightarrow{OX}|$ 且从 $\overrightarrow{OX}$ 逆时针旋转到 $\overrightarrow{O\sigma(X)}$ 的角度恒为 $\theta$.即若 $X$ 的坐标为 $(x,y)$，则 $\sigma(X)$ 的坐标为

$$\begin{cases}x'=x\cos\theta-y\sin\theta\\ y'=x\sin\theta+y\cos\theta\end{cases} \text{或写为} \begin{pmatrix}x'\\ y'\end{pmatrix}=\begin{pmatrix}\cos\theta & -\sin\theta\\ \sin\theta & \cos\theta\end{pmatrix}\begin{pmatrix}x\\ y\end{pmatrix}, \tag{7-1-2}$$

称 $\sigma$ 为由平面绕原点转角为 $\theta$ 的旋转变换，称式(7-1-2)为平面绕原点转角为 $\theta$ 的旋转公式.$\sigma$ 使平面上每个点 $X$ 绕原点 $O$ 逆时针旋转了 $\theta$ 角.

需要说明的是，虽然这里的平移公式与坐标变换中的移轴公式完全相同.旋转公式与坐标变换中的转轴公式完全相同，但意义却不同：在平移和旋转变换中，公式描述的是像和原像在同一坐标系中的坐标，坐标系是不变的；在坐标变换中，公式描述的是相同的点在不同坐标系中的坐标，点是不动的.

称在任何情况下(特别是在运动过程中)形状和大小都不发生变化的物体为刚体，它是一种理想模型.平移变换、旋转变换以及它们的乘积构成刚体运动.

下面给出几何体发生变形的一种最简单的例子.

**例 7.1.4(伸缩变换)**　设在平面 $S$ 上建立了一个直角坐标系 $[O;\boldsymbol{e}_1,\boldsymbol{e}_2]$，给定两个实数 $h$ 和 $v$.令 $\sigma$ 是 $S$ 中的一个变换，使得对于每一个 $X\in S$，$\sigma(X)$ 的横坐标和纵坐标分别是 $X$ 的横坐标和纵坐标的 $h$ 倍和 $v$ 倍.即若 $X$ 的坐标为 $(x,y)$，则 $\sigma(X)$ 的坐标为

$$\begin{cases}x'=hx\\ y'=vy\end{cases} \text{或写为} \begin{pmatrix}x'\\ y'\end{pmatrix}=\begin{pmatrix}h & 0\\ 0 & v\end{pmatrix}\begin{pmatrix}x\\ y\end{pmatrix}, \tag{7-1-3}$$

称 $\sigma$ 为延 $x$ 方向和 $y$ 方向分别缩放 $h$ 倍和 $v$ 倍的伸缩变换，称式(7-1-3)为延 $x$ 方向和 $y$ 方向分别缩放 $h$ 倍和 $v$ 倍的伸缩公式.特别地：

(1)当 $h=v=-1$ 时,$\sigma(X)$ 与 $X$ 关于原点中心对称,称 $\sigma$ 为以原点为中心的对称变换;

(2)当 $h=1,v=-1$ 时,$\sigma(X)$ 与 $X$ 关于 $x$ 轴对称,称 $\sigma$ 为关于 $x$ 轴的轴对称变换或镜面反射变换;

(3)当 $h=-1,v=1$ 时,$\sigma(X)$ 与 $X$ 关于 $y$ 轴对称,称 $\sigma$ 为关于 $y$ 轴的轴对称变换或镜面反射变换;

(4)当 $h=1,v=0$ 时,$\sigma(X)$ 为 $X$ 在 $x$ 轴上的垂足,称 $\sigma$ 为关于 $x$ 轴的投影变换;

(5)当 $h=0,v=1$ 时,$\sigma(X)$ 为 $X$ 在 $y$ 轴上的垂足,称 $\sigma$ 为关于 $y$ 轴的投影变换.

为了更清楚地理解点变换,还可以看看它与函数之间的某些联系:一方面,函数是数集到数集的映射,而数集可以看成是数轴上的点集,可见函数可拓展为直线上的点变换;另一方面当给每个点都赋予了坐标的时候,点与坐标一一对应,点变换反映点的坐标的变化,因此平面中的点变换可看作是取值为二维向量的二元函数,空间中的点变换可看作是取值为三维向量的三元函数.式(7-1-1)、式(7-1-2)和式(7-1-3)都可看作是取值为二维向量的二元函数.

最后我们给出变换群的定义.

**定义 7.1.5** 设 $G$ 是由平面上某些点变换组成的集合,如果 $G$ 满足下列条件:

(1)$G$ 包含恒等变换 $\varepsilon$;

(2)如果 $\varphi\in G$,则 $\varphi^{-1}\in G$;

(3)如果 $\varphi_1,\varphi_2\in G$,则 $\varphi_1\varphi_2\in G$;

则称 $G$ 为平面的一个变换群.

易知,平面上所有平移变换组成的集合 $G$ 是平面 $E^2$ 上的一个变换群,平面上所有绕原点 $O$ 的旋转变换也是平面 $E^2$ 上的一个变换群.

注:$E^2$ 表示二维欧氏空间,$E^3$ 表示三维欧氏空间.

**例 7.1.5** 由集合 $S$ 上恒等变换组成的集合是 $S$ 上的元素个数最少的变换群;由集合 $S$ 上所有变换组成的集合是 $S$ 上的元素个数最多的变换群;由集合 $S$ 上恒等变换和一对可逆变换组成的集合也是 $S$ 上的一个变换群.

# 7.2 欧氏几何与正交变换

## 7.2.1 正交变换的概念与性质

**定义 7.2.1** 平面(空间)上的点变换 $\varphi$ 使任意两点 $P$ 与 $Q$ 间的距离保持不变,即 $\forall \varphi: P \to P'; Q \to Q'$ 时,有

$$d(\varphi(P), \varphi(Q)) = d(P', Q') = d(P, Q), \tag{7-2-1}$$

则称点变换 $\varphi$ 为平面(空间)的正交变换(或称等距变换).其中 $d(P,Q)$ 表示点 $P$ 与 $Q$ 之间的距离.

显然,平移、旋转与仿射变换都是正交变换.

下面给出正交变换的一些简单性质.

**性质 7.2.1** 正交变换保留同素性不变,即在正交变换下,点变为点、直线变为直线.

**分析**:点变为点,由点变换 $\varphi$ 的定义得证.这里只需证正交变换把直线 $l$ 变为直线 $l'$ 即可.

由定义可知,正交变换保留两点间的距离不变,因此只需证把任意共线三点仍变为共线三点即可.

**证明**:设 $\varphi$ 是正交变换,在直线 $l$ 上任取三点 $A,B,C$,且 $\varphi: A \to A'$, $\varphi: B \to B'$, $\varphi: C \to C'$,由平面几何知识可知,任意三点 $A,B,C$ 依次在一条直线 $l$ 上的充要条件是

$$d(A,B) + d(B,C) = d(A,C),$$

即由定义知

$$\begin{aligned} d(A,B) + d(B,C) &= d(\varphi(A), \varphi(B)) + d(\varphi(B), \varphi(C)) \\ &= d(A',B') + d(B',C') \\ &= d(\varphi(A), \varphi(C)) \\ &= d(A',C'), \end{aligned}$$

即 $A',B',C'$ 依次仍在一条直线 $l'$ 上.

由此得出:

**性质 7.2.2** 正交变换保留点线的结合性，即将共线点变为共线点、将不共线点变为不共线点.

**性质 7.2.3** 正交变换把平行直线变为平行直线.

**证明**：设 $\varphi$ 是正交变换，直线 $l_1$ 与 $l_2$ 平行，由性质 7.2.2 可知，$\varphi$ 把直线 $l_1$ 变为直线 $l_1'$，$l_2$ 变为 $l_2'$.

假设 $l_1'$ 与 $l_2'$ 交于点 $M'$，则由性质 7.2.2 可知，$M'$ 的唯一原象 $M$ 既在 $l_1$ 上，又在 $l_2$ 上，这与 $l_1$，$l_2$ 平行矛盾，故 $l_1'$ 与 $l_2'$ 平行.

**性质 7.2.4** 正交变换保持两直线的夹角不变.

**证明**：设 $\varphi$ 是正交变换，$\varphi$ 将不共线三点 $A$，$O$，$B$ 变为不共线三点 $A'$，$O'$，$B'$，即证 $\angle AOB=\angle A'O'B'$.

因为 $d(A,B)=d(A',B)$，$d(O,A)=d(O',A')$，$d(O,B)=d(O',B')$，所以 $\triangle OAB\cong\triangle O'A'B'$，$\angle AOB=\angle A'O'B'$.

**性质 7.2.5** 正交变换保留正交性不变，即将两垂直直线变为两垂直直线.

**证明**：根据正交变换的定义及性质 7.2.4 得证.

总之，在一切正交变换下，不改变的性质、图形和数量称为正交不变性、正交不变图形、正交不变量.由上面所讨论的正交变换的性质可知，正交变换的不变性为同素性、接合性、平行性和正交性，不变量为距离和角度.

利用上面的性质容易证明，在正交变换 $\varphi$ 下，若 $\varphi$ 把点 $M(x,y)$ 变为 $\varphi(M)=(x',y')$，则 $(x,y)$ 与 $(x',y')$ 之间有变换公式：

$$\begin{cases} x'=a_{11}x+a_{12}y+a_{13} \\ y'=a_{21}x+a_{22}y+a_{23} \end{cases}. \tag{7-2-2}$$

其中，$\varphi(0,0)=(a_{13},a_{23})$，$\varphi(1,0)(a_{11},a_{21})$，$\varphi(0,1)=(a_{12},a_{22})$.

$A=\begin{pmatrix} a_{11} & a_{12} \\ a_{21} & a_{22} \end{pmatrix}$ 称为正交变换的系数矩阵.当行列式 $|A|=1$ 时，公式(7-2-2)变为

$$\begin{cases} x'=x\cos\theta-y\sin\theta+a_{13} \\ y'=x\sin\theta+y\cos\theta+a_{23} \end{cases}, \tag{7-2-3}$$

它是平面上的一个刚体运动（平移、旋转、平移和旋转的复合）.

当行列式 $|A|=-1$ 时，式(7-2-2)变为

$$\begin{cases}x'=x\cos\theta-y\sin\theta+a_{13}\\y'=-x\sin\theta-y\cos\theta+a_{23}\end{cases},\tag{7-2-4}$$

它是平面上的反射.

由此得出,正交变换的代数式是式(7-2-3)或式(7-2-4),即正交变换或者是刚体运动,或者是反射,或者是刚体运动与反射的乘积.

### 7.2.2　正交变换群与欧氏几何

**定理 7.2.1**　平面上正交变换的全体构成一个变换群,称为正交变换群.

**证明:**

(1)由正交变换的定义知,恒等变换是正交变换;

(2)任意两个正交变换 $\varphi$ 与 $\psi$ 的乘积仍是正交变换(由正交变换的定义得知);

(3)一个正交变换的逆变换是正交变换(由正交变换的定义及逆变换的定义推出).

由(1)(2)(3)知,正交变换的全体构成一个群.

所谓欧氏几何,是指研究正交变换群下图形的不变性质与不变量的几何.因此,初等几何中都是与讨论图形的距离、角度、面积、平行、相似比等有关的性质,如三角形全等、平行、垂直等.

**例 7.2.1**　判断下述平面的点变换是否为正交变换,并求它的不动点.

$$\begin{cases}x'=\dfrac{4}{5}x-\dfrac{3}{5}y+1\\y'=\dfrac{3}{5}x+\dfrac{4}{5}y-2\end{cases}.$$

**解:**要验证一个点变换是否为正交变换,只需求系数矩阵 $\boldsymbol{A}$ 的行列式是否为 1 即可.因为

$$|\boldsymbol{A}|=\begin{vmatrix}\dfrac{4}{5} & -\dfrac{3}{5}\\\dfrac{3}{5} & \dfrac{4}{5}\end{vmatrix}=\frac{16}{25}+\frac{9}{25}=1,$$

所以所求的点变换为正交变换.

令 $x'=x, y'=y$，若求其不动点，则有

$$\begin{cases} x=\frac{4}{5}x-\frac{3}{5}y+1 \\ y=\frac{3}{5}x+\frac{4}{5}y-2 \end{cases},$$

即

$$\begin{cases} -\frac{1}{5}x-\frac{3}{5}y+1=0 \\ \frac{3}{5}x-\frac{1}{5}y-2=0 \end{cases}.$$

解得 $x=\frac{7}{2}, y=\frac{1}{2}$.所以不动点是 $\left(\frac{7}{2}, \frac{1}{2}\right)$.

## 7.3 仿射几何与仿射变换

通过上一节的学习，我们知道了在正交变换中，图形保持任意两点之间的距离不变.然而此类变换是十分特殊的，例如，图像的放大、物体在阳光照射下的影子等，都不具有这种性质，即都不是正交变换.那么有没有一种比正交变换广泛的点变换呢？这就是本节将要讨论的仿射变换.本节主要研究平面的仿射变换，其方法和结果可以推广到空间的仿射变换.

### 7.3.1 平面上的仿射坐标系与仿射变换的概念

在平面上任取一点 $O$ 及两个不共线的向量：$\overrightarrow{e_1}=\overrightarrow{OE_1}, \overrightarrow{e_2}=\overrightarrow{OE_2}$，（$\overrightarrow{e_1}$与$\overrightarrow{e_2}$不一定是单位向量，且$\overrightarrow{e_1}$与$\overrightarrow{e_2}$不一定垂直），这样就建立了平面上的仿射坐标系（见图 7-1），记作$[O, \overrightarrow{e_1}, \overrightarrow{e_2}]$.

如图 7-2 所示，对于平面上任一点 $P$，则向量$\overrightarrow{OP}$可唯一地表示为$\overrightarrow{OP}=x\overrightarrow{e_1}+y\overrightarrow{e_2}$数组$(x, y)$称为 $P$ 点关于仿射坐标系$[O, \overrightarrow{e_1}, \overrightarrow{e_2}]$的仿射坐标.

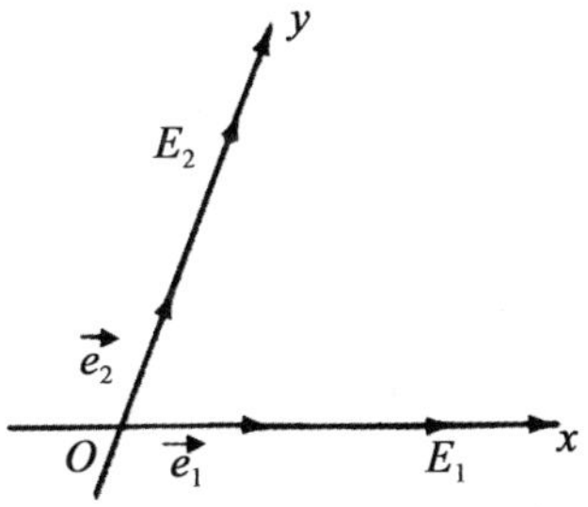


图 7-1

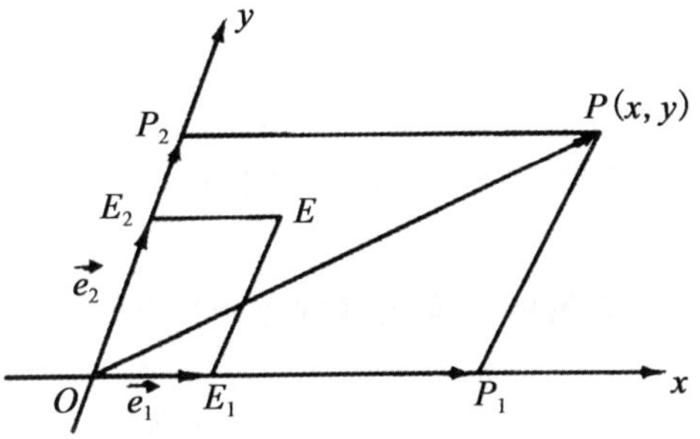


图 7-2

建立仿射坐标系的两个向量$\overrightarrow{e_1}$与$\overrightarrow{e_2}$叫作坐标向量.当坐标向量是互相垂直的单位向量时,仿射坐标系就称为直角坐标系,因此仿射坐标系是较直角坐标系更宽泛的一种坐标系.

**定义 7.3.1**　平面的一个点变换 $\varphi_1$,如果它在一个仿射坐标系中的公式为

$$\begin{cases} x'=a_{11}x+a_{12}y+a_{13} \\ y'=a_{12}x+a_{22}y+a_{23} \end{cases}, \tag{7-3-1}$$

且

$$|A|=\begin{vmatrix} a_{11} & a_{12} \\ a_{21} & a_{22} \end{vmatrix}\neq 0,$$

则称 $\varphi_1$ 是平面的仿射(点)变换,其中$(x,y)$,$(x',y')$分别是点 $P$,$P'$的仿射坐标.

**例 7.3.1** 由公式

$$\tau:\begin{cases}x'=x\\ y'=ky\end{cases}(k\neq 0)$$

确定的压缩变换是仿射变换.

事实上

$$|A|=\begin{vmatrix}1 & 0\\ 0 & k\end{vmatrix}=k\neq 0,$$

所以 $\tau$ 是仿射变换.

**例 7.3.2** 由公式

$$\varphi:\begin{cases}x'=kx\\ y'=hy\end{cases}(k\neq 0,h\neq 0)$$

确定的变换表示分别沿 $x$ 轴、$y$ 轴方向的两个压缩变换的乘积,也是一个仿射变换.

**定理 7.3.1(平面仿射变换的基本定理)** 平面上不共线的三对对应点唯一决定一个仿射变换.

事实上,在式(7-3-1)中,有六个独立系数 $a_{11},a_{12},a_{13}$ 及 $a_{21},a_{22}$,$a_{23}$,若将三对对应点:

$$P_1(x_1,y_1)\xrightarrow{\varphi}P_1'(x_1',y_1')$$

$$P_2(x_2,y_2)\xrightarrow{\varphi}P_2'(x_2',y_2')$$

$$P_3(x_3,y_3)\xrightarrow{\varphi}P_3'(x_3',y_3')$$

的坐标分别代入式(7-3-1),可得关于 $a_{11},a_{12},a_{13},a_{21},a_{22},a_{23}$ 的六个一次方程.由于 $P_1,P_2,P_3$ 及 $P_1',P_2',P_3'$ 都不共线,所以有唯一解,且满足

$$|A|=\begin{vmatrix}a_{11} & a_{12}\\ a_{21} & a_{22}\end{vmatrix}\neq 0.$$

根据定理 7.3.1,平面上任意给定的两个三角形,总可以经过一个仿射变换,把一个三角形变为另一个三角形.

**例 7.3.3** 求使三点 $O(0,0)$,$E(1,1)$,$P(1,-1)$ 顺次变为点 $O'(2,3)$,$E'(2,5)$,$P'(3,-7)$ 的仿射变换.

**解:** 设所求仿射变换为

$$\varphi:\begin{cases}x'=a_{11}x+a_{12}y+a_{13}\\ y'=a_{21}x+a_{22}y+a_{23}\end{cases},\tag{7-3-2}$$

将 $O(0,0)\xrightarrow{\varphi}O'(2,3)$ 代入式(7-3-2)式得

$$\begin{cases}a_{13}=2\\a_{23}=3\end{cases},$$

将 $E(1,1)\xrightarrow{\varphi}E'(2,5)$ 代入式(7-3-2)得

$$\begin{cases}a_{11}+a_{12}+a_{13}=2\\a_{21}+a_{22}+a_{23}=5\end{cases},$$

将 $P(1,-1)\xrightarrow{\varphi}P'(3,-7)$ 代入式(7-3-2)得

$$\begin{cases}a_{11}-a_{12}+a_{13}=3\\a_{21}-a_{22}+a_{23}=-7\end{cases},$$

解得

$$a_{11}=\frac{1}{2},a_{12}=-\frac{1}{2},a_{21}=-4,a_{22}=6,a_{13}=2,a_{23}=3.$$

故所求的仿射变换为

$$\begin{cases}x'=\frac{1}{2}x-\frac{1}{2}y+2\\y'=-4x+6y+3\end{cases},且\ |A|=\begin{vmatrix}\frac{1}{2}&-\frac{1}{2}\\-4&6\end{vmatrix}=1\neq0.$$

**例 7.3.4**　试确定仿射变换,使 $y$ 轴、$x$ 轴的像分别为直线 $x+y+1=0$,$x-y-1=0$,且点(1,1)的像为原点.

**解:**设仿射变换

$$\varphi:\begin{cases}x'=a_{11}x+a_{12}y+a_{13}\\y'=a_{21}x+a_{22}y+a_{23}\end{cases},\tag{1}$$

且 $\begin{vmatrix}a_{11}&a_{12}\\a_{21}&a_{22}\end{vmatrix}\neq0$ 的逆变换为

$$\begin{cases}x=\alpha_1x'+\beta_1y'+\gamma_1\\y=\alpha_2x'+\beta_2y'+\gamma_2\end{cases},\tag{2}$$

且 $\begin{vmatrix}\alpha_1&\beta_1\\\alpha_2&\beta_2\end{vmatrix}\neq0$,则 $x=0$ 变为直线

$$\alpha_1x'+\beta_1y'+\gamma_1=0.$$

由题设知 $x=0$ 变为 $x+y+1=0$,即

$$x+y+1=0\ 与\ \alpha_1x'+\beta_1y'+\gamma_1=0$$

表示同一直线,故有

$$\frac{\alpha_1}{1}=\frac{\beta_1}{1}=\frac{\gamma_1}{1}=\frac{1}{h},$$

因此

$$hx=x'+y'+1,h\text{ 为参数}.$$

同理

$$ky=x'-y'-1,k\text{ 为参数}.$$

把点(1,1)变为原点,代入仿射变换式

$$\begin{cases}hx=x'+y'+1\\ky=x'-y'-1\end{cases},$$

有 $h-1,k=-1$.故所求变换的逆变换为

$$\begin{cases}x=x'+y'+1\\y=-(x'-y'-1)\end{cases}.$$

则所求的仿射变换为

$$\begin{cases}x'=\dfrac{x}{2}-\dfrac{y}{2}\\y'=\dfrac{x}{2}+\dfrac{y}{2}-1\end{cases},\text{且}|A|=\begin{vmatrix}\dfrac{1}{2}&-\dfrac{1}{2}\\\dfrac{1}{2}&\dfrac{1}{2}\end{vmatrix}=\frac{1}{2}\neq 0.$$

## 7.3.2 仿射变换的基本性质

**定义 7.3.2** 经过任何仿射变换都不改变的性质、图形和数量称为仿射不变性、仿射不变图形、仿射不变量.

**性质 7.3.1** 仿射变换保持同素性不变(点变为点,直线变为直线)、结合性不变(共线点不变,共点性不变).

性质 7.3.1 由仿射变换的定义得证.

**推论 7.3.1** 三角形是仿射不变图形.

**性质 7.3.2** 两直线间的平行性是仿射不变性.

**证明:**设 $a,b$ 是平面 $n$ 内的两条平行线,经过一个仿射变换 $T$,$a,b$ 在 $\pi'$内的仿射映像分别是 $a',b'$,下面只需证 $a'//b'$.

假设 $a'\cap b'=P'$,且设 $P$ 为 $P'$的原象点,由于仿射变换保留接合性,即 $P\in a$,$P\in b$,所以 $P\in a\cap b$,并与已知矛盾,故 $a'//b'$.

**推论 7.3.2**　平行四边形、梯形是仿射不变图形.

**定义 7.3.3(共线三点的简比或单比或仿射比)**　设 $P_1,P_2,P$ 为共线三点这三点的简比定义为以下有向线段的比:

$$(P_1P_2P)=\frac{P_1P}{P_2P}$$

如图 7-3 所示,$P$ 点在线段 $P_1P_2$ 内时,简比$(P_1P_2P)<0$;$P$ 点在线段 $P_1P_2$ 的延长线上时,简比$(P_1P_2P)>0$.

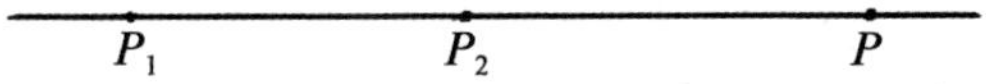


图 7-3

简比与线段定比分割的关系为

$$\lambda=\frac{P_1P}{-P_2P}=-(P_1P_2P).$$

其中,$\lambda$ 为点 $P$ 分割线段 $P_1P_2$ 的分割比.因此简比$(P_1P_2P)$等于点 $P$ 分割线段 $P_1P_2$ 的分割比的相反数.

由此可知:当 $P$ 为线段 $P_1P_2$ 的中点时,$(P_1P_2P)=-1$.

设 $P_i(x,y)(i=1,2,3)$是一条直线上的三点,其中$(x_i,y_i)$为 $P_i$ 的仿射坐标(见图 7-4),则

$$(P_1P_2P_3)=\frac{P_1P_3}{P_2P_3}=\frac{P_{x1}P_{x3}}{P_{x2}P_{x3}}=\frac{OP_{x3}-OP_{x1}}{OP_{x2}-OP_{x1}}=\frac{x_3-x_1}{x_2-x_1}. \tag{7-3-3}$$

同理

$$(P_1P_2P_3)=\frac{y_3-y_1}{y_2-y_1}. \tag{7-3-4}$$

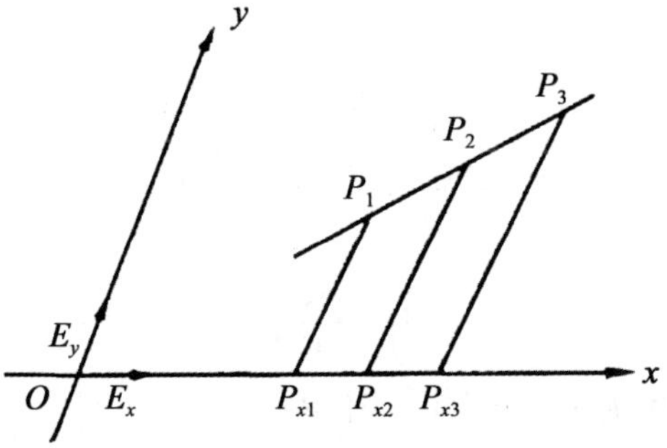


图 7-4

**性质 7.3.3** 共线三点的简比是仿射不变量.

**分析:**设 $P_1,P_2,P$ 是共线三点,在仿射变化(7-3-1)下的像 $P'_1$,$P_2{}'$,$P'$ 仍共线(性质 7.3.1),现只需证$(P_1P_2P)=(P'_1P'_2P)$.

**证明:**设共线三点 $P_1(x_1,y_1)$,$P_2(x_2,y_2)$,$P_3(x_3,y_3)$,则

$$(P_1P_2P)=\frac{x-x_1}{x-x_2}=\frac{y-y_1}{y-y_2}.$$

在仿射变换式(7-3-1)下,$P_1$,$P_2$,$P$ 的像分别为 $P_1(x'_1,y'_1)$,$P(x'_2,y'_2)$,$P(x',y')$.设$(P_1P_2P)=\lambda$,于是有

$$(P'_1P'_2P)=\frac{x'-x'_1}{x'-x'_2}=\frac{a_{11}(x-x_1)+a_{12}(y-y_1)}{a_{11}(x-x_2)+a_{12}(y-y_2)}$$

$$=\frac{a_{11}\lambda(x-x_2)+a_{12}(y-y_2)}{a_{11}(x-x_2)+a_{12}(y-y_2)}=\lambda=(P_1P_2P),$$

所以$(P'_1P'_2P)=(P_1P_2P)$.

**性质 7.3.4** 两条平行线段之比是仿射不变量.

**证明:**已知 $AB//CD$,设 $AB$ 和 $CD$ 在仿射变换 $T$ 下的像为 $A'B'$,$C'D'$,且 $A'B'//C'D'$(性质 7.3.2).过 $C$ 作 $CE//BD$,交 $AB$ 于 $E$(见图 7-5),得$\square BECD$.它在仿射变换 $T$ 下的像是$\square B'E'C'D'$.又因为 $A$,$E$,$B$ 三点共线,故由性质 7.2.3 有

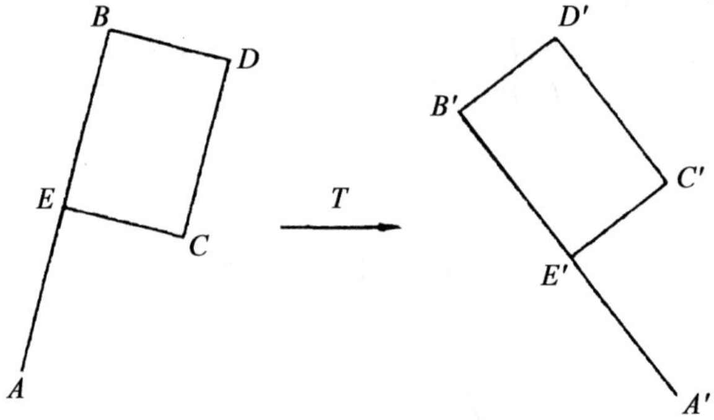


图 7-5

$$(AEB)=(A'E'B'),$$

即

$$\frac{AB}{EB}=\frac{A'B'}{E'B'}.$$

又因为 $EB\underline{\underline{//}}CD$,$E'B'\underline{\underline{//}}C'D'$,所以有

$$\frac{AB}{CD}=\frac{A'B'}{C'D'}.$$

**性质 7.3.5**　一直线上任两线段之比是仿射不变量.

特别地,线段的中点仍变为线段的中点.

**性质 7.3.6**　任意两个三角形的面积之比是仿射不变量.

**证明:** 设在直角坐标系下,已知不共线三点 $P_i(x_i, y_i)(i=1,2,3)$,则 $\Delta P_1P_2P_3$ 的面积 $S_{\Delta P_1P_2P_3}$ 为

$$S_{\Delta P_1P_2P_3}=\frac{\varepsilon}{2}\begin{vmatrix} x_1 & y_1 & 1 \\ x_2 & y_2 & 1 \\ x_3 & y_3 & 1 \end{vmatrix}. \tag{3}$$

其中,$\varepsilon=\pm 1$.

经过仿射变换后,$P_i$ 变为 $P'_i(x'_i, y'_i)$ $(i=1,2,3)$,则

$$\begin{cases} x_i=a_{11}x_i+a_{12}y_i+a_{13} \\ y_i=a_{21}x_i+a_{22}y_i+a_{23} \end{cases} (i=1,2,3), \tag{4}$$

且 $k=\begin{vmatrix} a_{11} & a_{12} \\ a_{21} & a_{22} \end{vmatrix}$ 则

$$\begin{aligned} S'_{\Delta P'_1P'_2P'_3} &= \frac{\varepsilon}{2}\begin{vmatrix} x'_1 & y'_1 & 1 \\ x'_2 & y'_2 & 1 \\ x'_3 & y'_3 & 1 \end{vmatrix} \\ &= \frac{\varepsilon}{2}\begin{vmatrix} a_{11}x_1+a_{12}y_1+a_{13} & a_{21}x_1+a_{22}y_1+a_{23} & 1 \\ a_{11}x_2+a_{12}y_2+a_{13} & a_{21}x_2+a_{22}y_2+a_{23} & 1 \\ a_{11}x_3+a_{12}y_3+a_{13} & a_{21}x_3+a_{22}y_3+a_{23} & 1 \end{vmatrix} \\ &= \frac{\varepsilon}{2}\begin{vmatrix} x_1 & y_1 & 1 \\ x_2 & y_2 & 1 \\ x_3 & y_3 & 1 \end{vmatrix}\begin{vmatrix} a_{11} & a_{21} & 0 \\ a_{12} & a_{22} & 0 \\ a_{13} & a_{23} & 1 \end{vmatrix} \\ &= S_{\Delta P_1P_2P_3}\begin{vmatrix} a_{11} & a_{21} \\ a_{12} & a_{22} \end{vmatrix} = kS_{\Delta P_1P_2P_3}, \end{aligned}$$

所以

$$\frac{S'_{\Delta P'_1P'_2P'_3}}{S_{\Delta P_1P_2P_3}}=k=\begin{vmatrix} a_{11} & a_{21} \\ a_{12} & a_{22} \end{vmatrix}.$$

同理,另一个三角形 $Q_1Q_2Q_3$ 与其像三角形 $Q'_1Q'_2Q'_3$ 的面积之比也有关系:

$$\frac{S'_{\Delta Q'_1Q'_2Q'_3}}{S_{\Delta Q_1Q_2Q_3}}=k=\begin{vmatrix} a_{11} & a_{21} \\ a_{12} & a_{22} \end{vmatrix},$$

所以

$$\frac{S_{\Delta P_1P_2P_3}}{S_{\Delta Q_1Q_2Q_3}}=\frac{S'_{\Delta P'_1P'_2P'_3}}{S'_{\Delta Q'_1Q'_2Q'_3}}.$$

**推论 7.3.3** 两个平行四边形 的面积之比是仿射不变量.

**推论 7.3.4** 两个封闭图形的面积之比是仿射不变量.

**例 7.3.5** 证明梯形两腰延长线的交点和对角线交点的连线必平分,上、下底.

**证明:**因为本命题仅涉及仿射性(平行性),所以可利用仿射变换 $T$ 将原梯形变为等腰梯形 $ABCD$ 来讨论,如图 7-6 所示.因为等腰梯形 $ABCD$ 上、下底中点的连线 $EF$ 是它的对称轴,故 $AB,CD$;$AC,BD$ 的交点 $H,G$ 也在对称轴上,即 $E,F,H,G$ 共线,因此原命题成立.

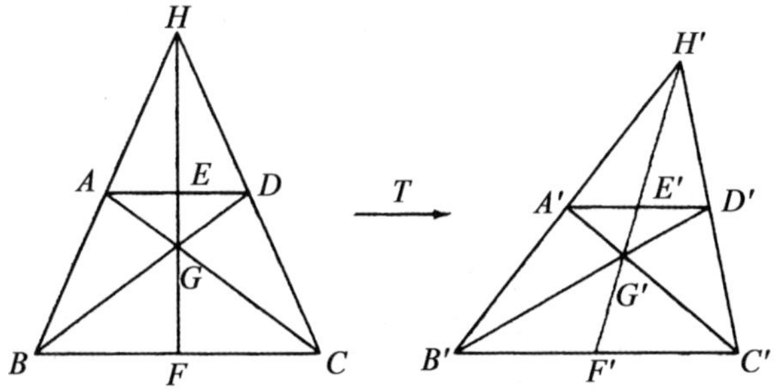


图 7-6

**例 7.3.6** 求椭圆的面积.

**解:**如图 7-7 所示,设在笛氏直角坐标系下,椭圆的方程为

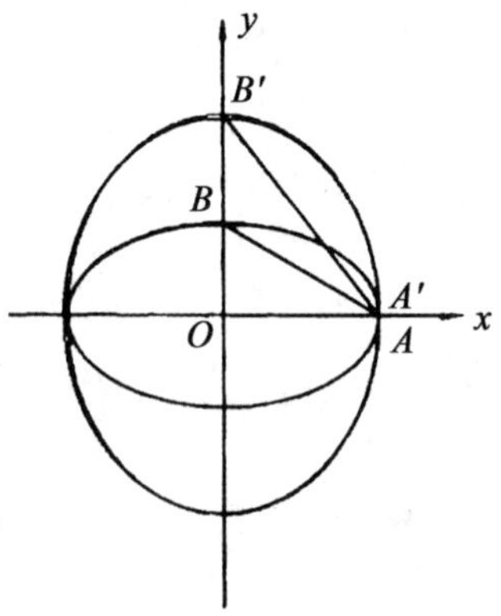


图 7-7

$$\frac{x^2}{a^2}+\frac{y^2}{b^2}=1,$$

经过仿射变换

$$\begin{cases}x'=x\\ y'=\dfrac{a}{b}y\end{cases}, \tag{7-3-5}$$

且 $k=\begin{vmatrix}1 & 0\\ 0 & \dfrac{a}{b}\end{vmatrix}=\dfrac{a}{b}\neq 0$,故其对应图形为圆

$$x'^2+y'^2=a^2.$$

又椭圆内 $\triangle OAB$ 经过仿射变换(7-3-5)的对应图形为 $\triangle OA'B'$,其中 $O(0,0)$,$A(a,0)$,$B(0,b)$,$A'=A$,$B'(0,a)$,从而有

$$\frac{\text{椭圆的面积}}{S_{\triangle AOB}}=\frac{\text{圆的面积}}{S_{\triangle OA'B'}},$$

即

$$\frac{\text{椭圆的面积}}{\frac{1}{2}ab}=\frac{\pi a^2}{\frac{1}{2}a^2}.$$

于是椭圆的面积为 $\pi ab$.

### 7.3.3　仿射变化的二重元素

**定义 7.3.4**　在仿射变化下,映像点(线)与原像点(线)重合时,称为仿射变换的不动点(线)或称二重点(二重线).

二重点与二重线统称为仿射变换的二重元素.

注:不要求二重线上的每一点都是二重点.

二重点的坐标有关系

$$\begin{cases}x'=x\\ y'=y\end{cases},$$

将此条件代入式(7-3-1)得

$$\begin{cases}x'=a_{11}x+a_{12}y+a_{13}\\ y'=a_{21}x+a_{22}y+a_{23}\end{cases},$$

即

$$\begin{cases}(a_{11}-1)x+a_{12}y+a_{13}=0\\a_{21}x+(a_{22}-1)y+a_{23}=0\end{cases}. \tag{7-3-6}$$

方程组(7-3-6)表示的点，即为仿射变换的二重点.

若方程组(7-3-6)中两方程的系数成比例，即

$$\frac{a_{11}-1}{a_{21}}=\frac{a_{12}}{a_{22}-1}=\frac{a_{13}}{a_{23}}(\text{非零常数}).$$

这说明方程组(7-3-6)表示同一直线，所以直线上的所有点都是二重点.

**例 7.3.7** 求仿射变换

$$\begin{cases}x'=3x-y+2\\y'=4x-y+4\end{cases}$$

的二重元素.

**解:**因为二重点的坐标满足

$$\begin{cases}x'=x\\y'=y\end{cases},$$

所以有

$$\begin{cases}2x-y+2=0\\4x-2y+4=0\end{cases},$$

即

$$\frac{2}{4}=\frac{-2}{-4}=\frac{2}{4}.$$

所以直线 $2x-y+2=0$ 上的点都是二重点，故所给仿射变换有无穷多个二重点，它们组成一条直线 $2x-y+2=0$.

## 7.3.4 仿射变换群与仿射几何

**定理 7.3.2** 平面上仿射变换的全体构成一个变换群.

**证明:**

(1)恒等变换为

$$\varepsilon:\begin{cases}x'=x\\y'=y\end{cases},$$

由于$\begin{vmatrix}1 & 0\\0 & 1\end{vmatrix}\neq 0$,显然它是一个仿射变换.

(2)对于任一仿射变换

$$\varphi:\begin{cases}x'=a_{11}x+a_{12}y+a_{13}\\y'=a_{21}x+a_{22}y+a_{23}\end{cases},$$

由于$|A|=\begin{vmatrix}a_{11} & a_{12}\\a_{21} & a_{22}\end{vmatrix}$,解出 $xy$ 得

$$\begin{cases}x=a'_{11}x'+a'_{12}y'+a'_{13}\\y=a'_{21}x'+a'_{22}y'+a'_{23}\end{cases}. \qquad (7\text{-}3\text{-}7)$$

其中

$$\begin{cases}a'_{11}=\dfrac{1}{|A|}a_{22},a'_{12}=-\dfrac{1}{|A|}a_{12}\\a'_{21}=\dfrac{1}{|A|}a_{21},a'_{22}=\dfrac{1}{|A|}a_{11}\\a'_{13}=\dfrac{1}{|A|}(a_{22}a_{13}-a_{12}a_{23})\\a'_{23}=-\dfrac{1}{|A|}(-a_{21}a_{13}+a_{11}a_{23})\end{cases},$$

且

$$\begin{vmatrix}a'_{11} & a'_{12}\\a'_{21} & a'_{22}\end{vmatrix}=\begin{vmatrix}\dfrac{a_{22}}{|A|} & -\dfrac{a_{12}}{|A|}\\-\dfrac{a_{21}}{|A|} & \dfrac{a_{11}}{|A|}\end{vmatrix}=\frac{1}{|A|^2}\begin{vmatrix}a_{22} & -a_{12}\\-a_{21} & a_{11}\end{vmatrix}$$

$$=\frac{|A|}{|A|^2}=\frac{1}{|A|}\neq 0.$$

因此 $\varphi$ 的逆变换 $\varphi^{-1}$ 也是仿射变换.

(3)设 $\varphi$ 与 $\psi$ 都是仿射变换,

$$\varphi:\begin{cases}x'=a_{11}x+a_{12}y+a_{13}\\y'=a_{21}x+a_{22}y+a_{23}\end{cases}, \qquad (7\text{-}3\text{-}8)$$

$$\psi:\begin{cases}x''=b_{11}x'+b_{12}y'+b_{13}\\y''=b_{21}x'+b_{22}y'+b_{23}\end{cases}, \qquad (7\text{-}3\text{-}9)$$

且$|B|=\begin{vmatrix}b_{11} & b_{12}\\b_{21} & b_{22}\end{vmatrix}$,做 $\varphi$ 与 $\psi$ 的乘积 $\psi\varphi$.将式(7-3-8)代入式(7-3-9),得

$$\begin{cases} x''=C_{11}x+C_{12}y+C_{13} \\ y''=C_{21}x+C_{22}y+C_{23} \end{cases}. \tag{7-3-10}$$

其中

$$\begin{cases} C_{11}=b_{11}a_{11}+b_{12}a_{21} \\ C_{12}=b_{11}a_{12}+b_{12}a_{22} \\ C_{21}=b_{21}a_{11}+b_{22}a_{21} \\ C_{22}=b_{21}a_{12}+b_{22}a_{22} \\ C_{13}=b_{11}a_{13}+b_{12}a_{23}+b_{13} \\ C_{23}=b_{21}a_{23}+b_{22}a_{23}+b_{23} \end{cases},$$

且

$$\begin{aligned} \begin{vmatrix} C_{11} & C_{12} \\ C_{21} & C_{22} \end{vmatrix} &= \begin{vmatrix} b_{11}a_{11}+b_{12}a_{21} & b_{11}a_{12}+b_{12}a_{22} \\ b_{21}a_{11}+b_{22}a_{21} & b_{21}a_{12}+b_{22}a_{22} \end{vmatrix} \\ &= \begin{vmatrix} b_{11} & b_{12} \\ b_{21} & b_{22} \end{vmatrix} \begin{vmatrix} a_{11} & a_{12} \\ a_{21} & a_{22} \end{vmatrix} = |A||B| \neq 0. \end{aligned}$$

因此 $\psi\varphi$ 是一个仿射变换.

综上所述,平面上仿射变换的全体构成一个变换群,通常称为仿射变换群.仿射几何就是研究在仿射变换群下图形的不变性与不变量的几何.

由上面的讨论可以得出,正交变换都是仿射变换,所以在仿射变换下不变的性质在正交变换下当然也不变.换言之,仿射性质(仿射概念、仿射不变量)都是度量性质(度量概念、正交不变量).反之,度量性质不一定是仿射性质.如图形的距离、角度、面积、对称轴等都不是仿射几何的范畴,但图形的平行、相交、共线点的顺序、中心对称等是仿射几何的范畴.

关于二次曲线厂的相关概念,属于仿射概念的有:①直线;②线段、线段的中点;③对称中心;④二次曲线的渐近方向、非渐近方向;⑤二次曲线的直径;⑥二次曲线的切线;⑦中心型二次曲线的共轭直径.

**例 7.3.8** 证明通过椭圆任一直径两端点所作该椭圆的切线必互相平行,且平行于这条直径的共轭直径.

**证明:**因为椭圆的直径(一组平行弦中点的轨迹)、共轭直径、切线和平行都是仿射性质,故只需在圆中证明上述命题就可.

圆的任意一对共轭直径都是互相垂直的，而过直径两端点所作该圆的切线也都与该直径垂直，所以这两条切线互相平行，且平行于该直径的共轭直径.

**例 7.3.9**　从椭圆 $E$ 外一点 $P$ 引入它的切线 $PA$，$PB$；$A$，$B$ 为切点，$O$ 是椭圆 $E$ 的中心，射线 $OP$ 交 $E$ 于点 $C$，证明面积 $S_{\Delta AOC}=S_{\Delta COB}$，$S_{\Delta AOP}=S_{\Delta POB}$.

**证明：**因为椭圆的切线、中心都是仿射性质，故只需在圆中证明上述命题即可.

设题设中的条件是由圆的对应条件经过仿射变换 $T$ 得到的，如图 7-8 所示，所以有

$$S_{\Delta A'O'C'}=kS_{\Delta AOC},S_{\Delta C'O'B'}=kS_{\Delta COB}.$$

同理可得：$S_{\Delta AOP}=S_{\Delta POB}$.

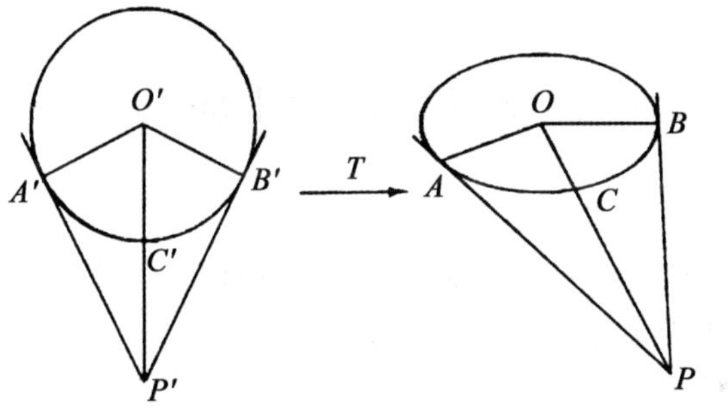


图 7-8

# 第 8 章　平面射影几何初步

射影几何是研究图形在射影变换下保持不变的性质和不变的量的几何学，它比仿射几何更为广泛，甚至在 19 世纪有句名言：一切几何学都是射影几何(Arthur Cayley，1821—1895).本章简单介绍平面上的射影几何学，让读者对射影几何学有一个初步了解，为进一步学习射影几何学打下基础①.

## 8.1　射影平面

我们先介绍中心投影映射，在一般的射影几何学中会介绍射影变换实际上是有限次中心投影映射的复合.

### 8.1.1　中心投影和扩大的欧氏平面

**定义 8.1.1**　如图 8-1 所示，给定两个相交平面 $\pi$ 和 $\pi'$，两平面外一点 $O$，称将点 $P\in\pi$ 变成直线 $OP$ 与 $\pi'$ 的交点 $P'$ 的法则为从 $\pi$ 到 $\pi'$ 的以 $O$ 为投影中心的中心投影.

在中心投影的作用下，点的共线关系是保持不变的.如果将这里的平面 $\pi$ 与 $\pi'$ 只理解为我们以前经常遇见的平面，中心投影作为一种映射是很不完美的.

---

① 秦衍，杨勤民.解析几何[M].上海：华东理工大学出版社，2010.

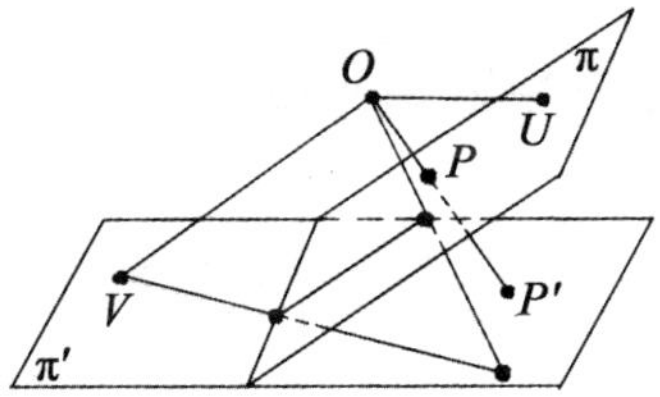


图 8-1

如图 8-1 所示，对于使得 $OU//\pi'$ 的点 $U\in\pi$. 它在 $\pi'$ 上没有像；同样对于使得 $OV//\pi$ 的点 $V\in\pi'$，它在 $\pi$ 上没有原像. 为了使中心投影成为一个双射，需要在 $\pi$ 和 $\pi'$ 上都添加一些新的点，使得 $\pi$ 上的每个点都有像，且 $\pi'$ 上的每个点都有原像.

如何添加这些点，要考虑到中心投影中的另一个几何现象：中心投影将 $\pi$ 中与 $\pi'$ 不平行的平行线变成了 $\pi'$ 中的相交直线. 这表明用于研究中心投影的几何学应当将平行看作是相交的一种特殊形式.

如图 8-1 所示，设 $OV//\pi$，我们要在 $\pi$ 中添加一点作为点 $V$ 的原像. 考虑到 $\pi$ 中所有与 $OV$ 平行的直线的像都经过点 $V$，我们给 $\pi$ 中的每条平行于 $OV$ 的直线添加一个共同的“交点”，这个交点就是点 $V$ 的原像，它只能位于平行直线的无穷远处. 类似地，我们可以在 $\pi'$ 中添加一点作为点 $U$ 的像.

为了便于区别，我们将以前遇到的一般意义上的平面称为欧几里德平面（简称欧氏平面）. 对于一张欧氏平面，我们在它的每条直线的无穷远处都添加一个无穷远点（或称理想点），使得平行的直线都拥有唯一一个公共的无穷远点. 称以这种方式添加了无穷远点后的平面为扩大的欧几里德平面（或简称为扩大的欧氏平面），直线为扩大的直线. 在扩大的欧氏平面上两条直线平行，当且仅当它们在无穷远处相交. 每条直线都只含有一个无穷远点，可以沿着这条直线所在两个方向的任何一个方向去“接近”它. 用反证法容易证明，平面上所有的无穷远点是共线的，并且由无穷远点张成的直线上也只含有无穷远点，称这条直线为无穷远直线（或称理想直线），它是两张平行的扩大的欧氏平面的交线①.

① 姜本源，杨国栋，王向辉，等. 线性代数与空间将诶西集合理论[M]. 长春：吉林大学出版社，2012.

### 8.1.2 点的齐次坐标与射影平面

现在我们引入一种坐标.使得它既能表示通常点,也能表示无穷远点.

**定义 8.1.2** 在欧氏平面 $\pi$ 中给定一仿射坐标系 $[O;\boldsymbol{e}_1,\boldsymbol{e}_2]$,点 $P\in\pi$ 的仿射坐标为 $(x,y)$.我们把与 $x,y$ 由关系 $x=\dfrac{x_1}{x_0},y=\dfrac{x_2}{x_0}$ 联系的任何三个不全为零的实数 $x_0,x_1,x_2$ 称为点 $P$ 关于仿射坐标系 $[O;\boldsymbol{e}_1,\boldsymbol{e}_2]$ 的齐次坐标,记为 $(x_0,x_1,x_2)R$ 或 $(x_0:x_1:x_2)$.对应于齐次坐标,我们把原来的坐标 $(x,y)$ 称为点 $P$ 的非齐次坐标①.

很显然同一个点的齐次坐标是不唯一的,两个齐次坐标 $x_R$ 和 $y_R$ 表示同一个点的充要条件是存在一个非零实数 $\lambda$ 使得 $\boldsymbol{x}=\lambda\boldsymbol{y}$.

齐次坐标 $(x_0:x_1:x_2)$ 比一般的仿射坐标多了一个分量 $x_0$,我们考虑 $x_0$ 对点的影响.首先 $(x_0:x_1:x_2)$ 不表示 $\pi$ 中的点,其次,如果固定 $x_1$ 与 $x_2$,让 $x_0$ 变化,则点 $(x_0:x_1:x_2)$ 始终位于由原点和点 $(x_1,x_2)$ 所确定的直线上.而当 $x_0$ 越来越靠近零时,点 $(x_0:x_1:x_2)$ 将沿着该直线趋向无穷远处.很自然地,我们定义 $(O:x_1:x_2)$ 为 $\pi$ 的扩大的欧氏平面元中由原点和点 $(x_1,x_2)$ 所确定的直线上的无穷远点的齐次坐标.平行的直线享有相同的无穷远点,对于一般情形,由点 $(x_1,x_2)$ 和点 $(y_1,y_2)$ 所确定的直线上的无穷远点的齐次坐标为 $(O:y_1-x_1:y_2-x_2)$.增加了 $x_0=0$ 的情形后,定义 8.1.2 中的齐次坐标就成为扩大的欧氏平面中的齐次坐标.

虽然有时把扩大的欧氏平面称作射影平面,但实际上扩大的欧氏平面只是射影平面的一种特例,在给出射影平面的具体定义之前.我们再看它的另一种特例:三维空间中经过某固定点 $O$ 的所有直线的集合 $B(O)$,称 $B(O)$ 为以该固定点 $O$ 为中心的点.

设三维线性空间 $R^3$ 的坐标分量为 $x_0,x_1,x_2$,原点为 $O$.将平面 $\pi$ 通过映射 $(x,y)\mapsto(1,x,y)$ 嵌入到 $R^3$,则 $\pi$ 等同于 $R^3$ 中的平面 $x_0=1$(图 8-2).在 $\pi$ 中加入无穷远点,形成一张扩大的欧氏平面元考虑将 $\bar{\pi}$ 中

① 秦衍,杨勤民.解析几何[M].上海:华东理工大学出版社,2010.

的任一点 $P$ 对应到 $R^3$ 中过原点的直线 $OP$ 的映射

$$f:(x_0:x_1:x_2)\mapsto\lambda(x_0,x_1,x_2)$$

映射 $f$ 形成了 $\bar{\pi}$ 与把 $B(O)$ 之间的一个一一对应关系，它把元中的点和直线分别一一映射成 $B(O)$ 中的直线和平面，并且若点 $P\in\bar{\pi}$，直线 $l\subset\bar{\pi}$，且 $P\in l$，则

$$f(P)\in B(O),f(l)\subset B(O)\text{且}f(P)\in f(l).$$

**定义 8.1.3**　设有由两类分别称为“点”和“直线”的元素构成的集合 $S$，如果在其中的点和直线之间规定了某种称为“在上”的关系，并且 $S$ 中所有的点与三维空间中的某个把 $B$ 中的直线能建立一个一一对应关系 $f$，该对应关系把 $S$ 中的直线映射成 $B$ 中（由共面直线组成）的平面.且保持点与直线的“在上”关系不变，即点 $P\in$ 直线 $l$ 当且仅当 $f(P)\in f(l)$，则称 $S$ 为一张射影平面.射影平面上的直线有时也称为射影直线.

在射影平面中，任意两相异直线 $l_1$ 和 $l_2$ 相交于一点，记交点为 $l_1\cap l_2$；任意两相异点 $A_1$ 和 $A_2$ 张成一条直线，记此直线为 $A_1\vee A_2$（在无歧义时也记作 $A_1A_2$）.

对于更一般的情形，有如下射影空间的定义：

**定义 8.1.4**　设 $V$ 是一个向量空间，称 $V$ 的所有一维子空间组成的集合为 $V$ 的射影空间，记作 $P(V)$.称 $V$ 中任意一个一维子空间为 $P(V)$ 中的点，称 $V$ 中任意一个二维子空间为 $P(V)$ 中的直线.特别地，当 $V$ 为三维实向量空间 $R^3$ 时，称 $P(R^3)$ 为一张（实）射影平面；当 $V$ 为 $n+1$ 维向量空间时，称 $P(V)$ 为一个 $n$ 维射影空间.

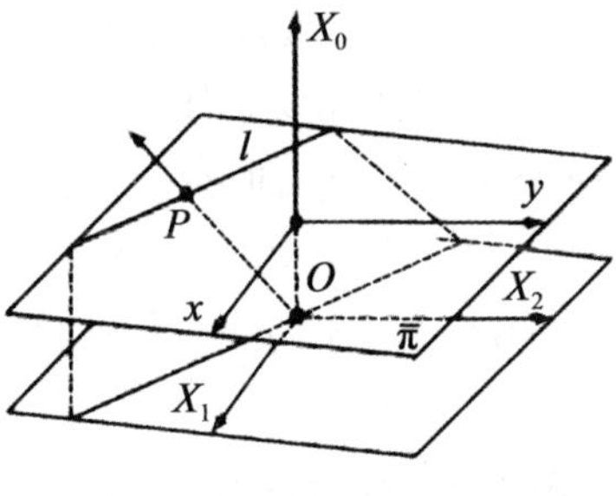


图 8-2

### 8.1.3 直线的齐次坐标

射影直线也可以和点一样用坐标来表示.欧氏平面上的任何直线可由 $a_0+a_1x+a_2y=0$ 这样的方程表示.反之,当 $a_1,a_2$ 不同时为零时,任何一个这样的方程也都是某一条直线的方程.将其中点的坐标$(x,y)$用$\left(\frac{x_1}{x_0},\frac{x_2}{x_0}\right)$代替,并整理得到扩大的欧氏平面上的任何射影直线在齐次坐标下由方程

$$a_0x_0+a_1x_1+a_2x_2=0 \tag{8-1-1}$$

给出(显然该直线上的无穷远点$(0:-a_2:a_1)$也满足该方程).反之,当

$$a_0^2+a_1^2+a_2^2\neq 0$$

时,方程(8-1-1)也确实表示某条射影直线.特别是当 $a_1=a_2=0$ 时,由式(8-1-1)得到 $x_0=0$,它是无穷远直线的方程.

方程(8-1-1)与方程 $b_0x_0+b_1x_1+b_2x_2=0$ 表示同一直线的充要条件是存在一个非零实数 $\lambda$,使得$(b_0,b_1,b_2)=\lambda(a_0,a_1,a_2)$,因此可用直线方程的系数表示直线,称 $a_0,a_1,a_2$ 为方程(8-1-1)所表示直线的齐次坐标,记为 $R(a_0,a_1,a_2)$或$(a_0:a_1:a_2)$.

点与直线的齐次坐标之间有如下一些结论,请读者自己证明.

**性质 8.1.1**①

(1)点 $x_R$ 在直线 $R\boldsymbol{u}$ 上当且仅当 $\boldsymbol{u}\cdot\boldsymbol{x}=0$;

(2)相异两点 $a_R$ 和 $b_R$ 成直线 $R(a\times b)$;

(3)两相异直线 $R\boldsymbol{u}$ 和 $R\boldsymbol{v}$ 的交点为$(u\times v)R$;

(4)三点 $\boldsymbol{a}_R,\boldsymbol{b}_R$ 和 $\boldsymbol{c}_R$ 共线的充要条件是三向量 $\boldsymbol{a},\boldsymbol{b}$ 和 $\boldsymbol{c}$ 线性相关;

(5)代直线 $R\boldsymbol{u},R\boldsymbol{v}$ 和 $R\boldsymbol{w}$ 共点(即有公共点)的充要条件是三向量 $\boldsymbol{u},\boldsymbol{v}$ 和 $\boldsymbol{w}$ 线性相关.

为叙述方便,今后在用单个字母表示一个向量时,我们将其默认为是一个列向量.

**例 8.1.1** 求经过两点 $A(2,3)$和 $B(-1,2)$的直线的齐次坐标.

**解:**$A,B$ 两点的齐次坐标分别为$(1,2,3)R$ 和$(1,-1,2)R$,直线

① 秦衍,杨勤民.解析几何[M].上海:华东理工大学出版社,2010.

$AB$ 的齐次坐标为

$$R((1,2,3)\times(1,-1,2))=R(7,1,-3).$$

**例 8.1.2**　已知两点 $A=(1,4,5)R$ 和 $B=(-1,2,7)R$，求线段 $AB$ 的中点的齐次坐标.

**解：**$B=(-1,2,7)R=(1,-2,-7)R$，线段 $AB$ 的中点的齐次坐标为

$$\left(1,\frac{4+(-2)}{2},\frac{5+(-7)}{2}\right)R=(1,1,-1)R.$$

# 8.2　射影坐标

**定义 8.2.1**　在平面内，取一个三角形，称它为坐标三角形.不在三角形的三边上取一点 $E$，称为单位点.这样无三点共线的四点 $A_1,A_2,A_3$ 所构成的图形称为射影坐标系，记为$[A_1,A_2,A_3,E]$，如图 8-3 所示.

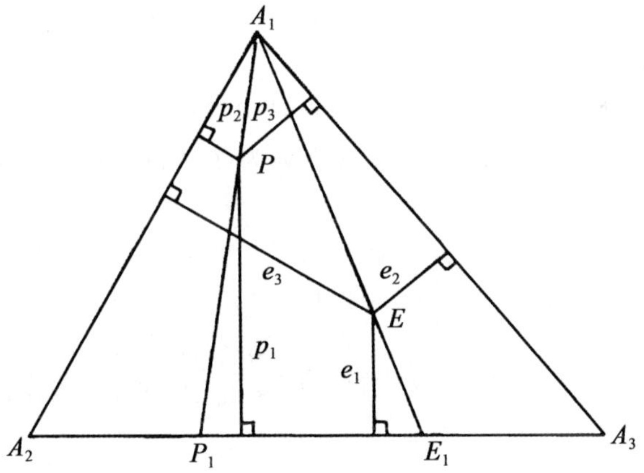


图 8-3

设 $P$ 为平面内任一点，记坐标三角形三边到 $E$ 的距离分别为 $e_1$，$e_2$，$e_3$，到 $P$ 的距离分别为 $p_1$，$p_2$，$p_3$，规定

$$x_1:x_2:x_3=\frac{p_1}{e_1}:\frac{p_2}{e_2}:\frac{p_3}{e_3},\tag{8-2-1}$$

则称($x_1,x_2,x_3$)为点 $P$ 的射影坐标(把直线到点的方向记为正向).

将(8-2-1)式写作

$$\frac{x_1}{\frac{p_1}{e_1}}=\frac{x_2}{\frac{p_2}{e_2}}=\frac{x_3}{\frac{p_3}{e_3}}\xlongequal{\text{令公比为}}\frac{1}{\rho},$$

则有

$$\rho x_1=\frac{p_1}{e_1},\rho x_2=\frac{p_2}{e_2},\rho x_3=\frac{p_3}{e_3},$$

即($\rho x_1,\rho x_2,\rho x_3$)与($x_1,x_2,x_3$)表示同一点.

在坐标系$[A_1,A_2,A_3,E]$下,点有坐标和方程,直线也有坐标和方程.

若点 $P$ 在直线 $A_2A_3$ 上的充要条件是

$$p_1=0,p_2p_3\neq 0,$$

所以直线 $A_2A_3$ 上的点满足 $x_1=0$,即直线 $A_2A_3$ 的方程为

$$x_1=0.$$

同理,直线 $A_1A_3$ 的方程是

$$x_2=0,$$

直线 $A_1A_2$ 的方程是

$$x_3=0.$$

若点 $P$ 与 $A_l$ 重合时,$p_2=p_3=0$,而 $p_1\neq 0$,所以 $x_1\neq 0,x_2=x_3=0$.即 $A_1$ 点的坐标为

$$(x_1,0,0)\equiv(1,0,0).$$

同理,$A_2$ 的坐标为(0,1,0),$A_3$ 的坐标为(0,0,1),单位点 $E$ 的坐标为(1,1,1).

下面用交比来表示射影坐标.如图 8-4 所示,设 $A_1P,A_1E(i=1,2,3)$ 与坐标三角形中 $A_1$ 的对边相交于 $P_1,E_1$,则

$$(A_2A_3,E_1P_1)=A_1(A_2A_3,E_1P_1)=\frac{\sin\angle A_2A_1E_1\cdot\sin\angle A_3A_1P_1}{\sin\angle A_2A_1P_1\cdot\sin\angle A_3A_1E_1}$$

$$\xlongequal{\text{在 }Rt\text{ 中考虑}}\frac{\frac{e_3}{A_1E}\cdot\frac{p_2}{A_1P}}{\frac{p_3}{A_1P}\cdot\frac{e_2}{A_1E}}=\frac{e_3p_2}{p_3e_2}$$

$$=\frac{\frac{p_2}{e_2}}{\frac{p_3}{e_3}}=x_2:x_3,$$

仿此有

$$(A_1A_3, E_2P_2)=x_1:x_3, (A_1A_2, E_3P_3)=x_1:x_2.$$

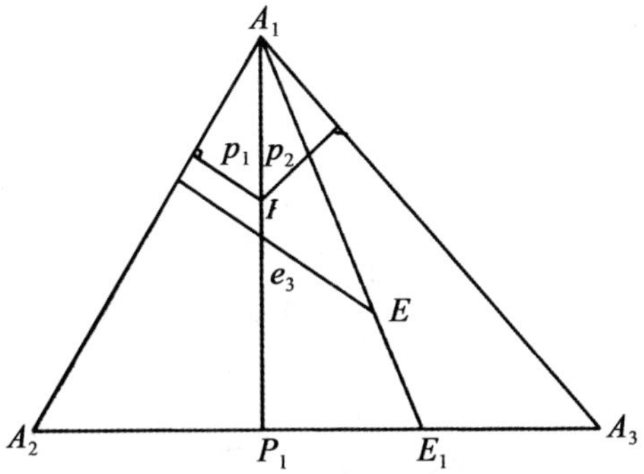


图 8-4

**例 8.2.1**　写出分别通过坐标三角形的顶点 $A_1, A_2, A_3$ 的直线方程.

**解**:设平面上任意直线方程为

$$u_1x_1+u_2x_2+u_3x_3=0$$

则过点 $A_1(1,0,0)$时,$u_1=0$,即过 $A_1$ 点的直线方程为

$$u_2x_2+u_3x_3=0$$

过点 $A_2(0,1,0)$时,$u_2=0$,即过 $A_1$ 点的直线方程为

$$u_1x_1+u_3x_3=0$$

过点 $A_3(0,0,1)$时,$u_3=0$,即过 $A_1$ 点的直线方程为

$$u_1x_1+u_2x_2=0.$$

**例 8.2.2**　试证:适当地选择坐标系,将三角形的内心和三个旁心的坐标分别写为(1,1,1),(−1,1,1),(1,−1,1),(1,1,−1).

**证明**:如图 8-5 所示,选择已知三角形 $A_1A_2A_3$ 为坐标三角形,内心 $E$ 为单位点.$P_1, P_2, P_3$ 分别为 $A_1, A_2, A_3$ 所对的旁心,$P_1$ 到 $A_2A_3, A_3A_1, A_1A_2$ 的距离分别为 $p_1, p_2, p_3$,$E$ 到 $A_2A_3, A_3A_1, A_1A_2$ 的距离分别为 $e_1, e_2, e_3$.根据角平分线上点的性质,有

$$e_1=e_2=e_3, -p_1=p_2=p_3,$$

所以内心 $E$ 的坐标为

$$x_1:x_2:x_3=\frac{e_1}{e_1}:\frac{e_2}{e_2}:\frac{e_3}{e_3}=1:1:1,$$

$P_1$ 点的坐标为

$$x_1 : x_2 : x_3 = -\frac{p_1}{e_1} : \frac{p_2}{e_2} : \frac{p_3}{e_3} = -1 : 1 : 1.$$

同理,可求 $P_2,P_3$ 的坐标分别为$(1,-1,1)$,$(1,1,-1)$.

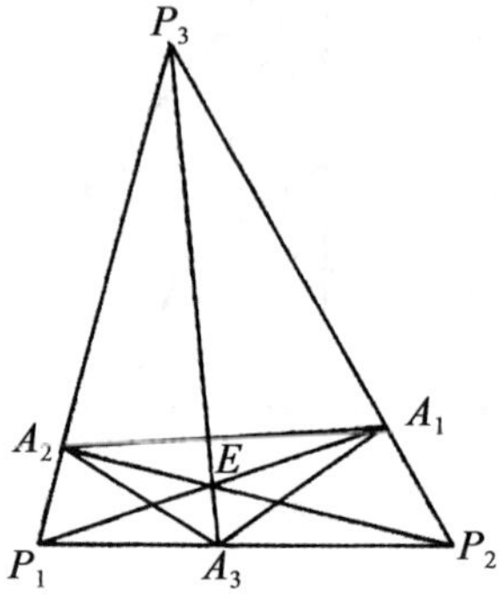


图 8-5

# 8.3 对偶原理

**定义 8.3.1** 通常把点与直线称为射影平面的对偶元素;点在直线上,或者直线通过点称为点与直线结合;射影平面上,只用点线结合表达的全部命题,构成平面射影几何学.

在一个命题中,将"点"与"直线"互相对调,并将结合关系按通常的语言来叙述,便得出另一个相对应的命题,这样的两个命题称为对偶命题.如果两个命题一致,称为自对偶命题.

平面射影几何对偶原理:在射影平面内,如果一个命题成立,则它的对偶命题也成立.

注意:研究度量性质的初等几何不存在对偶原理.

下列我们列举一些命题和它的对偶命题(见表 8-1).

表 8-1①

| 点几何（以点为基本几何元素） | 线几何（以直线为基本元素） |
| --- | --- |
| 命题 1　两点确定一条直线 | 命题 1′　两直线确定一点 |
| 命题 2　含点坐标的一次方程式是一直线，即 $Ax_1+Bx_2+Cx_3=0$ 是一直线 | 命题 2　含线坐标的一次方程式是一点即 $Au_1+Bu_2+Cu_3=0$ 是一点 |
| 命题 3　两点 $a(a_1,a_2,a_3)$，$b(b_1,b_2,b_3)$ 所确定的直线方程是 $\begin{vmatrix} x_1 & x_2 & x_3 \\ a_1 & a_2 & a_3 \\ b_1 & b_2 & b_3 \end{vmatrix}=0$ | 命题 3′　两直线 $a(a_1,a_2,a_3)$，$b(b_1,b_2,b_3)$ 所确定的点方程是 $\begin{vmatrix} u_1 & u_2 & u_3 \\ a_1 & a_2 & a_3 \\ b_1 & b_2 & b_3 \end{vmatrix}=0$ |
| 命题 4　三点 $a(a_1,a_2,a_3)$，$b(b_1,b_2,b_3)$，$c(c_1,c_2,c_3)$ 共线的条件是 $\begin{vmatrix} a_1 & a_2 & a_3 \\ b_1 & b_2 & b_3 \\ c_1 & c_2 & c_3 \end{vmatrix}=0$ 即存在不全为零的三个数 $\lambda,\mu,v$，使 $\lambda a+\mu b+vc=0$ 或 $c=la+mb$ | 命题 4　三线 $a(a_1,a_2,a_3)$，$b(b_1,b_2,b_3)$，$c(c_1,c_2,c_3)$ 共点的条件是 $\begin{vmatrix} a_1 & a_2 & a_3 \\ b_1 & b_2 & b_3 \\ c_1 & c_2 & c_3 \end{vmatrix}=0$ 即存在不全为零的三个数 $\lambda,\mu,v$，使 $\lambda a+\mu b+vc=0$ 或 $c=la+mb$ |
| 命题 5　平面内不共线的三点，每两点连线所组成的图形称为三点形 | 命题 5′　平面内不共点的三直线，每两直线相交所组成的图形称为三线形 |

根据射影平面的对偶原理，我们只要证明了一个命题，那么它的对偶命题就必成立.下面我们来证明笛沙格定理成立，从而对偶命题（逆定理）也必然成立.

**定理 8.3.1（Desargues）**　在射影平面上有两个三角形 $ABC$ 和 $A'B'C'$，如果对应顶点的连线 $AA'$，$BB'$，$CC'$ 共点，则对应边的交点 $P=BC\times B'C'$，$Q=CA\times C'A'$，$R=AB\times A'B'$ 共线.简记为：若三线共点，则三点共线（见图 8-6）.

① 阎保平，高巧琴，雒志江.高等几何学习指导[M].北京：化学工业出版社，2005.

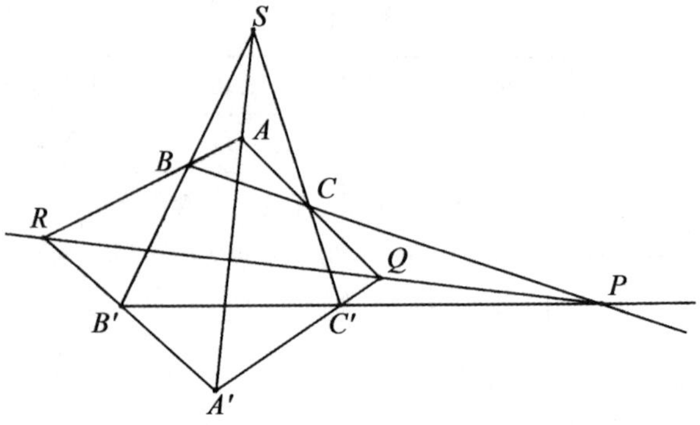


图 8-6

**证明**:设三点形 $ABC$ 与 $A'B'C'$ 的对应项点连线 $AA'$,$BB'$,$CC'$ 交于点 $S$,因为 $S$,$A$,$A'$ 三点共线,则

$$S=lA+l'A'. \tag{8-3-1}$$

同理

$$S=mB+m'B'. \tag{8-3-2}$$

$$S=nC+n'C'. \tag{8-3-3}$$

式(8-3-1)一式(8-3-2)得

$$lA+l'A'-(mB-m'B')=0,$$

即

$$lA-mB=-(l'A'-m'B')=R\text{(两直线 }BA\text{ 与 }B'A'\text{共点)}. \tag{8-3-4}$$

式(8-3-3)一式(8-3-1)有

$$-lA+nC=-(n'C'-l'A')=Q, \tag{8-3-5}$$

式(8-3-2)一式(8-3-3)有

$$mB-nC=-(m'B'-n'C')=P, \tag{8-3-6}$$

式(8-3-4)+式(8-3-5)+式(8-3-6)有

$$P+Q+R=0,$$

即 $P=-Q-R$,所以三点 $P$,$Q$,$R$ 共线.

**定理 8.3.2(Desargues 逆定理)** 如果两个三角形中三双对应边的交点共线,则三双对应顶点的连线共点.

# 8.4 交　比

射影变换把直线变成直线，它不再保持共线三点的简单比，但是它却保持共线四点的交比(简单比的比值).交比是一种非常典型的射影不变量.在几何理论和几何应用中都占有重要地位.

## 8.4.1 交比的定义及性质

与射影平面一样，可以定义射影直线上的射影坐标系.射影直线 $l$ 中的任意互异三点$\{B,B,E\}$总可以用齐次坐标表示为 $B_0=\boldsymbol{b}_0R$，$B=\boldsymbol{b}_1R$，$E=(\boldsymbol{b}_0+\boldsymbol{b})R$，该直线上的任意一点 $P$ 可用 $\boldsymbol{b}_0$ 和 $\boldsymbol{b}_1$ 表示为 $P=(x_0\boldsymbol{b}_0+x_1\boldsymbol{b}_1)R$，称$[B_0,B_1;E]$为直线 $l$ 的一个射影坐标系，称 $\boldsymbol{b}_0R$ 和 $\boldsymbol{b}_1R$ 为射影坐标系$[B_0,B;E]$的基本点，称$(\boldsymbol{b}_0+\boldsymbol{b}_1)R$ 为射影坐标系$[B_0,B_1;E]$的单位点，称$(x_0:r)$或$(x_0,x_1)R$ 为点 $P$ 的齐次坐标.

在射影直线上，用点的齐次坐标分量的比 $x_0:x_1$ 可以为该直线建立一个射影尺度.定义在射影坐标系$[B_0,B_1;E]$中坐标为$(x_0:x_1)$的点的尺度值为$\dfrac{x_0}{x_1}$.很显然，点 $B_0$、$B_1$、和 $E$ 的尺度值分别为$\infty$，0 和 1，称这三个点依次为该射影尺度的终点、起点和单位点.

若 $A$、$B$、$C$、$D$ 四点共线，则称点 $D$ 在以点 $A$ 为终点，点 $B$ 为起点，点 $C$ 为单位点的射影尺度中的尺度值为 $A$、$B$、$C$、$D$ 四点的交比，记作 $\mathbf{cr}(A、B、C、D)$.

**定理 8.4.1**　共线四点的交比在射影变换中保持不变.

**证明:**这里只在射影平面中证明该定理.设 $A,B,C,D$ 为射影平面玩中共线的四点，选取适当坐标系，使得 $A,B,C,D$ 的坐标分别为 $A=\boldsymbol{b}_0R$，$B=\boldsymbol{b}_1R$，$C=(\boldsymbol{b}_0+\boldsymbol{b}_1)R$ 和 $D=(x_0\boldsymbol{b}_0+x_1\boldsymbol{b}_1)R$.设 $\varphi$ 是 $\bar{\pi}$ 中任意一个射影变换，在该坐标系中其系数矩阵为 $M$.则①

① 秦衍，杨勤民.解析几何[M].上海：华东理工大学出版社，2010.

$$\mathbf{cr}(A,B,C,D)=x_0:x_1$$
$$\varphi(A)=\boldsymbol{M}\boldsymbol{b}_0R$$
$$\varphi(B)=\boldsymbol{M}\boldsymbol{b}_1R$$
$$\varphi(C)=(\boldsymbol{M}\boldsymbol{b}_0+\boldsymbol{M}\boldsymbol{b}_1)R$$
$$\varphi(D)=\boldsymbol{M}(x_0\boldsymbol{b}_0+x_1\boldsymbol{b}_1)R=(x_0\boldsymbol{M}\boldsymbol{b}_0+x_1\boldsymbol{M}\boldsymbol{b}_1)R$$
$$\mathbf{cr}(\varphi(A),\varphi(B),\varphi(C),\varphi(D))=x_0:x_1=\mathbf{cr}(A,B,C,D).$$

## 8.4.2 交比的计算性质

**性质 8.4.1** 设直线 $l$ 上某共线四点 $A$、$B$、$C$、$D$ 在该直线上的某射影坐标系下的坐标分别为 $(a_0:a_1)$，$(b_0:b_1)$，$(c_0:c_1)$ 和 $(d_0:d_1)$，则

$$\mathbf{cr}(A,B,C,D)=\frac{\begin{vmatrix}a_0 & c_0\\ a_1 & c_1\end{vmatrix}\cdot\begin{vmatrix}b_0 & d_0\\ b_1 & d_1\end{vmatrix}}{\begin{vmatrix}b_0 & c_0\\ b_1 & c_1\end{vmatrix}\cdot\begin{vmatrix}a_0 & d_0\\ a_1 & d_1\end{vmatrix}}.$$

**证明**：首先，上式的右边与坐标系的选择是无关的，这是因为若采用其他的坐标系，设坐标变换矩阵为 $\boldsymbol{M}$，$\boldsymbol{M}$ 为 $2\times2$ 的可逆矩阵，点 $A$、$B$、$C$、$D$ 的新坐标分别为 $\begin{pmatrix}e_0'\\ e_1'\end{pmatrix}=\boldsymbol{M}\begin{pmatrix}e_0\\ e_1\end{pmatrix}$（其中 $e=a,b,c,d$）.显然

$$\frac{\begin{vmatrix}a_0' & c_0'\\ a_1' & c_1'\end{vmatrix}\cdot\begin{vmatrix}b_0' & d_0'\\ b_1' & d_1'\end{vmatrix}}{\begin{vmatrix}b_0' & c_0'\\ b_1' & c_{11}'\end{vmatrix}\cdot\begin{vmatrix}a_0' & d_0'\\ a_1' & d_1'\end{vmatrix}}=\frac{\left|\boldsymbol{M}\begin{pmatrix}a_0 & c_0\\ a_1 & c_1\end{pmatrix}\right|\cdot\left|\boldsymbol{M}\begin{pmatrix}b_0 & d_0\\ b_1 & d_1\end{pmatrix}\right|}{\left|\boldsymbol{M}\begin{pmatrix}b_0 & c_0\\ b_1 & c_1\end{pmatrix}\right|\cdot\left|\boldsymbol{M}\begin{pmatrix}a_0 & d_0\\ a_1 & d_1\end{pmatrix}\right|}$$
$$=\frac{\begin{vmatrix}a_0 & c_0\\ a_1 & c_1\end{vmatrix}\cdot\begin{vmatrix}b_0 & d_0\\ b_1 & d_1\end{vmatrix}}{\begin{vmatrix}b_0 & c_0\\ b_1 & c_1\end{vmatrix}\cdot\begin{vmatrix}a_0 & d_0\\ a_1 & d_1\end{vmatrix}}.$$

其次，我们计算点 $D$ 在射影坐标系 $[A,B;C]$ 下的坐标.引入记号 $D_{ef}=\begin{vmatrix}e_0 & f_0\\ e_1 & f_1\end{vmatrix}$（其中 $e,f=a,b,c,d$）.解方程组

$$\begin{pmatrix}c_0\\ c_1\end{pmatrix}=x\begin{pmatrix}a_0\\ a_1\end{pmatrix}+y\begin{pmatrix}b_0\\ b_1\end{pmatrix}$$

可得

$$\begin{pmatrix} c_0 \\ c_1 \end{pmatrix} = \frac{D_{cb}}{D_{ab}} \begin{pmatrix} a_0 \\ a_1 \end{pmatrix} + \frac{D_{ac}}{D_{ab}} \begin{pmatrix} b_0 \\ b_1 \end{pmatrix}.$$

**解:**方程组

$$\begin{pmatrix} d_0 \\ d_1 \end{pmatrix} = x_0 \frac{D_{cb}}{D_{ab}} \begin{pmatrix} a_0 \\ a_1 \end{pmatrix} + x_1 \frac{D_{ac}}{D_{ab}} \begin{pmatrix} b_0 \\ b_1 \end{pmatrix}$$

可得点 $D$ 在坐标系$[A,B;C]$下的坐标为

$$x_0 = \frac{D_{db}}{D_{cb}}, x_1 = \frac{D_{ad}}{D_{ac}},$$

所以

$$\mathbf{cr}(A,B,C,D) = \frac{x_0}{x_1} = \frac{D_{ac}D_{db}}{D_{ad}D_{cb}} = \frac{\begin{vmatrix} a_0 & c_0 \\ a_1 & c_1 \end{vmatrix} \cdot \begin{vmatrix} b_0 & d_0 \\ b_1 & d_1 \end{vmatrix}}{\begin{vmatrix} b_0 & c_0 \\ b_1 & c_1 \end{vmatrix} \cdot \begin{vmatrix} a_0 & d_0 \\ a_1 & d_1 \end{vmatrix}}.$$

从上述性质很容易得到直线上四点的顺序对交比的影响.

**性质 8.4.2**　若 $A,B,C,D$ 四点共线,则

$$\begin{aligned} \mathbf{cr}(A,B,C,D) &= \mathbf{cr}(B,A,D,C) \\ &= \mathbf{cr}(C,D,A,B) = \mathbf{cr}(D,C,B,A) \\ &= 1/\mathbf{cr}(A,B,D,C) \\ &= 1 - \mathbf{cr}(A,C,B,D). \end{aligned}$$

交比还有如下等价定义.

**性质 8.4.3**　若 $A,B,C,D$ 四点共线,则

$$\mathbf{cr}(A,B,C,D) = \frac{\mathrm{ratio}(A,B,C)}{\mathrm{ratio}(A,B,D)}.$$

**证明:**在该直线上选取一点作为原点 $O$,选取另一点 $E$,定义 $O$ 到 $E$ 的有向距离为 1.建立一个数轴,设该直线上的无穷远点为 $W$.设原点 $O$ 到 $A,B,C,D$ 的有向距离分别为 $a,b,c,d$,则 $A,B,C,D$ 在射影坐标系$[O,W;E]$中的坐标分别为$(1:a)$,$(1:b)$,$(1:c)$和$(1:d)$,于是

$$\mathbf{cr}(A,B,C,D) = \frac{\begin{vmatrix} 1 & 1 \\ a & c \end{vmatrix} \cdot \begin{vmatrix} 1 & 1 \\ b & d \end{vmatrix}}{\begin{vmatrix} 1 & 1 \\ b & c \end{vmatrix} \cdot \begin{vmatrix} 1 & 1 \\ a & d \end{vmatrix}} = \frac{\dfrac{c-a}{b-c}}{\dfrac{d-a}{b-d}} = \frac{\mathrm{ratio}(A,B,C)}{\mathrm{ratio}(A,B,D)}.$$

### 8.4.3 共点四线的交比

在射影平面中，点与线是对偶的，共线四点的交比定义的对偶表述便是共点四线的交比的定义，即共点的二条互异的直线 $l_1, l_2$ 的 $l_3$ 总可以用齐次坐标表示为 $l_1 = R\boldsymbol{u}_0, l_2 = R\boldsymbol{u}_1, l_3 = R(\boldsymbol{u}_0 + \boldsymbol{u}_1)$ 经过该公共点的任意一直线 $l_4$ 可用 $u_0$ 和 $u_1$ 表示为 $l_4 = R(x_0\boldsymbol{u}_0 + x_1\boldsymbol{u}_1)$，称 $\frac{x_0}{x_1}$ 为共点四线 $l_1, l_2, l_3, l_4$ 的交比，记作 $\mathbf{cr}(l_1, l_2, l_3, l_4)$.

由对偶性，对于共线四点的交比的每条性质.共点四线的交比也有相应的性质，这里不再叙述.除了互为对偶外，它们在计算上还有如下联系.

**定理 8.4.2** 设射影平面上的四条直线 $l_1, l_2, l_3, l_4$ 有公共点 $O$，作一条不经过点 $O$ 的直线 $l$，与前述四条直线分别交于点 $A, B, C, D$，则 $\mathbf{cr}(l_1, l_2, l_3, l_4) = \mathbf{cr}(A, B, C, D)$.

**证明**：如图 8-7 所示，建立射影坐标系，设 $A, B, C, D, O$ 的射影坐标依次为

$$\boldsymbol{b}_0R, \boldsymbol{b}_1R, (\boldsymbol{b}_0 + \boldsymbol{b}_1)R, (x_0\boldsymbol{b}_0 + x_1\boldsymbol{b}_1)R, \boldsymbol{x}R.$$

则

$$l_1 = R(\boldsymbol{b}_0 \times \boldsymbol{x}), l_1 = R(\boldsymbol{b}_1 \times \boldsymbol{x}),$$
$$l_3 = R((\boldsymbol{b}_0 + \boldsymbol{b}_1) \times \boldsymbol{x}) = R(\boldsymbol{b}_0 \times \boldsymbol{x} + \boldsymbol{b}_1 \times \boldsymbol{x}),$$
$$l_4 = R((x_0\boldsymbol{b}_0 + x_1\boldsymbol{b}_1) \times \boldsymbol{x}) = R(x_0\boldsymbol{b}_0 \times \boldsymbol{x} + x_1\boldsymbol{b}_1 \times \boldsymbol{x}),$$

因此

$$\mathbf{cr}(l_1, l_2, l_3, l_4) = \frac{x_0}{x_1} = \mathbf{cr}(A, B, C, D).$$

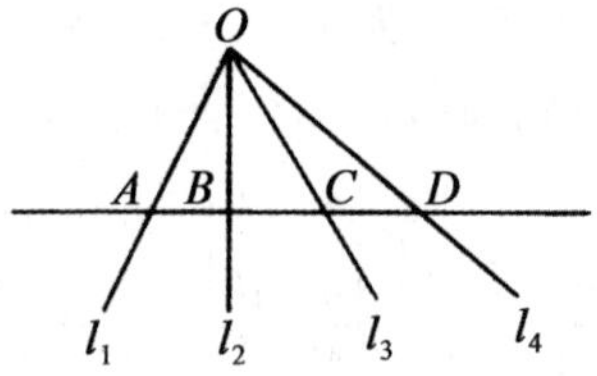


图 8-7

共点四线的交比也可以用这四条直线的夹角来表达.见如下例子.

**例 8.4.1**　设四条直线 $l_1$、$l_2$、$l_3$、$l_4$ 有公共点 $O$,用 $[l_i,l_j]$ 表示直线 $l_i$ 绕 $O$ 逆时针转到 $l_j$ 的角度($i,j=l,2,3,4$),则有

$$\mathbf{cr}(l_1,l_2,l_3,l_4)=\frac{\dfrac{\sin[l_3,l_1]}{\sin[l_3,l_2]}}{\dfrac{\sin[l_4,l_1]}{\sin[l_4,l_2]}}.$$

**证明**:如图 8-6 所示,作一条不经过点 $O$ 的直线 $l$,与 $l_1,l_2,l_3,l_4$ 分别交于点 $A,B,C,D$,则

$$\mathbf{cr}(l_1,l_2,l_3,l_4)=\mathbf{cr}(A,B,C,D)$$

$$=\frac{\dfrac{CA}{CB}}{\dfrac{DA}{DB}}=\frac{\dfrac{\dfrac{CA}{\sin[l_3,l_1]}}{\dfrac{CB}{\sin[l_3,l_2]}}}{\dfrac{\dfrac{DA}{\sin[l_4,l_1]}}{\dfrac{DB}{\sin[l_4,l_2]}}}\cdot\frac{\dfrac{\sin[l_3,l_1]}{\sin[l_3,l_2]}}{\dfrac{\sin[l_4,l_1]}{\sin[l_4,l_2]}}$$

$$=\frac{\dfrac{\dfrac{OA}{\sin\angle OCA}}{\dfrac{OB}{\sin\angle OCA}}}{\dfrac{\dfrac{OA}{\sin\angle ODA}}{\dfrac{OB}{\sin\angle ODA}}}\cdot\frac{\dfrac{\sin[l_3,l_1]}{\sin[l_3,l_2]}}{\dfrac{\sin[l_4,l_1]}{\sin[l_4,l_2]}}=\frac{\dfrac{\sin[l_3,l_1]}{\sin[l_3,l_2]}}{\dfrac{\sin[l_4,l_1]}{\sin[l_4,l_2]}}.$$

共点四线的交比还可以用这四条直线的斜率来表达,见下例.

**例 8.4.2**　在平面上给定四条不同的直线

$$l_i: y-y_0=k_i(x-x_0)\ (i=1,2,3,4),$$

则

$$\mathbf{cr}(l_1,l_2,l_3,l_4)=\frac{(k_3-k_1)(k_4-k_2)}{(k_3-k_2)(k_4-k_1)}.$$

**解**:在 $l_i$ 的方程中令 $x=x_0+1$ 得到 $l_i$ 与直线 $x=x_0+1$ 的交点 $A_i$ 的纵坐标为

$$y_i=y_0+k_i\ (i=1,2,3,4),$$

由共点四线交比的定义知

$$\mathbf{cr}(l_1,l_2,l_3,l_4)=\mathbf{cr}(A_1,A_2,A_3,A_4)$$
$$=\frac{\dfrac{(y_0+k_3)-(y_0+k_1)}{(y_0+k_3)-(y_0+k_2)}}{\dfrac{(y_0+k_4)-(y_0+k_1)}{(y_0+k_4)-(y_0+k_2)}}=\frac{(k_3-k_1)(k_4-k_2)}{(k_3-k_2)(k_4-k_1)}.$$

## 8.5 射影变换群与射影几何

**定理 8.5.1** 平面上射影变换的全体构成一个变换群.

**证明：**

(1)恒等变换显然是一个射影变换.

(2)射影变换的逆变换是一个射影变换.

(3)设 $T_1$ 是一个射影变换

$$\rho x'_i=\sum_{j=1}^{3}a_{ij}x_j,\ |a_{ij}|\neq 0,\ |a_{ij}|\neq 0,P(x_1,x_2,x_3)$$
$$\xrightarrow{T_1}P'(x'_1,x'_2,x'_3).$$

$T_2$ 是一个射影变换

$$\delta x''_k=\sum_{i=1}^{3}b_{ki}x'_i,\ |b_{ki}|\neq 0,P'(x'_1,x'_2,x'_3)\xrightarrow{T_2}P''(x''_1,x''_2,x''_3).$$

下面求 $T_2\cdot T_1$ 使点 $P(x_1,x_2,x_3)\xrightarrow{T_1}P'(x'_1,x'_2,x'_3)\xrightarrow{T_2}P''(x''_1,x''_2,x''_3)$，则

$$T_2\cdot T_1:\rho\delta x''_{ki}=\sum_{i=1}^{3}b_{ki}(\rho x'_i)=\sum_{i=1}^{3}b_{ki}\Big(\sum_{j=1}^{3}a_{ij}x_j\Big)=\sum_{j=1}^{3}\Big(\sum_{i=1}^{3}b_{ki}a_{ij}\Big)x_j$$
$$=\sum_{j=1}^{3}c_{ki}x_j\Big(令\ c_{kj}=\sum_{i=1}^{3}b_{ki}a_{ij}\Big).$$

因为$|a_{ij}|\neq0$，$|b_{ki}|\neq0$，所以($|c_{kj}|=|b_{ki}|a_{ij}|\neq0$，即两变换的积是一个射影变换.由(1)(2)(3)可知，平面上射影变换的全体构成一个变换群，称为射影变换群.所谓射影几何学，是指研究在射影变换群下图形的不变性与不变量的几何学.

# 8.6 极点与配极

## 8.6.1 二次曲线的切线

**定义 8.6.1** 若直线 $l$ 与二次曲线 $\bar{\Gamma}$ 有重合的两个焦点,或 $l$ 整个在 $\bar{\Gamma}$ 上,则称 $l$ 是 $\bar{\Gamma}$ 的切线,它们的交点称为切点①.

若直线 $l$ 为 $\bar{\Gamma}$ 的切线,切点为 $P$,在 $l$ 上任取一点 $Q\neq P$,它们的齐次坐标是 $P[p_1,p_2,p_3]$,$Q[q_1,q_2,q_3]$,则 $l$ 的参数方程为

$$\begin{pmatrix} x_1 \\ x_2 \\ x_3 \end{pmatrix}=\lambda\begin{pmatrix} p_1 \\ p_2 \\ p_3 \end{pmatrix}+\mu\begin{pmatrix} q_1 \\ q_2 \\ q_3 \end{pmatrix}. \tag{8-6-1}$$

设二次曲线 $\bar{\Gamma}$ 在齐次坐标下的方程为

$$\sum_{i,j=1}^{3} a_{ij}x_ix_j=0, \tag{8-6-2}$$

其中,$a_{ij}=a_{ji}$.式(8-6-2)也可以写成矩阵形式

$$(x_1x_2x_3)\boldsymbol{A}\begin{pmatrix} x_1 \\ x_2 \\ x_3 \end{pmatrix}=0. \tag{8-6-3}$$

其中,$\boldsymbol{A}=(a_{ij})$是实对称矩阵.

将直线 $l$ 的方程(8-6-1)代入 $\bar{\Gamma}$ 的方程中,得

$$\lambda^2\sum_{i,j}^{3}a_{ij}p_ip_j+\mu^2\sum_{i,j}^{3}a_{ij}q_iq_j+2\lambda\mu\sum_{i,j}^{3}a_{ij}p_iq_j=0.$$

现在 $l$ 与 $\bar{\Gamma}$ 有两个重合的交点 $P$,则由式(8-6-4)得

$$\sum_{i,j}^{3}a_{ij}p_iq_j=0$$

或矩阵形式

① 廖华奎,王宝富.解析几何教程[M].北京:科学出版社,2000.

$$(p_1,p_2,p_3)\mathbf{A}\begin{pmatrix}q_1\\q_2\\q_3\end{pmatrix}=0.$$

因而切线上任一点 $Q$ 均适合方程

$$\sum_{i,j}^{3}a_{ij}p_ix_j=0, \tag{8-6-5}$$

或

$$(p_1p_2p_3)\mathbf{A}\begin{pmatrix}x_1\\x_2\\x_3\end{pmatrix}=0. \tag{8-6-6}$$

若$(p_1,p_2,p_3)\mathbf{A}\neq0$，则式(8-6-5)就是切线 $l$ 的方程.若$(p_1,p_2,p_3)\mathbf{A}=0$，则 $x_1,x_2,x_3$ 可取任意不全为零的实数，这意味着扩大了欧式平面上任一点与点 $P$ 的连线都是 $\bar{\Gamma}$ 的切线，使$(p_1,p_2,p_3)\mathbf{A}=0$ 的二次曲线 $\bar{\Gamma}$ 上的点 $P[p_1,p_2,p_3]$称为 $\bar{\Gamma}$ 的奇点.

## 8.6.2 极点与配极

假定二次曲线 $\bar{\Gamma}$ 在齐次坐标中的方程为式(8-6-2)，取不在 $\bar{\Gamma}$ 上的点 $P$，过点 $P$ 引任意直线 $l$，使得 $l$ 与 $\bar{\Gamma}$ 有两个不同的交点 $A,B$，作点 $P$ 关于 $A,B$ 的调和共轭点 $Q$，即使$(A,B;P,Q)=-1$.用这样的方法作出的点 $Q$ 的几何轨迹称为点 $P$ 关于二次曲线亍的配极，而点 $P$ 对于配极而言称为极点(图 8-8).

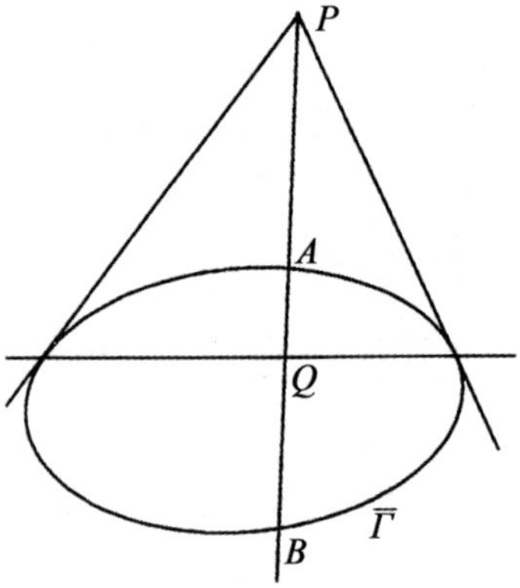


图 8-8

我们来建立配极的方程，设 $Q[q_1,q_2,q_3]$ 是点 $P[p_1,p_2,p_3]$ 关于 $\bar{\Gamma}$ 的配极上的任一点，则直线 $PQ$ 的参数方程为(8-6-1).设 $A,B$ 对应的参数值分别为 $\lambda_1,\mu_1$ 和 $\lambda_2,\mu_2$，因此

$$(P,Q;A,B)=\frac{\mu_1}{\lambda_1}:\frac{\mu_2}{\lambda_2}.$$

因为 $(A,B;P,Q)=(P,Q;A,B)$，所以

$$\frac{\lambda_1}{\mu_1}+\frac{\lambda_2}{\mu_2}=0. \tag{8-6-7}$$

将直线 $PQ$ 的参数方程(8-6-1)代入二次曲线 $\bar{\Gamma}$ 的方程中，由韦达定理和式(8-6-7)同样得到

$$\sum_{i,j}^{3}a_{ij}p_iq_j=0,$$

这说明点 $P$ 关于 $\bar{\Gamma}$ 的配极上的任一点 $Q[q_1,q_2,q_3]$ 满足方程(8-6-5)或方程(8-6-6).由于点 $P\notin\bar{\Gamma}$，所以 $(p_1,p_2,p_3)A\neq 0$，从而方程(8-6-5)表示一直线.于是点 $P\notin\bar{\Gamma}$ 关于 $\bar{\Gamma}$ 的配极上的任一点 $Q$ 都在直线方程(8-6-5)上，为简便起见，把直线方程(8-6-5)称为点 $P\notin\bar{\Gamma}$ 关于二次曲线 $\bar{\Gamma}$ 的配极，因此配极也称为极线，他的方程是(8-6-5)或方程(8-6-6).

若点 $P\in\bar{\Gamma}$，且 $P$ 不是 $\bar{\Gamma}$ 的奇点，则以 $P$ 为切点的切线方程也是方程(8-6-5).因此，我们把以 $P$ 为切点的切线就称为点 $P\in\bar{\Gamma}$ 联于 $\bar{\Gamma}$ 的配极.

若点 $P\in\bar{\Gamma}$ 是 $\bar{\Gamma}$ 的奇点，则 $\bar{\Pi}$ 上任一点都满足方程(8-6-5).这时，我们把任一条直线都看作是奇点 $P$ 的配极.

我们指出配极的两个重要性质.

(1)点 $P$ 的配极上的任何一点 $Q$ 的配极通过点 $P$.

**证明：**在点 $P[p_1,p_2,p_3]$ 的配极上任取一点 $Q[q_1,q_2,q_3]$，则

$$(p_1\,p_2\,p_3)\boldsymbol{A}\begin{pmatrix}q_1\\q_2\\q_3\end{pmatrix}=0,$$

两边取转置得

$$(q_1\,q_2\,q_3)\boldsymbol{A}\begin{pmatrix}p_1\\p_2\\p_3\end{pmatrix}=0.$$

这表明点 $P$ 在 $Q$ 的配极上.

(2)点 $P$ 的配极通过点 $P$ 当且仅当 $P$ 在二次曲线 $\bar{\Gamma}$ 上.

**证明:** $P[p_1,p_2,p_3]$的配极通过点 $P$ 当且仅当

$$(p_1 p_2 p_3)\mathbf{A}\begin{pmatrix}p_1\\p_2\\p_3\end{pmatrix}=0,$$

故 $P\in\bar{\Gamma}$.

## 8.6.3 三个定理

下面讨论非退化二次曲线的三个定理,这里的非退化曲线不包括无轨迹.

**Steiner 定理** 如果一条非退化二次曲线 $\Gamma$ 上给定四个不同的点 $A_1,A_2,A_3,A_4$,则 $\bar{\Gamma}$ 上任意一点 $P$ 与它们的连线的交比($PA_1,PA_2;PA_3,PA_4$)是一个常数,而与点 $P$ 在 $\bar{\Gamma}$ 上的位置无关.当 $P$ 点与 $A_1,A_2,A_3,A_4$ 中的某一点重合,比如 $A_4$,则 $PA_1,PA_2,PA_3$ 与 $A_4$ 处的切线 $PT$ 的交比($PA_1,PA_2;PA_3,PT$)仍等于上述常数.

**证明:** 因为任意一条非退化二次曲线与方程为 $x_1^2+x_2^2-x_3^2=0$ 的曲线射影等价,而交比是射影不变量,所以只须对圆有此定理成立即可.说明 Steiner 定理对圆成立,故 Steiner 定理成立.

利用 Steiner 定理可以证明 Pascal 定理.

**Pascal 定理** 一条非退化二次曲线的内接六角形的三对对边的交点一定共线.

**证明:** 设 $A,B,C,A',B',C'$,在一条非退化二次曲线 $\bar{\Gamma}$ 上,设 $AB'$ 与 $A'B$ 交于 $P$,$AC'$,与 $A'C$ 交于 $Q$,$BC'$ 与 $B'C$ 交于 $R$(图 8-9),要证明 $P,Q,R$ 共线.

设 $BC'$ 与 $PQ$ 交于 $R_1$,若能证得 $R_1=R$,则 $R$ 在 $PQ$ 上.

设 $BC'$ 与 $A'C$ 交于 $H$,设 $AC'$ 与 $A'B$ 交于 $G$,从过点 $Q$ 的线束与割线 $BC'$ 来看,有

$$(QB,QH;QC',QR_1)=(B,H;C',R_1).$$

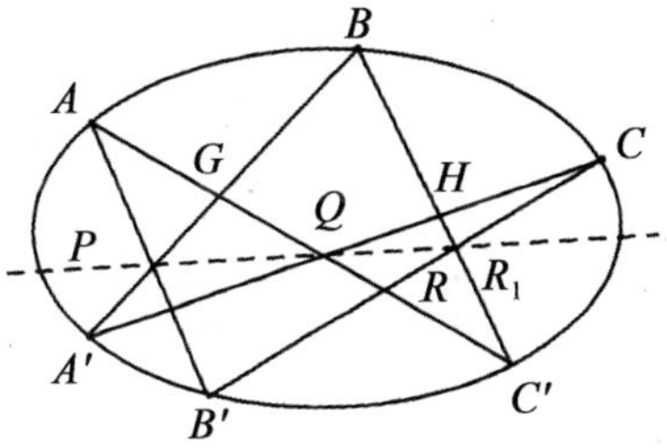


图 8-9

从过 $Q$ 地线束与割线 $BA'$ 来看，有

$$(QB,QH;QC',QR_1)=(QB,QA';QG,QP)$$
$$=(B,A';G,P).$$

于是

$$(B,H;C',R_1)=(B,A';G,P). \tag{8-6-8}$$

再从过点 $A$ 的线束与割线 $BA'$ 来看有

$$(B,A';G,P)=(AB,AA';AG,AP). \tag{8-6-9}$$

对于过点 $A$ 的线束和过点 $C$ 的线束，用 Steiner 定理，得

$$(AB,AA';AG,AP)=(AB,AA';AC',AB')$$
$$=(CB,CA';CC',CB'). \tag{8-6-10}$$

再从过点 $C$ 的线束和割线 $BC'$ 来看，有

$$(CB,CA';CC',CB')=(B,H;C',R), \tag{8-6-11}$$

由式(8-6-8)～式(8-6-11)得

$$(B,H;C',R_1)=(B,H;C',R),$$

从而 $R_1=R$，即 $R$ 在直线 $PQ$ 上.

Pascal 定理的对偶命题是 Brianchon 定理.

**Brianchon 定理**　连接非退化二次曲线的外切六边形的对顶点所成的三条直线相交于一点(图 8-10).

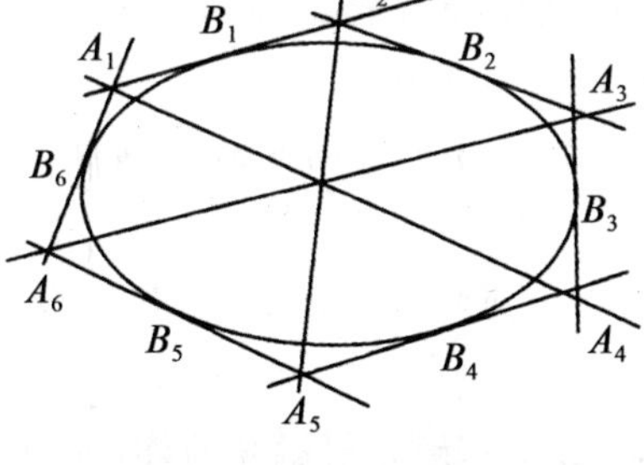


图 8-10

# 参考文献

[1](苏)科士青. 几何学基础[M]. 苏步青,译. 哈尔滨:哈尔滨工业大学出版社,2016.

[2]Б. А. 杜布洛文,С. П. 诺维可夫,А. Т. 福明柯. 现代几何学:方法与应用 第1卷 几何曲面、变换群与场[M]. 许明,译. 北京:高等教育出版社,2006.

[3]北京教育科学研究院基础教育教学研究中心. 直线和平面[M]. 北京:首都师范大学出版社,2006.

[4]刘贞彦,等. 空间直线和平面[M]. 北京:龙门书局,2002.

[5]曹丽娜,李晋枝. 空间解析几何[M]. 北京:中央民族大学出版社,2008.

[6]陈传麟. 二维、三维欧氏几何的对偶原理[M]. 哈尔滨:哈尔滨工业大学出版社,2018.

[7]陈胜利. 向量与平面几何证题[M]. 北京:中国文史出版社,2003.

[8]陈治中. 线性代数与解析几何[M]. 北京:北方交通大学出版社,2003.

[9]董改芳,杜玉平. 解析几何基础与应用[M]. 长春:东北师范大学出版社,2019.

[10]杜娟. 空间解析几何理论应用与计算机实现研究[M]. 长春:吉林出版集团股份有限公司,2019.

[11]范秋君. 漫谈数学分析中的曲线与曲面[M]. 北京:高等教育出版社,2001.

[12]冯克勤. 射影几何趣谈[M]. 哈尔滨:哈尔滨工业大学出版社,2012.

[13]冯克勤. Desargues 定理 射影几何趣谈[M]. 哈尔滨:哈尔滨工业大学出版社,2017.

[14]付荣强.龙门专题 直线与平面[M].北京:龙门书局,2001.

[15]甘志国.平面解析几何[M].哈尔滨:哈尔滨工业大学出版社,2014.

[16]过伯祥.平面几何解题思想与策略[M].杭州:浙江大学出版社,2011.

[17]韩相河,刘纾佩.平面向量[M].济南:山东教育出版社,2001.

[18]黄宣国.空间解析几何[M].上海:复旦大学出版社,2019.

[19]李丽娟,汤凤香,方秀男.空间解析几何[M].哈尔滨:哈尔滨地图出版社,2007.

[20]刘培杰数学工作室.直线与平面高中版 08[M].哈尔滨:哈尔滨工业大学出版社,2014.

[21]罗萍,刘学文,汪定国.高等几何[M].上海:上海交通大学出版社,2018.

[22]吕荣春.解析几何的系统性突破[M].成都:电子科技大学出版社,2017.

[23]吕学礼,张爱和,郭思旭.向量和空间解析几何初步[M].北京:人民教育出版社,2002.

[24]马玉峰.空间解析几何[M].北京:中国时代经济出版社,2013.

[25]沈文选,杨清桃.平面几何证明方法思路[M].哈尔滨:哈尔滨工业大学出版社,2018.

[26]沈一兵,盛为民,张希,等.解析几何学[M].杭州:浙江大学出版社,2008.

[27]苏淳.解析几何的技巧[M].合肥:中国科学技术大学出版社,2015.

[28]王诚祥,马家祚.直线、平面、简单几何体[M].南京:河海大学出版社,2006.

[29]王建明,张饴慈,王尚志,等.普通高中课程标准实验教科书 数学选修 3-3 球面的几何 教师用书[M].北京:北京师范大学出版社,2006.

[30]王向东等.解析几何常用方法[M].重庆:重庆大学出版社,1994.

[31]王智秋.解析几何[M].北京:人民教育出版社,2008.

[32]魏战线.线性代数与解析几何[M].北京:高等教育出版社,2004.

[33]邢妍,杨在荣.解析几何[M].成都:西南交通大学出版社,2010.

[34]许立炜,张爱华.线性代数与解析几何[M].北京:人民邮电出

版社,2002.

[35]杨奇,等.线性代数与解析几何[M].天津:天津大学出版社,2002.

[36]于朝霞,张苏梅,苗丽安.线性代数与空间解析几何[M].北京:高等教育出版社,2009.

[37]俞钟祺,杨卫疆,苗文利,等.线性代数与空间解析几何例题分析与解题指导[M].天津:天津科学技术出版社,2002.

[38]张荣锋.空间解析几何[M].哈尔滨:东北林业大学出版社,2008.

[39]张志朝.向量[M].北京:中国青年出版社,2001.

[40]赵启明作.欧氏空间中曲线的单参数可展曲面的微分几何[M].长春:吉林大学出版社,2020.

[41]郑世旺.旋转二次曲面光学系统的成像理论[M].北京:兵器工业出版社,2006.

[42]朱青春,荆素风,郭伟伟.高等数学理论分析及应用研究[M].北京:中国原子能出版社,2021.

[43]左铨如,束荣盛.球面几何导引与题解100道[M].南京:南京大学出版社,2010.